高等职业教育**新形态一体化教材**

U0673324

工业机器人
操作与运维
项目式教程

（知识手册）

孙红英　主编

化学工业出版社

·北京·

内容简介

本教材遵循目标导向的学习设计原则，按照"项目引导、任务驱动"的思路，以知识手册＋技能手册的形式编写，有效地融合理论与实践，强调技能训练，以模块导读、思维导图做指引，同时植入测评环节，确保学生全面掌握相关知识与技能。

本教材内容主要涉及十一个关键工业机器人相关知识模块与十四个技能训练工单，另外，还配套有工业机器人操作与运维职业技能等级证书样题，初级、中级、高级证书实操样题及各个工作站机械安装图纸、气动原理图，思政课堂，操作视频等资源，读者可在书中附录或扫描二维码查看。

本教材适用于高职专科、职业本科院校自动化类、机械类专业。

图书在版编目（CIP）数据

工业机器人操作与运维项目式教程／孙红英主编.
北京：化学工业出版社，2025.7. --（高等职业教育新形态一体化教材）. -- ISBN 978-7-122-47923-5

Ⅰ. TP242.2

中国国家版本馆 CIP 数据核字第 2025JB7432 号

责任编辑：杨 琪　　　　　　　装帧设计：刘丽华
责任校对：王 静

出版发行：化学工业出版社
　　　　　（北京市东城区青年湖南街 13 号　邮政编码 100011）
印　　装：北京建宏印刷有限公司
787mm×1092mm　1/16　印张 19¾　字数 469 千字
2025 年 7 月北京第 1 版第 1 次印刷

购书咨询：010-64518888　　　　　售后服务：010-64518899
网　　址：http://www.cip.com.cn
凡购买本书，如有缺损质量问题，本社销售中心负责调换。

定　　价：**59.00 元**（含知识手册＋技能手册）　　版权所有　违者必究

前言

本教材立足于高等职业教育人才培养目标，遵循主动适应社会发展需要，突出应用性、针对性和实用性，内容安排引入新技术、新标准，理论联系实际，加强实践能力培养和动手能力训练，注重工程应用能力和解决现场实际问题能力的培养。

为满足新时期教育教学改革的需求，立足高等职业教育的应用特色和能力本位，本教材精心设计了工业机器人技术、电气工程及自动化、机电设备技术、过程自动化技术等专业教学过程中的工业机器人操作与运维及取证考试的主要环节，全书分为知识手册与技能手册，知识手册主要以模块导读及思维导图作为学习指引，兼顾了相关理论知识的融入；技能手册则由不同项目组成，主要以技能训练工单的形式呈现，每个工单的内容细分为不同任务，保留了核心教学过程的操作步骤，确保实训课程的精炼性与实用性。

本教材由兰州石化职业技术大学孙红英主编，兰州石化职业技术大学宋博仕、魏孔贞、严健、马丽红、靳锐宁、甘肃畜牧工程职业技术学院李先山参编。具体分工如下：知识手册模块5～6、模块9～11，技能手册技能训练工单7～12由孙红英编写；知识手册模块1～4，技能手册技能训练工单13～14由宋博仕编写；知识手册模块7～8，技能手册技能训练工单1～4，附录2～4由严健编写；技能手册技能训练工单6由李先山编写；附录1由魏孔贞编写；附录5～13由马丽红编写；技能手册技能训练工单5、模块综合测试、思政课堂由靳锐宁编写。镇海石化建安工程股份有限公司王虎，山东蟠龙信息科技有限公司教研主任、原山东双元教育管理有限公司工程师曹义负责全书审稿工作，孙红英老师负责全书统稿及定稿工作。此外，兰州石化职业技术大学张鑫、童克波、张铭，山东双元教育管理有限公司张建波对本教材的编写给予了大力支持。

由于工业机器人技术发展迅速，教材内容仍可能存在一些疏漏和不足之处，敬请读者批评指正。

编　者

知识手册目录

技能手册目录

模块1

工业机器人

模块导读

多年来，世界一直不懈地研发机器人，不断拓宽其用途及应用领域，力求将机器人普及到更多有需求的用户。

机器人的出现大幅地提高了生产效率、降低了运营成本、改善了产品质量、提升了生产安全性、增强了制造柔性、减少了很多浪费，我们对工业机器人的认知也应更上一个台阶。

思维导图

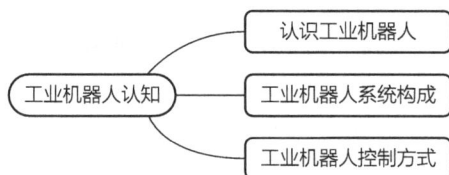

认识工业机器人

工业机器人认知 —— 工业机器人系统构成

工业机器人控制方式

思政课堂

国内外工业机器人发展现状

单元1 认识工业机器人

学习目标

知识目标

（1）了解工业机器人的分类；

（2）掌握工业机器人的性能指标；

（3）认识工业机器人示教器。

技能目标

（1）掌握工业机器人坐标系的分类；

（2）掌握工业机器人示教器的功能。

素质目标

实训活动通常涉及实际问题的解决，学生通过自主思考和实践来解决问题，可以培养其创新思维和解决问题的能力，提升其综合素质。

一、工业机器人分类

1. 按结构特征划分

工业机器人的结构形式多种多样，典型机器人的运动特征用其坐标特性来描述。按结构特征来分，工业机器人通常可以分为直角坐标机器人、圆柱坐标机器人、球坐标机器人、多关节机器人、并联机器人、双臂机器人、AGV 移动机器人等，如图 1-1-1 所示。

(a) 直角坐标机器人　(b) 圆柱坐标机器人　(c) 球坐标机器人

(d) 多关节机器人(1)　(e) 并联机器人　(f) 双臂机器人

(g) 多关节机器人(2)　(h) AGV机器人

图 1-1-1　按结构特征划分的工业机器人

2. 按控制方式划分

按照工业机器人的控制方式可分为非伺服控制机器人和伺服控制机器人两种，如图 1-1-2 所示。

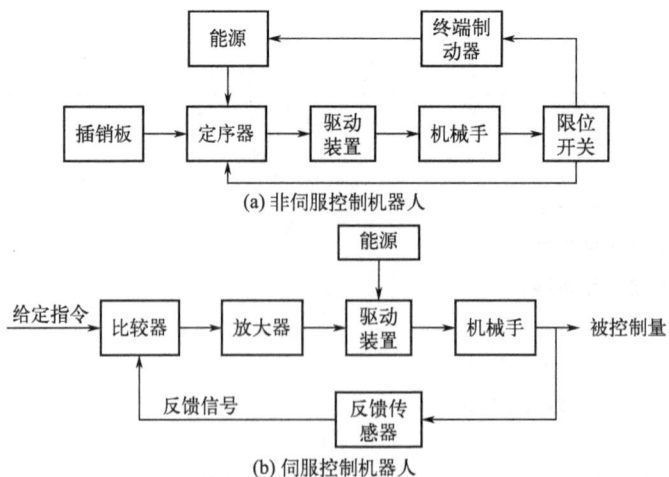

(a) 非伺服控制机器人

(b) 伺服控制机器人

图 1-1-2　按控制方式划分的工业机器人

3. 按驱动方式划分

根据能量转换方式的不同，工业机器人驱动可以划分为液压驱动、气压驱动、电力驱动和新型驱动四种类型，如图 1-1-3。

(a) 液压驱动机器人

(b) 气压驱动机器人

(c) 电力驱动机器人

(d) 新型驱动(超声波电机)机器人

图 1-1-3　按驱动方式划分的工业机器人

二、工业机器人技术参数

工业机器人的技术参数反映了机器人的适用范围和工作性能，是设计、选择、应用机器人必须考虑的问题。机器人的主要技术参数有自由度、工作精度、工作空间、最大工作速度、承载能力、分辨率等。

1. 工业机器人自由度

工业机器人具有的独立的单位动作组合数称为自由度，末端执行器的动作不包括在内。通常作为机器人的技术指标，反映机器人动作的灵活性，可用轴的直线移动、摆动或旋转动作的数目来表示，见表 1-1-1。

表 1-1-1　常见工业机器人的自由度

序号	机器人种类		自由度数量	移动关节数量	转动关节数量
1	直角坐标		3	3	0
2	圆柱坐标		5	2	3
3	球（极）坐标		5	1	4
4	关节	SCARA	4	1	3
		六轴	6	0	6
5	并联		需要计算		

（1）直角坐标机器人　臂部具有 3 个自由度：其移动关节各轴线相互垂直，使臂部可沿 x、y、z 三个自由度方向移动，构成直角坐标机器人的 3 个自由度。这种形式的机器人主要特点是结构刚度大，关节运动相互独立，但操作灵活性差，如图 1-1-4 所示。

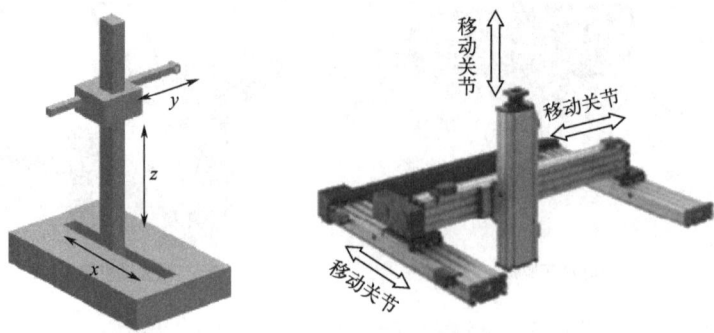

图 1-1-4　直角坐标机器人

（2）五轴圆柱坐标机器人　有 5 个自由度：臂部可沿自身轴线伸缩移动，可绕机身垂直轴线回转，以及沿机身轴线上下移动，构成 3 个自由度；另外，臂部、腕部和末端执行器三者间采用 2 个转动关节连接，构成 2 个自由度，如图 1-1-5 所示。

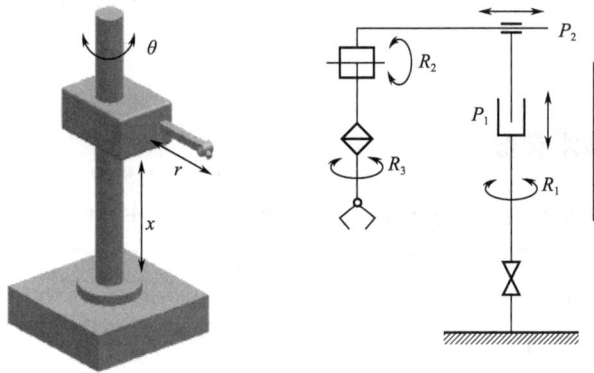

图 1-1-5　五轴圆柱坐标机器人

（3）球（极）坐标机器人　具有 5 个自由度：臂部可沿自身轴线伸缩移动，可绕机身垂直轴线回转，并可在垂直平面内上下摆动，构成 3 个自由度；另外，臂部、腕部和末端执行器三者间采用 2 个转动关节连接，构成 2 个自由度。这类机器人的灵活性好，工作空间大，如图 1-1-6 所示。

（4）关节机器人　其自由度与轴数和关节形式有关，现以常见的 SCARA 平面关节机器人和六轴关节机器人为例进行说明。

① SCARA 平面关节机器人。SCARA 平面关节机器人有 4 个自由度，如图 1-1-7 所示。SCARA 平面关节机器人大臂与机身、大小臂间都为转动关节，具有 2 个自由度；小臂与腕部的关节为移动关节，此关节处具有 1 个自由度；腕部和末端执行器的关节为 1 个转动关节，具有 1 个自由度，实现末端执行器绕垂直轴线的旋转。这种机器人适用于平面定位，在垂直方向进行装配作业。

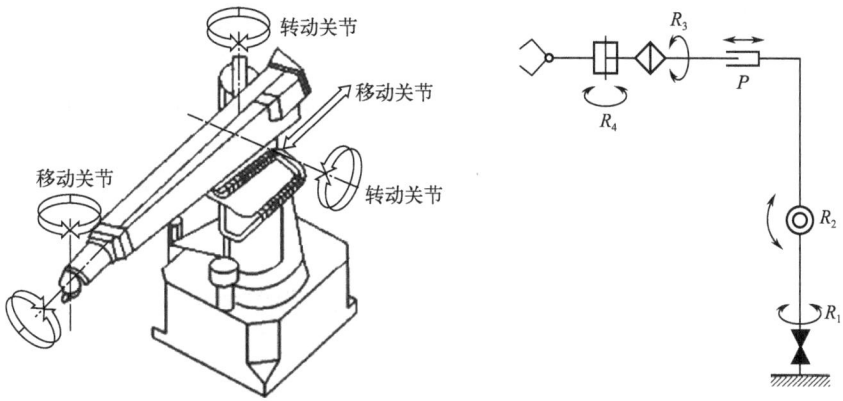

图 1-1-6 球（极）坐标机器人

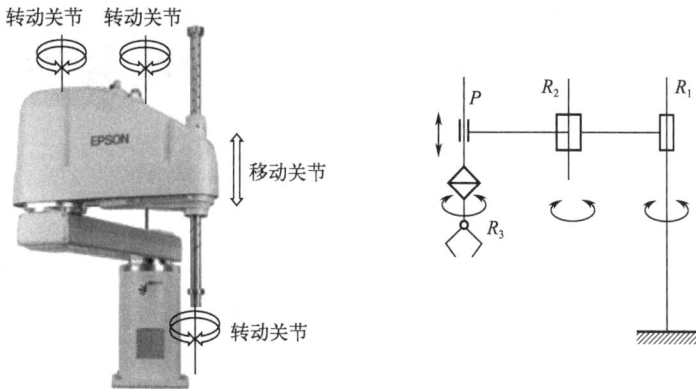

图 1-1-7 SCARA 平面关节机器人

② 六轴关节机器人。六轴关节机器人有 6 个自由度，如图 1-1-8 所示。六轴关节机器人的机身与底座处的腰关节、大臂与机身处的肩关节、大小臂间的肘关节，以及小臂、腕部和手部三者间的三个腕关节，都是转动关节，因此该机器人具有 6 个自由度。这种机器人动作灵活、结构紧凑。

图 1-1-8 六轴关节机器人

（5）并联机器人　是由并联方式驱动的闭环机构组成的机器人。除常见的 Delta 构型外，Gough-Stewart 并联机构和由此机构构成的机器人也是典型的并联机器人，如图 1-1-9 所示。与串联式的开链结构不同，并联机器人闭环机构的自由度不能通过结构关节自由度的个数明显数出，需要经过计算得出，计算自由度的方式多样，但大多有适用条件限制或者有若干注意事项（如需要甄别公共约束、虚约束、环数、链数、局部自由度等）。

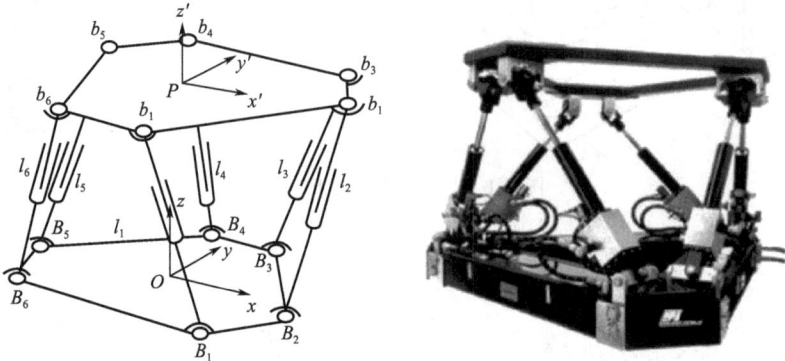

图 1-1-9　并联机器人

2. 其他技术参数

（1）工作精度　定位精度和重复定位精度是工业机器人的两个精度指标。

定位精度（也称绝对精度）是指机器人末端执行器的实际位置与目标位置之间的偏差，由机械误差、控制算法与系统分辨率等组成。

重复定位精度（简称重复精度）是指在同一环境、同一条件、同一目标动作、同一命令之下，机器人连续重复运动若干次后其位置的分散情况。

（2）工作空间　是指工业机器人运动时手臂末端或手腕旋转中心所能到达的所有点的集合，也称为工作区域，如图 1-1-10 所示。

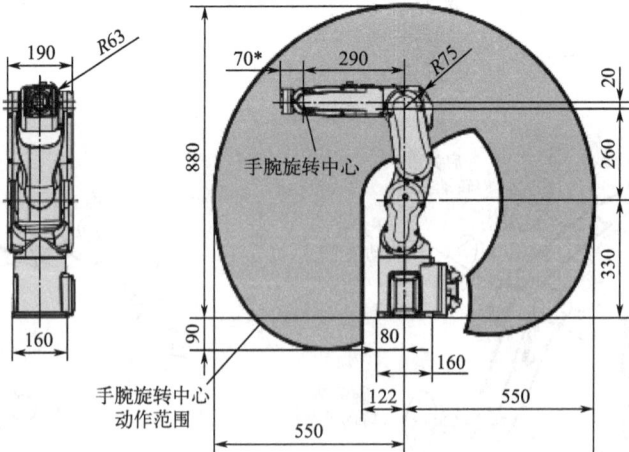

图 1-1-10　工作空间

由于末端执行器的形状和尺寸是多种多样的，为真实反映工业机器人的特征参数，故作业范围是指不安装末端执行器时的工作区域。作业范围的大小不仅与机器人各连杆的尺寸有关，而且与机器人的总体结构形式有关。作业范围的形状和大小是十分重要的，机器人在执行某作业时，若存在手部不能到达的盲区，可能会导致任务无法顺利完成，如图 1-1-11 所示。

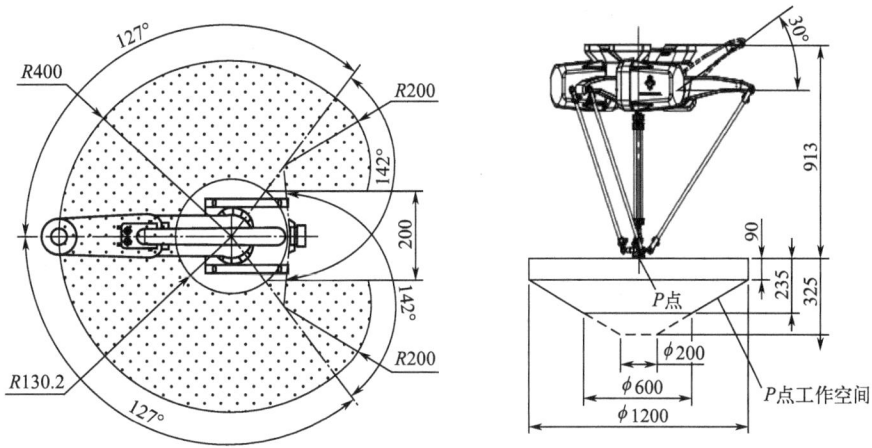

图 1-1-11　作业范围

（3）最大工作速度　生产机器人的厂家不同，其所指的最大工作速度也不同，有的厂家指工业机器人主要自由度上最大的稳定速度，有的厂家指手臂末端最大的合成速度，对此通常都会在技术参数中加以说明。最大工作速度愈高，其工作效率就愈高。

（4）承载能力　是指机器人在作业范围内的任何位姿所能承受的最大质量。承载能力不仅取决于负载的质量，还与机器人运行速度、加速度的大小、方向有关。为保证安全，将承载能力这一技术参数确定为高速运行时的承载能力。

（5）分辨率　指工业机器人每根轴能够实现的最小移动距离或最小转动角度。

除上述几项技术参数外，还应注意工业机器人的控制方式、驱动方式、安装方式、存储容量、插补功能、语言转换、自诊断及自保护、安全保障功能等。

（6）工业机器人限位及运动范围　工业机器人的每个轴都会有硬限位和软限位，以便保护机器人本体的安全，根据各轴硬限位，设定机器人各轴软限位，因此机器人存在无法到达的区域，运动范围如图 1-1-12 所示。

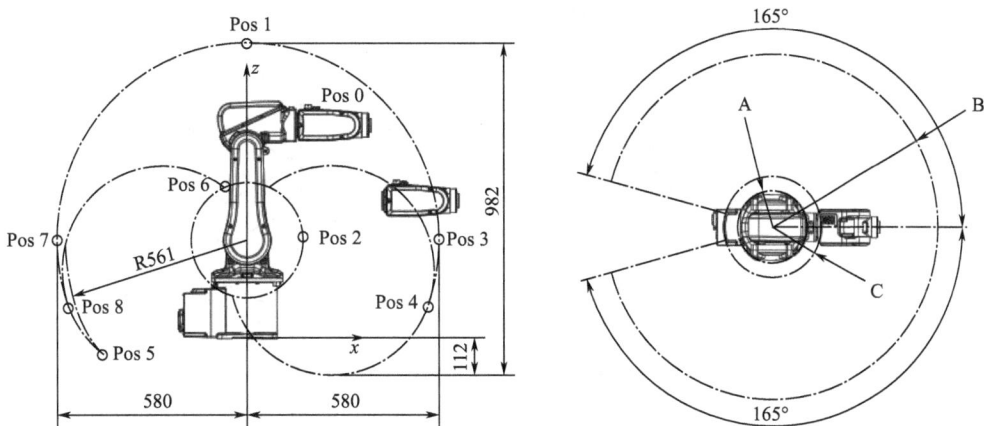

图 1-1-12　机器人运动范围

（7）机器人各轴运动方向　如图1-1-13所示。

3. 工业机器人坐标系

工业机器人位姿是指位置和姿态，是机器人手部在空间的位姿及运动与各个关节的位姿及运动之间的关系，而动力学研究的问题是这些运动和作用力之间的关系。机器人的机构可以看成一个由一系列关节连接起来的连杆在空间组成的多刚体系统，因此，也属于空间几何学问题。

（1）坐标系分类　主要分为空间直角坐标系、右手坐标系、球坐标系、柱面坐标系，如图1-1-14。

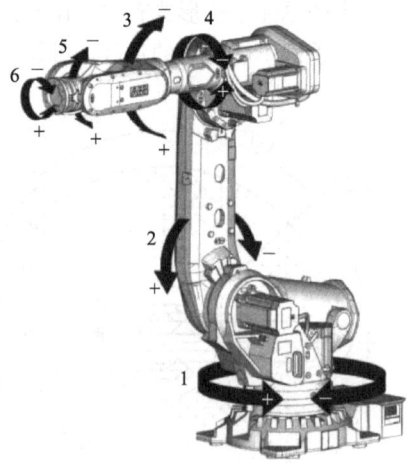

图1-1-13　各轴运动方向

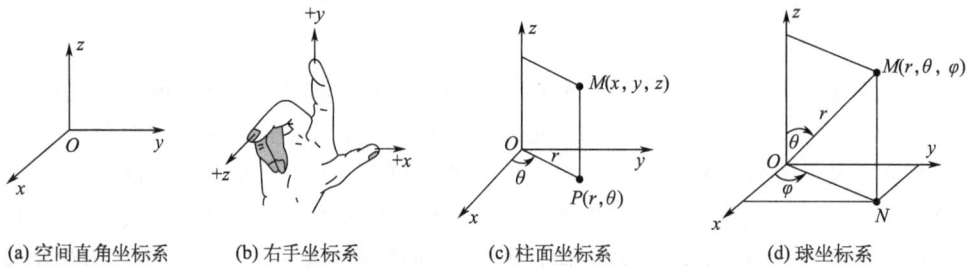

（a）空间直角坐标系　（b）右手坐标系　（c）柱面坐标系　（d）球坐标系

图1-1-14　工业机器人坐标系分类

（2）工业机器人的坐标系　主要包括：基坐标系、关节坐标系、工件坐标系、工具坐标系、大地坐标系等，如图1-1-15所示。

图1-1-15　工业机器人坐标系

三、工业机器人示教器

1. 示教器的构成

示教器也称 TPU，由硬件和软件组成，其本身就是一套完整的计算机，是工业机器人的人机交互接口，通过电缆与控制装置连接。示教器由液晶显示屏、功能按键构成，除此以外一般还会有急停按钮。机器人的所有操作基本上是通过示教器完成的。示教器有三段开关调节功能，既开关具有三种状态，全松、半按、全按。半按时机器人使能有效，全松、全按时机器人使能无效。ABB 工业机器人示教器布局与功能键，如图 1-1-16、图 1-1-17 所示。

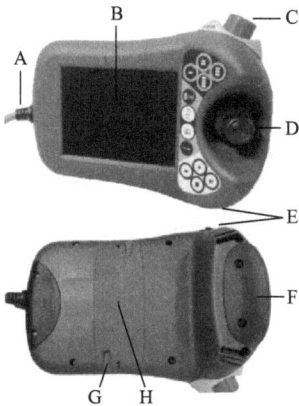

图 1-1-16　ABB 工业机器人示教器

A—连接器；B—触摸屏；
C—紧急停止按钮；D—控制杆；
E—USB 接口；F—三位使动装置；
G—触摸笔；H—重置按钮

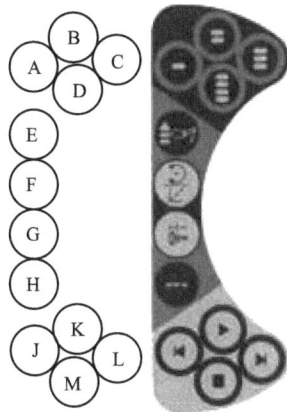

图 1-1-17　示教器按键功能

A～D—预设按键；E—选择机械单元；
F—切换运动模式，重定向或线性；
G—切换运动模式，轴 1～3 或轴 4～6；
H—切换增量；J—步退按键，可使程序后退至上一条
指令；K—启动按键，开始执行程序；L—步进按键，
可使程序前进至下一条指令；M—停止按键，停止程序执行

2. 示教器配置注意事项

① 示教器配置要求操作者具有一定的专业知识和熟练的操作技能，并需要现场近距离操作，因而具有一定的危险性，一定要穿戴好防护用具；

② 示教器配置方便操作者根据自己熟悉的语言进行基础设置，在基础设置时，如遇到其他报警信息，不要盲目操作，以防误删除系统文件；

③ 示教器的交互界面为液晶显示屏，不要用尖锐、锋利的工具操作示教器，以防划伤示教器显示屏。

四、工业机器人控制器

工业机器人控制器上附带有按钮、开关、连接器等，用来进行程序的启动、报警的解除、机器人运行模式切换等操作，如图 1-1-18 所示。

电缆接口面板

按钮面板

电源面板

ABB

模式选择旋钮:用于切换机器人工作模式

急停按钮:在任何工作模式下,按下急停按钮,机器人立即停止,无法运动

启动/复位按钮:发送故障时,使用该按钮对控制器内部状态进行复位,在自动模式下,按下该按钮,机器人电机上电,按键灯常亮

制动闸按钮:机器人制动闸释放单元。通电状态下,按下该按钮,可用手旋转机器人任何一个轴运动

工作模式

手动模式

自动模式

用于程序调试,运动速度限制在250mm/s下。要激活电机上电,必须按下使动装置

用于工业生产,机器人自动连续运行生产作业

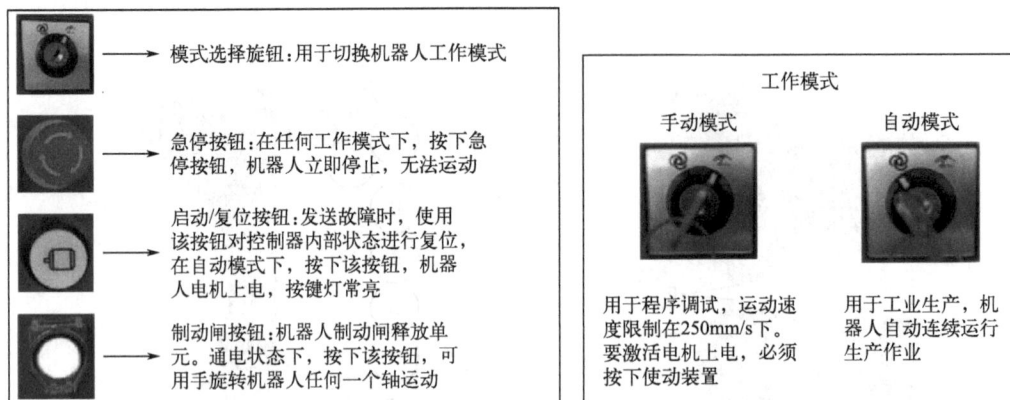

图 1-1-18　ABB 工业机器人控制器

单元2　工业机器人系统构成

 学习目标 ·····································

知识目标

(1)工业机器人的工作原理;

(2)工业机器人的系统构成;

(3)工业机器人的控制方式。

技能目标

(1)能够全面了解工业机器人系统构成、工作原理;

(2)能够掌握工业机器人的工作方式;

(3)能够正确理解工业机器人的控制方式。

素质目标

实践是检验真理的唯一标准,实训可以帮助学生将课堂上学习的理论知识应用到实际操作中。 通过实际操作的训练,学生可以掌握具体的技能和技巧,提高实际操作能力,为将来的工作或研究奠定坚实基础。

一、工业机器人结构

1. 串联机器人结构

垂直串联结构是工业机器人最常见的结构形态，六轴工业机器人是典型的垂直串联关节机器人，由关节和连杆依次串联而成，而每一关节都由一台伺服电机驱动，因此，如将机器人分解，它便是由若干台伺服电机经减速器减速后，驱动运动部件的机械运动机构的叠加和组合。

（1）本体基本结构　常用的小规格、轻量 6 轴垂直串联机器人的机械结构如图 1-2-1 所示，由基座、机身、臂部（大臂、小臂）、腕部和手部构成。基座作为最底层支撑部件，负责整体的安装连接，具体可有不同的结构形式。手腕摆动、手回转的电机均安装于上臂前端，称之为前驱结构。

图 1-2-1　工业机器人本体

1—基座；2—机身；3—大臂；

4—小臂；5—腕部；6—手部

（2）本体其他结构形式　为了保证机器人作业的灵活性和运动稳定性，就应尽可能减小上臂的体积和质量，大中型垂直串联机器人常采用图 1-2-2 所示的手腕驱动电机后置式结构，简称后驱。

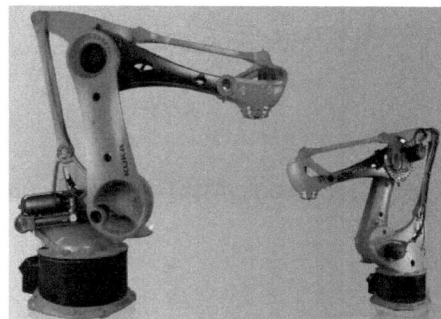

(a) 手腕驱动电机后置式结构　　　　(b) 平行四边形连杆驱动

图 1-2-2　后驱

用于零件搬运、码垛的大型重载机器人，由于负载质量和惯性大，驱动系统必须有足够大的输出转矩，故需要配套大规格的伺服驱动电机和减速器；此外，为了保证机器人运动稳定，还必须降低整体重心，增加结构稳定性，并保证构件有足够的刚性，因此，通常需要采用平行四边形连杆驱动结构。

（3）机身的结构及功能　机身是连接、支撑手臂及行走机构的部件，臂部的驱动装置或传动装置安装在机身上，具有升降、回转及俯仰三个自由度。关节机器人主体结构的三个自由度均为回转运动，构成机器人的回转运动、俯仰运动和偏转运动。通常仅把回转运动归结为关节机器人的机身。

（4）臂部的结构及功能　臂部是连接机身和腕部的部件，支撑腕部和手部，带动手部及腕部在空间运动，结构类型多、受力复杂。

臂部由动力型旋转关节、大臂和小臂组成。关节型机器人以臂部各相邻部件的相对角位移为运动坐标。动作灵活、所占空间小、工作范围大，能在狭窄空间内绕过障碍物。

（5）腕部的结构及功能　腕部是臂部和手部的连接件，起支撑手部和改变手部姿态的作用，关节机器人的腕部结构有三种，3R型结构、RBR型结构、BBR型结构，如图1-2-3所示。

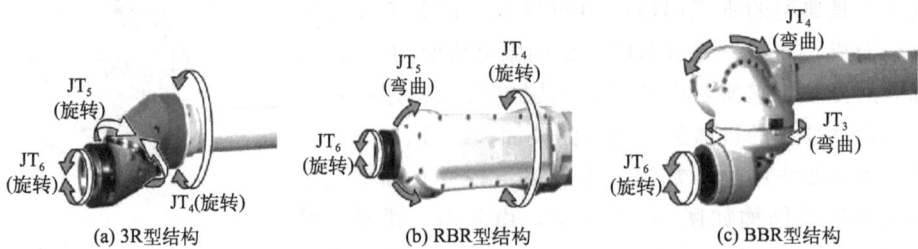

图1-2-3　腕部结构

① 腕部自由度。为了使手部能处于空间任意方向，要求腕部能实现对空间三个坐标轴 X、Y、Z 的旋转运动，如图1-2-4所示，这便是腕部运动的三个自由度翻转 R（Roll）、俯仰 P（Pitch）和偏转 Y（Yaw）。

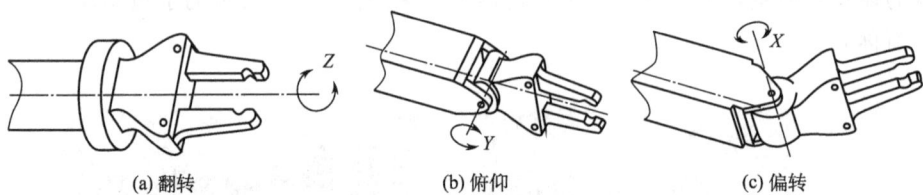

图1-2-4　腕部运动

② 腕部分类。单自由度手腕，如图1-2-5所示。二自由度手腕，如图1-2-6所示。

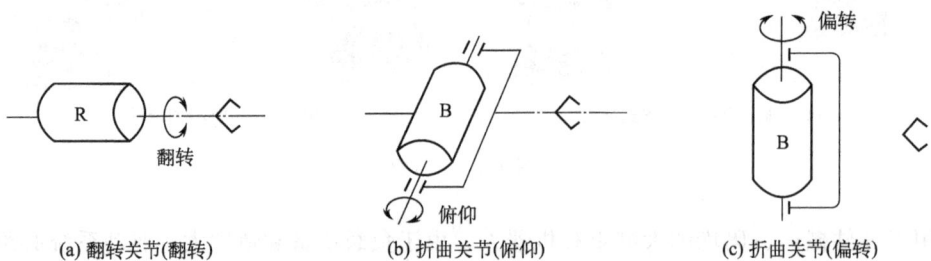

图1-2-5　单自由度手腕运动

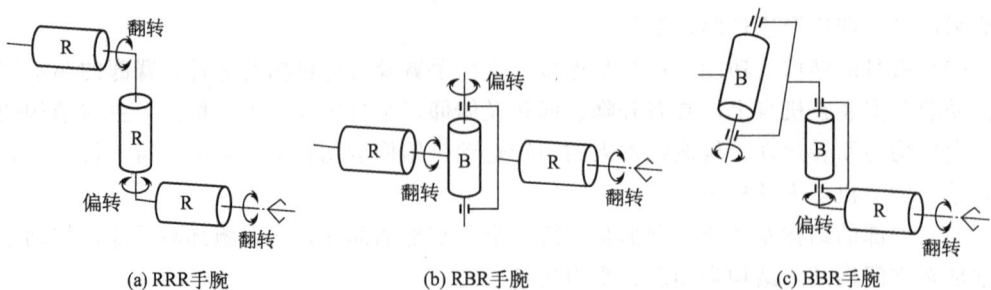

图1-2-6　二自由度手腕运动

（6）驱动方式　分为直驱和远程驱动两种形式，如图 1-2-7 所示。

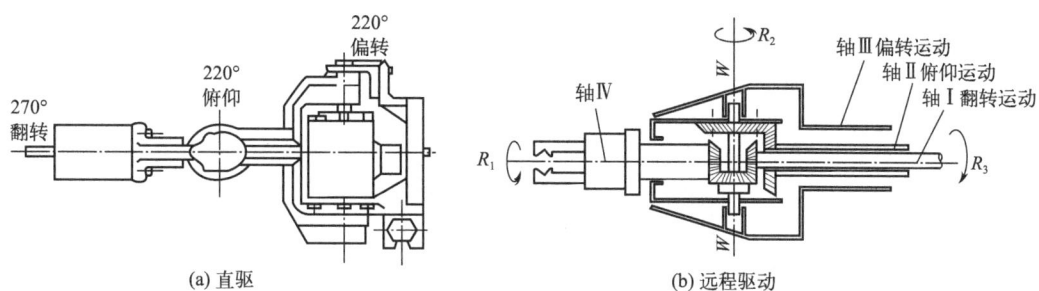

(a) 直驱

(b) 远程驱动

图 1-2-7　驱动方式

2. 平面关节结构

平面关节结构，从机械结构上看，SCARA 机器人类似于水平放置的垂直串联机器人。其手臂轴为沿水平方向串联延伸、轴线相互平行的摆动关节；驱动摆动臂回转的伺服电机可前置在关节部位（前驱），也可统一后置在基座部位（后驱），如图 1-2-8 所示。

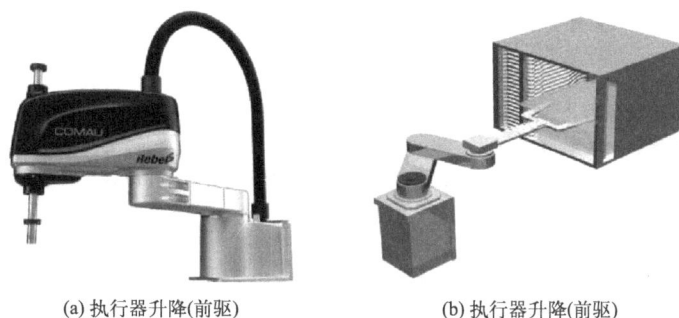

(a) 执行器升降(前驱)

(b) 执行器升降(前驱)

图 1-2-8　平面关节

3. 并联机器人结构

从机械结构上说，当前实用型的 Delta 机器人，总体可分为图 1-2-9 所示的回转驱动型和直线驱动型两大类。

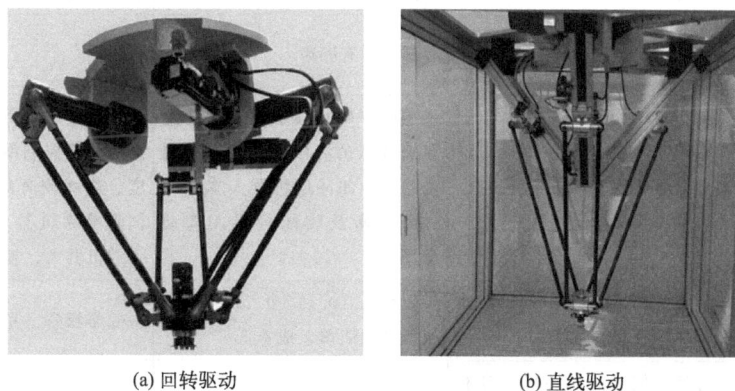

(a) 回转驱动

(b) 直线驱动

图 1-2-9　并联机器人

二、工业机器人驱动装置

工业机器人根据驱动能量转换方式的不同，可将驱动器划分为液压驱动、气压驱动、电气驱动及新型驱动装置。各种不同的驱动器，满足不同机器人的工作要求，表1-2-1为常用的三种驱动系统的性能对比。

表1-2-1 三种常用驱动系统的性能对比

项目	液压驱动	气动驱动	电气驱动
控制性能	油液可压缩性小，工作平稳可靠，力、速度和方向比较容易实现自动控制	工作平稳性差，速度控制困难	控制性能好，响应快，定位精确，但控制系统复杂
维修	维修方便，使用寿命长，但油液泄漏容易着火	维修简单，能在粉尘、高温等恶劣环境中使用	维修难度较大
结构体积	输出力相同的情况下比气压驱动体积小	体积较大	体积较小
使用范围	大型机器人	中、小型机器人	高性能的机器人
输出功率	很大，压力范围为 50～140N/cm^2	大，压力范围为48～60N/cm^2，最大可达100N/cm^2	范围较大，介于前两者之间
控制性能	利用液体的不可压缩性，控制精度较高，输出功率大，可无级调速，反应灵敏，可实现连续轨迹控制	气体压缩性大，精度低，阻尼效果差，低速不易控制，难以实现高速、高精度的连续轨迹控制	控制精度高，功率较大，能精确定位，反应灵敏，可实现高速、高精度的连续轨迹控制，伺服特性好，控制系统复杂
响应速度	很高	较高	很高
结构性能及体积	结构适当，执行机构可标准化、模拟化，易实现直接驱动。功率/质量比大，体积小，结构紧凑，密封问题较大	结构适当，执行机构可标准化、模拟化，易实现直接驱动。功率/质量比大，体积小，结构紧凑，密封问题较小	伺服电动机易于标准化，结构性能好，噪声低，电动机一般需配置减速装置，除DD电动机（直驱电机）外，难以直接驱动，结构紧凑，无密封问题
安全性	防爆性能较好，用液压油作传动介质，在一定条件下有火灾危险	防爆性能好，高于1000kPa（10个大气压）时应注意设备的抗压性	设备自身无爆炸和火灾危险，直流有刷电动机换向时有火花，对环境的防爆性能较差
对环境的影响	液压系统易漏油，对环境有污染	排气时有噪声	无
在工业机器人中的应用范围	适用于重载、低速驱动，电液伺服系统适用于喷涂机器人、点焊机器人和托运机器人	适用于中小负载驱动、精度要求较低的有限点位程序控制机器人，如冲压机器人本体的气动平衡及装配机器人气动夹具	适用于中小负载、要求具有较高的位置控制精度和轨迹控制精度、速度较高的机器人，如AC伺服喷涂机器人、点焊机器人、弧焊机器人、装配机器人等
效率与成本	效率中等（0.3～0.6）；液压元件成本较高	效率低（0.15～0.2）气源方便，结构简单，成本低	效率较高（0.5左右）成本高
维修及使用	方便，但油液对环境温度有一定要求	方便	较复杂

1. 减速器

目前应用于工业机器人的减速器产品主要有谐波减速器（图 1-2-10）和 RV 减速器（图 1-2-11），是工业机器人关键的机械核心部件，如表 1-2-2 所示。

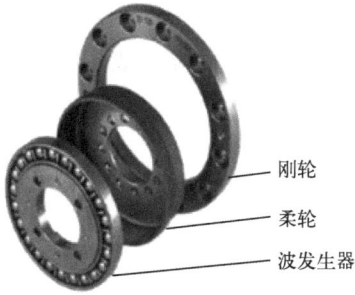

图 1-2-10　谐波减速器

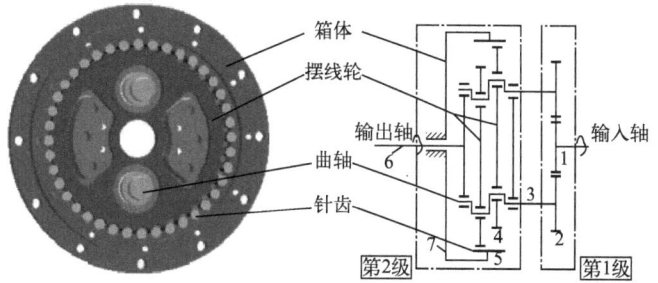

图 1-2-11　RV 减速器
1—输入轴；2—行星轮；3—曲柄轴；4—摆线轮；
5—针轮；6—输出轴；7—针齿壳

表 1-2-2　减速器的性能对比

序号	种类	技术特点	应用位置	缺点
1	谐波减速器	承载能力强，传动精度高，传动比大，传动平稳，安装调整方便	小臂、腕部或手部等轻负载部位	对材质要求高，制造工艺复杂，产业化生产不足
2	RV 减速器	传动比大，结构刚性好，输出转矩高，疲劳强度高	机座、大臂、肩部等重负载部位	结构复杂，维护修理困难

2. 伺服电机

伺服电机按其使用的电源性质不同，可分为直流伺服电机和交流伺服电机两大类。在实际生产应用中，大部分情况下使用的是交流伺服电机，其特点是起动转矩大、运行范围大、无自转现象，如图 1-2-12 所示。

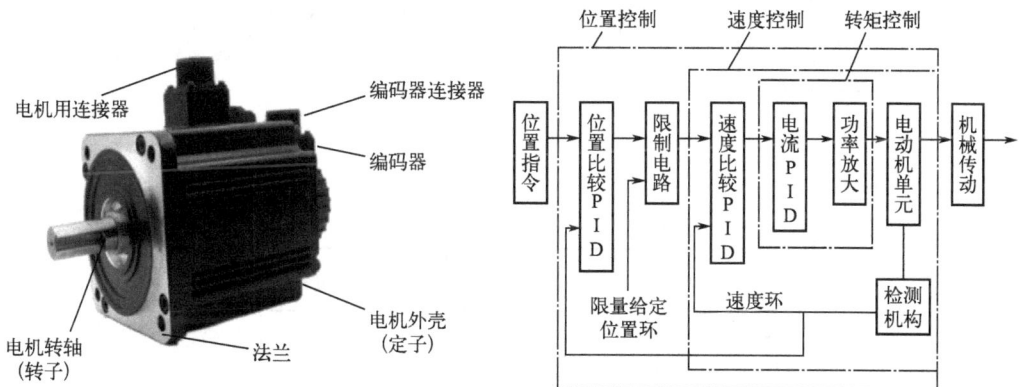

图 1-2-12　伺服电机与驱动原理图

3. 工业机器人伺服控制系统

伺服控制系统是所有机电一体化设备的核心，它的基本设计要求是输出量能迅速而准确地响应输入指令的变化，在机器人控制系统中，其目的是使机械手能够按照指定的轨迹进行运动。像这种输出量以一定准确度随时跟踪输入量（指定目标）变化的控制系统称为伺服控制系统，因此，伺服系统也称为随动系统或自动跟踪系统。

（1）伺服系统的组成　从自动控制理论的角度来分析，伺服控制系统一般包括控制器、执行环节、检测环节、比较环节，如图 1-2-13 所示。

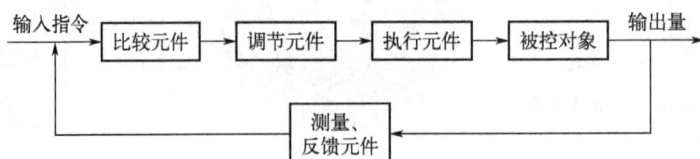

图 1-2-13　伺服系统原理图

（2）伺服系统的分类　开环控制：由控制器输出指令，来驱动电机按指令值位移并且停在所指定的位置，常用的执行元件是步进电机。半闭环控制：将位置或速度传感器安装于电机轴上，以取得位置反馈信号及速度反馈信号。闭环控制：利用光栅尺等位置传感器，直接将物体的位移量同步返回到控制系统。闭环控制系统有正反馈和负反馈，若反馈信号与系统给定值信号相反，则称为负反馈，若相同，则称为正反馈。伺服系统控制方式如图 1-2-14 所示。

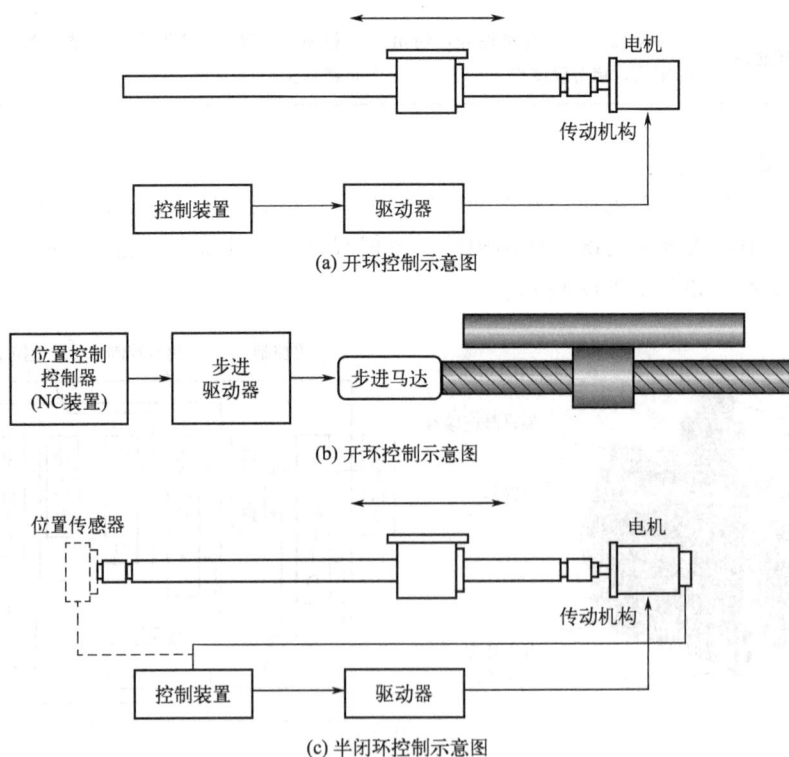

(a) 开环控制示意图

(b) 开环控制示意图

(c) 半闭环控制示意图

图 1-2-14

(d) 半闭环控制示意图

(e) 闭环控制示意图

(f) 闭环控制示意图

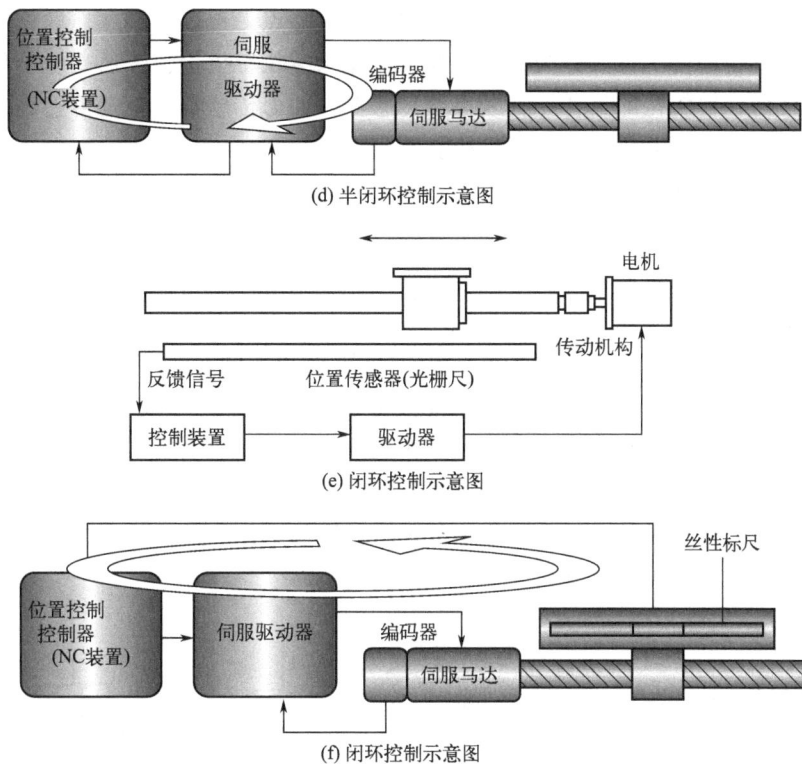

图 1-2-14　伺服系统控制方式

三、工业机器人末端执行器

1. 末端执行器定义

机器人的末端执行器是一个安装在移动设备或者机器人手臂上，使其能够拿起一个对象，并且具有处理、传输、夹持、放置和释放对象到一个准确的离散位置等功能的机构。末端执行器也叫机器人的手部，它是安装在工业机器人手腕上直接抓握工件或执行作业的部件。包括从气动手爪之类的工业装置到弧焊和喷涂等应用的特殊工具。

2. 末端执行器特点

（1）手部与腕部相连处可拆卸　手部与腕部有机械接口，也可能有电、气、液接头，当工业机器人作业对象不同时，可以方便地拆卸和更换手部。

（2）手部的通用性比较差　工业机器人手部通常是专用的装置，比如：一种手爪往往只能抓握一种或几种在形状、尺寸、重量等方面相近似的工件；一种工具只能执行一种作业任务。

（3）手部是一个独立的部件　假如把腕部归属于手臂，那么工业机器人机械系统的三大件就是机身、手臂和手部（末端执行器）。手部对于整个工业机器人来说是完成作业好坏、作业柔性好坏的关键部件之一。具有复杂感知能力的智能化手爪的出现，增加了工业机器人作业的灵活性和可靠性。

3. 末端执行器分类

（1）按功能　末端执行器可分成两大类，即手爪类和工具类。当机器人进行物件的搬运和零件的装配时，一般采用手爪类末端执行器，其特点是可以握持或抓取物体。

（2）按智能化程度　可以分为普通式及智能化末端执行机构：普通式即不具备传感器的末端执行机构；智能化即具备一种或多种传感器，如力传感器、触觉传感器、滑觉传感器等，传感器集成为智能化末端执行机构。

4. 手爪类末端执行器

（1）夹持式手爪　与人手相似，是工业机器人常用的一种手部形式。一般由手指（手爪）和驱动装置、传动机构和承接支架组成，如图 1-2-15 所示，能通过手爪的开闭动作实现对物体的夹持。

（2）吸附式手爪　依靠吸附力取料，根据吸附力的不同分为气吸附和磁吸附两种形式。吸附式手爪适用于抓取大平面（单面接触无法抓取）、易碎（玻璃、磁盘）、微小（不易抓取）的物体。其中磁吸附式手爪利用永久磁铁或电磁铁通电后产生的磁力进行吸取工件，常见的磁力吸盘分为永磁吸盘、电磁吸盘、电永磁吸盘。

（3）仿生式手爪　是针对特殊外形工件进行抓取的一类手爪，其主要包括柔性手爪和多指灵巧手爪，如图 1-2-15 所示。

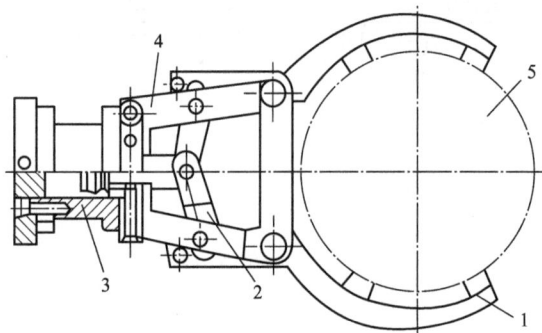

(a) 夹持式手爪
1—手指；2—传动机构；3—驱动装置；
4—支架；5—工件

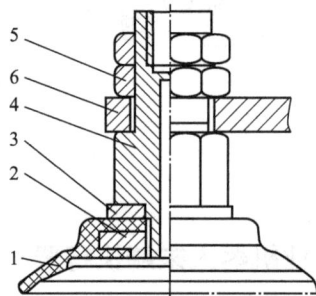

(b) 吸附式手爪
1—橡胶吸盘；2—固定环；3—垫片；
4—支撑杆；5—螺母；6—基板

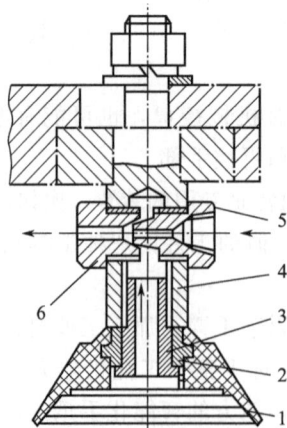

(c) 真空吸盘吸附式手爪
1—橡胶吸盘；2—芯套；3—透气螺钉；
4—支撑杆；5—螺母；6—喷嘴

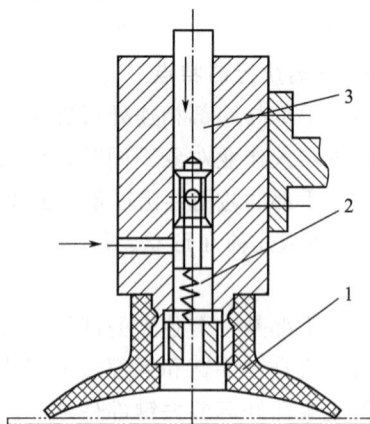

(d) 气流负压吸附式手爪
1—橡胶吸盘；2—弹簧；3—拉杆

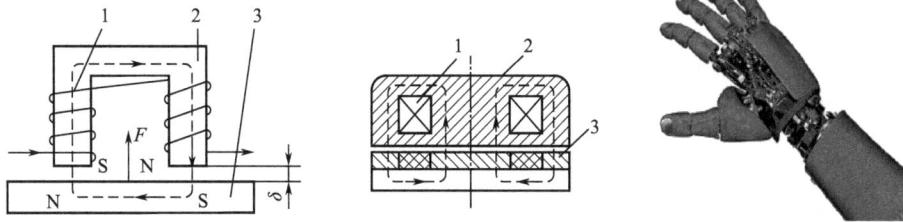

(e) 磁吸附式手爪　　　　　　　　　　(f) 仿生式手爪

1—线圈；2—铁芯；3—衔铁

图 1-2-15　不同种类的末端执行器

四、工业机器人控制系统

工业机器人控制系统作为机器人重要组成部分之一，主要作用是根据操作人员的指令操作和控制机器人的执行机构使其完成作业任务。整个机器人系统的性能主要取决于控制系统的性能。一个良好的控制器要有便捷、灵活的操作方式，多种形式的运动控制方式和安全可靠的运行模式。构成机器人控制系统的要素主要有计算机硬件系统及操作控制软件、输入/输出（I/O）设备及装置、驱动系统、传感系统，如图 1-2-16 所示。

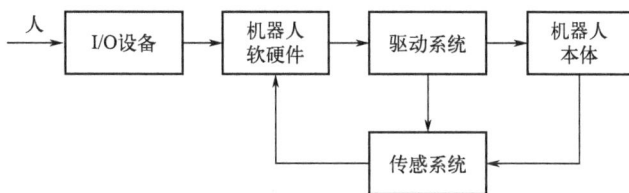

图 1-2-16　工业机器人控制系统

1. 控制系统特点

（1）复杂的运动描述　机器人的控制与机构运动学、动力学密切相关。

（2）多自由度　一个简单的机器人也至少有 3～5 个自由度，比较复杂的机器人有十几个甚至几十个自由度。

（3）计算机控制　把多个独立的伺服系统有机地协调起来，使其按照人的意志行动，这个任务只能由计算机来完成。

（4）复杂的数学模型　描述机器人状态和运动的数学模型是一个非线性模型，随着状态的不同和外力的变化，其参数也在变化，各变量之间还存在耦合。

2. 控制系统基本功能

工业机器人控制系统的主要任务是控制工业机器人在工作空间中的运动位置、姿态和轨迹、操作顺序及动作的时间等，基本功能如表 1-2-3 所示。

3. 控制方式

工业机器人按不同的分类方法有不同的控制方式，如表 1-2-4 所示。

表 1-2-3　工业机器人控制系统的基本功能

基本功能	描述
示教再现功能	机器人控制系统可实现离线编程、在线示教和间接示教。在线示教包括示教器和导引示教两种。在示教过程中，可储存作业顺序、运动路径、运动方式、运动速度和与生产工艺有关的信息。再现过程中，机器人按照示教好的加工信息执行特定的作业
坐标设置功能	一般的工业机器人控制器设置有关节坐标系、绝对坐标系、工具坐标系、用户自定义坐标系四种坐标系
与外围设备联系功能	机器人控制器设置有输入和输出接口、通信接口、网络接口和同步接口，并具有示教盒、操作面板以及显示屏等人机接口。此外，还具有如视觉、触觉、听觉、力觉（或力矩）传感器等多种传感器接口
位置伺服功能	包括机器人多轴联动、运动控制、速度和加速度控制、动态补偿等。还可以实现运行时系统状态监视、故障状态下的安全保护和故障自诊断

表 1-2-4　工业机器人控制方式

分类	控制方式	分类	控制方式
按运动坐标控制方式分类	关节空间运动控制	按控制的机器人数量分类	单控系统
	笛卡儿坐标空间运动控制		群控系统
按控制系统对工作环境变化的适应程度分类	程序控制系统	按运动控制方式的控制对象不同分类	位置控制
	适应性控制系统		智能控制
	人工智能控制系统		力/力矩控制

（1）按运动坐标控制方式分类　工业机器人中运动坐标的控制实质上就是对机器人运动轨迹的规划和生成，也就是常说的运动规划，所以轨迹规划又可以按照对机器人运动参数计算时根据空间坐标系的不同分为关节空间轨迹规划和笛卡儿空间轨迹规划。

①　关节空间轨迹规划。关节空间轨迹规划主要考虑的是各个关节处运动参数的规划。所以，要对关节变量的时间函数及其二阶时间导数进行规划，使得机器人在运动过程中每个关节都是连续稳定运动的。这样可以保证在运动过程中快速无冲击地到达目标点，使路径规划的计算简单化。同时在关节空间规划时不会出现奇异解问题。只需把给定点关节角度值拟合为一个光滑的函数即可。图 1-2-17 为轨迹插值曲线示意图，可以看出轨迹 3 曲线位移曲线光滑，是最合适的插值法。

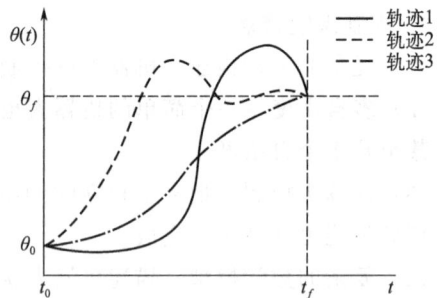

图 1-2-17　轨迹插值曲线示意图

②　笛卡儿空间轨迹规划。笛卡儿空间轨迹规划主要考虑对工业机器人末端执行器位姿的轨迹规划，同时根据末端执行器的位姿关于时间的函数对时间求导就可确定末端执行

器的速度和加速度。

在笛卡儿空间中，根据工业机器人插补算法插补，得到笛卡儿坐标系下的中间点，再运用运动学逆运算进行转换，得到工业机器人各个关节在此中间点的角度值（$\theta1$，$\theta2$，$\theta3$，$\theta4$，$\theta5$，$\theta6$），然后根据这些角度控制各个关节的转动，进而使得工业机器人按照规定轨迹运动。

笛卡儿空间轨迹规划与关节空间轨迹规划相比，缺点是在机器人控制的实时性上不如直接使用机器人驱动关节角度来做轨迹规划；但是可以确定末端执行器的运动路径及其运动过程中的位姿变化，因此用户在控制机器人时需要选择相对合适的轨迹规划空间。

（2）按运动控制方式的控制对象不同分类　可分为位置控制、速度控制、加速度控制、力控制、力矩控制、力和位置混合控制等，而实现机器人的位置控制是工业机器人的基本控制任务。

① 位置控制。工业机器人很多作业的实质是控制机器人末端执行器的位姿，以实现对其运动轨迹的控制，主要分为点到点运动和连续轨迹运动。点到点控制针对点位作业机器人如点焊、上下料，只需要描述它的起始状态和目标状态。连续轨迹控制则是针对弧焊、喷漆等机器人，此类运动不仅要起止点信息，而且有路径约束。点到点的运动是连续轨迹运动的基础，连续轨迹控制可以看作在目标轨迹中取一定数目的路径点，然后把各个点映射到关节空间做插值运算。图 1-2-18 所示为位置控制示意图。

② 力/力矩控制。应用于机器人末端执行器与环境或作业对象的表面有接触的情况，如对应用于装配、加工、抛光等作业的机器人，工作过程中要求机器人手爪与作业对象接触的同时保持一定的压力。力/力矩控制是对位置控制的补充，这种方式的控制原理与位置伺服控制原理也基本相同，不过输入量和反馈量不是位置信号，而是力/力矩信号，如图 1-2-19 所示。

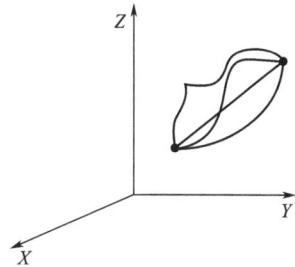

(a) 点到点控制

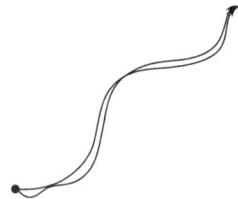

(b) 连续轨迹控制

图 1-2-18　位置控制

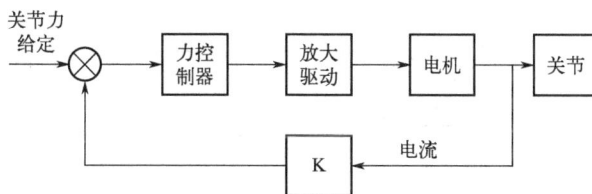

图 1-2-19　力/力矩控制

③ 智能控制。实现智能控制的机器人可通过传感器获得周围环境的信息，并根据自身内部的知识库做出相应的决策。采用智能控制技术，可使机器人具有较强的环境适应性及自学习能力。智能控制技术的发展有赖于近年来神经网络、基因算法、遗传算法、专家系统等人工智能技术的迅速发展。

4. 控制系统结构

工业机器人控制系统有集中控制、主从控制和分布控制 3 种结构。

（1）集中控制方式　用一台计算机就能实现全部控制功能，结构简单、成本低，但实时性差、难以扩展，如图 1-2-20 所示。

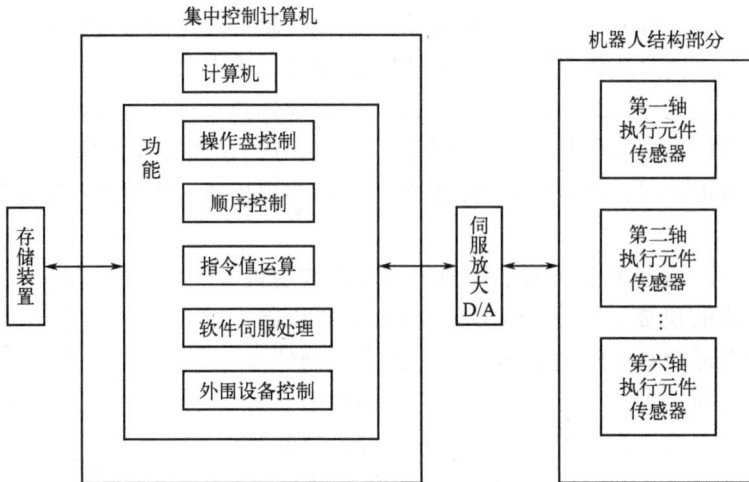

图 1-2-20　集中控制方式

（2）主从控制方式　采用主、从两级处理器实现系统的全部控制功能。主 CPU 实现管理、坐标变换、轨迹生成和系统自诊断等。从 CPU 实现所有关节的动作控制，如图 1-2-21 所示。

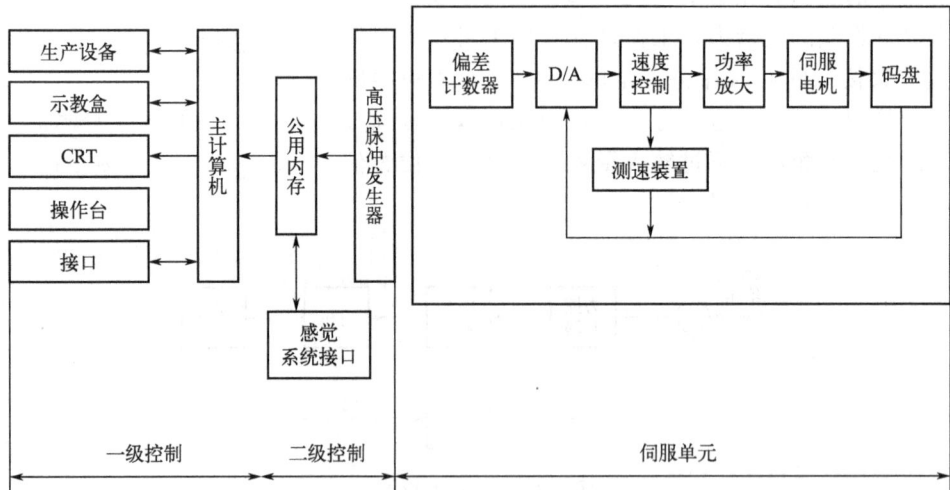

图 1-2-21　主从控制方式

（3）分布控制方式　按系统的性质和方式将系统控制分成几个模块，每一个模块各有不同的控制任务和控制策略，各模块之间可以是主从关系，也可以是平等关系，如图 1-2-22 所示。

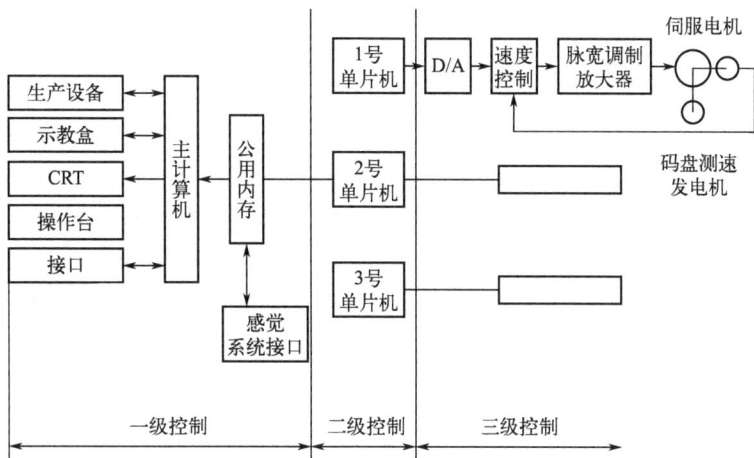

图 1-2-22 分布控制方式

模块综合测试

一、单项选择题

1. 下列分类中,不是按照机器人结构特性分类的是 ( )。

    A. 直角坐标机器人   B. 圆柱坐标机器人

    C. 并联机器人   D. 伺服机器人

2. 下列结构中不属于关节机器人的腕部结构的是 ( )。

    A. 3R   B. RBR   C. BBR   D. BRB

3. 驱动摆动臂回转的伺服电机前置在关节部位称为 ( )。

    A. 前动   B. 前驱   C. 后动   D. 后驱

4. 伺服系统一般包括 ( )、执行环节、检测环节、比较环节。

    A. 处理器   B. 输入输出环节   C. 控制器   D. 模拟器

5. 下列不属于按照能量转换方式分类的是 ( )。

    A. 电气驱动   B. 低速驱动   C. 液压驱动   D. 气动驱动

6. 开环控制系统中,不包括 ( )。

    A. 控制装置   B. 反馈装置   C. 传动装置   D. 驱动装置

7. 闭环控制系统优于开环系统是因为闭环系统包括 ( )。

    A. 控制装置   B. 反馈装置   C. 传动装置   D. 驱动装置

8. 开环控制由控制器输出指令,来驱动电机按指令值位移并且停在所指定的位置,常用的执行元件是 ( )。

    A. 步进电机   B. 异步电机   C. 同步电机   D. 伺服电机

二、多项选择题

1. 下列属于日常维护的是 ( )。

    A. 渗油的确认   B. 定位精度的确认   C. 更换减速机   D. 更换电机

2. 下列属于定期检修的项目是 ( )。

    A. 振动异响   B. 减速机润滑脂   C. 本体电池   D. 更换电机

模块2

工业机器人安装与调试

模块导读

如同新买的手机，我们第一时间做的不是用它打电话，而是安装平时需要的软件。 工业机器人也是如此，但它的安装调试远比手机复杂得多。

思维导图

思政课堂

主观与客观的双重努力：安全第一

工业机器人安装与调试

认识工具 | 技术文件识读 | 工作站安装 | 零点校对 | 调试

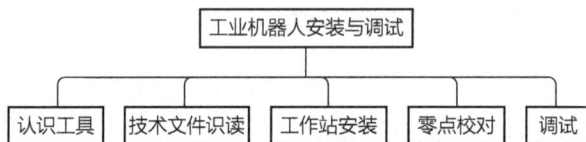

单元1 安装与调试工具

学习目标

知识目标

（1）掌握安装、测量工具的工作原理；

（2）掌握工业机器人的安装与测量方法与步骤；

（3）了解工业机器人的安装工艺要求。

技能目标

（1）能够掌握工业机器人的安装方法和步骤；

（2）能够按照工艺要求进行安装与测量。

素质目标

实训通常是以小组为单位进行的，学生需要与组员共同完成任务。 这样的合作方式可以促进学生之间的交流和合作，培养学生的团队合作意识和沟通能力。 团队合作不仅可以提升学生的协作能力，还可以培养学生的领导才能和组织能力。

一、安装及测量工具

1. 机械安装工具

工业机器人系统中大量使用内六角圆柱头螺钉、六角半沉头螺钉安装固定。内六角扳手为常用机械安装工具，如图 2-1-1（a）所示，常见规格：1.5mm、2mm、2.5mm、3mm、4mm、5mm、6mm、8mm。

2. 电气安装工具

钳柄上套有额定电压 500V 的绝缘套管，是一种常用的钳形工具。主要用来剪切线径较细的单股与多股线，以及给单股导线接头弯圈、剥塑料绝缘层等，能在较狭小的工作空间操作，不带刃口的只能做夹捏工作，带刃口者能剪切细小零件，它是电工装配及修理工作常用的工具之一，如图 2-1-1（b）所示。

压线钳是一种用来剪切金属类材质的五金工具，其也常被称为驳线钳。压线钳的功能齐全，可以用于剪切金属、剥离线类或是进行压线。实际应用中常见的压线钳主要有三种：针管型端子压线钳，冷压端子压线钳子，网线钳。

3. 机械测量工具

如图 2-1-1（c）所示，卡尺一般用于厚度及深度的测量，精度可精确到 0.1mm。

4. 电气测量工具

如图 2-1-1（d）所示，数字万用表可用来测量直流和交流电压、直流和交流电流、电阻、电容、频率、电池、二极管等。整机电路设计以大规模集成电路双积分 A/D 转换器为核心，并配以全过程过载保护电路，使之成为一台性能优越的工具仪表，是电工的必备工具之一。

(a) 机械安装工具

(b) 电气安装工具

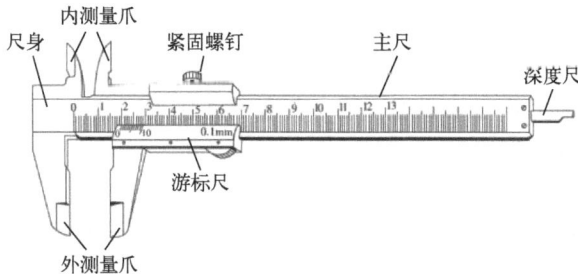

(c) 机械测量工具

(d) 电气测量工具

图 2-1-1　常见安装与测量工具

二、工业机器人包装拆除

工业机器人是一种精密、贵重的操作设备，一般工业机器人厂家会使用木箱对其进行运输。在工业机器人初次运抵操作现场时，我们一般按照以下步骤进行拆包检验。

① 工业机器人到达现场后，第一时间检查外观是否有破损，是否有进水等异常情况。如果有问题，请马上联系厂家及物流公司进行处理。图 2-1-2（a）为 ABB 工业机器人包装外观。

② 使用合适的工具拆卸箱子上的扎带或绑带，如图 2-1-2（b）所示。

(a) 包装外观

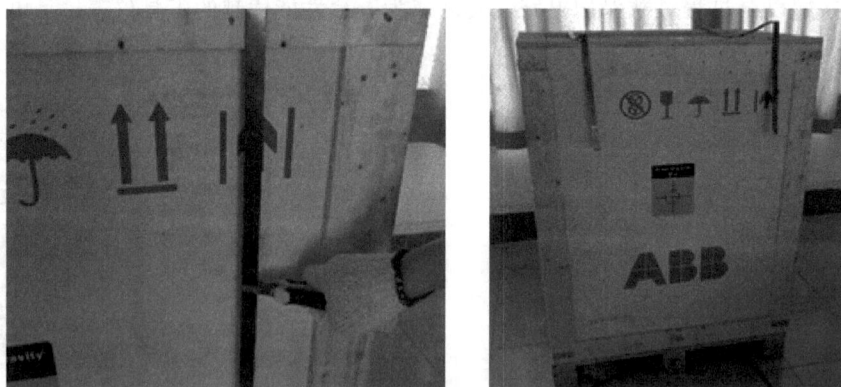

(b) 拆卸扎带

图 2-1-2　包装外观及拆卸

③ 两人根据箭头方向，将箱体向上抬起放置到一边，与包装底座进行分离。

④ 保证箱体的完整以便日后重复使用。

⑤ 拆掉纸箱后，使用合适的工具拆卸箱子上的扎带或绑带。

⑥ 以 ABB 机器人 IRB 120 为例，包括 4 个主要物品：机器人本体、示教器、线缆配件及控制柜。

⑦ 根据发货清单，清点发货物品，查看机器人以及控制柜的产品型号、功能配置是否符合要求。如图 2-1-3 所示为物品清单。

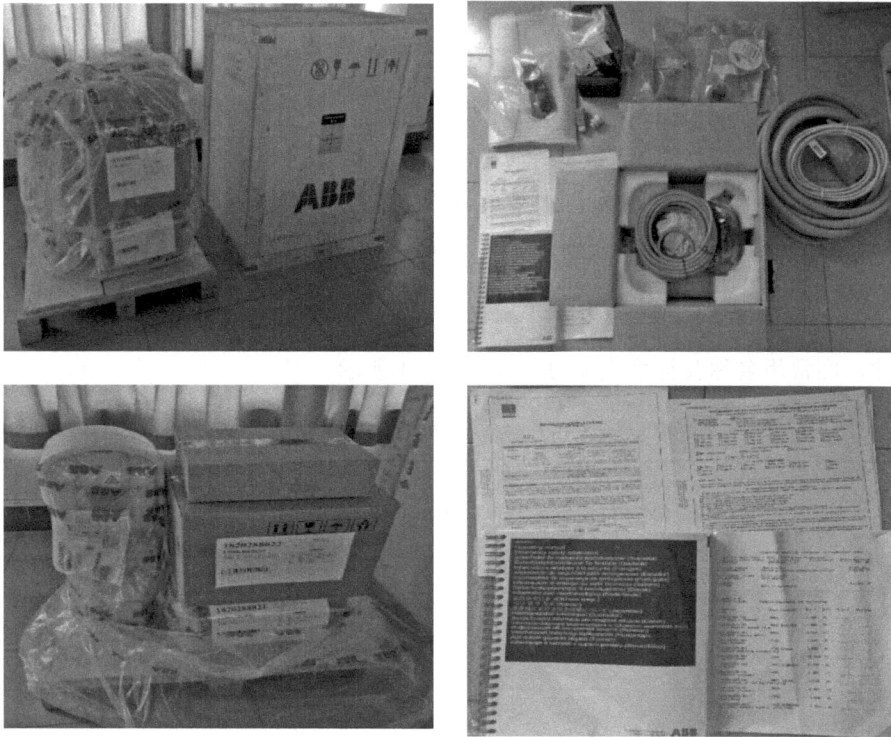

图 2-1-3　工业机器人物品清单

单元 2　技术文件

🌀 学习目标

知识目标

（1）了解工业机器人的技术文件内容；

（2）掌握工业机器人的技术文件识读方法；

（3）掌握电气识图方法；

（4）掌握气动液压识图方法。

技能目标

（1）能够正确识读技术文件；

（2）能够正确识读电气图形符号；

（3）能够正确识读气动液压图形符号。

素质目标

实践是学习的最好动力，可以让学生在实际操作中体验到学习的快乐和成就感，激发学习的兴趣和动力，提高学习效果。

一、机械识图基础

1. 剖面符号

国家标准规定，剖切面与机件接触部分，即断面上应画上剖面符号，机件材料不同，其剖面符号画法也不同，其中金属材料的剖面符号为与水平成 45°的等距平行细实线，同一零件的所有剖面图形上，剖面线方向及间隔要一致，如图 2-2-1 所示。

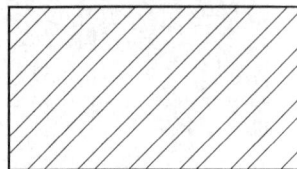

图 2-2-1　金属断面

2. 尺寸标注常用的符号和缩写词

尺寸标准常用名称及符号或缩写词如表 2-2-1 所示。

表 2-2-1　尺寸标准常用名称及符号或缩写词

名称	符号或缩写词	名称	符号或缩写词
直径	D	45°倒角	φ
半径	R	深度	↓
公制螺纹	M	柱形沉孔	⊔

3. 常见孔的标注

常见孔的结构类型及标注方法如表 2-2-2 所示。

表 2-2-2　常见孔的结构类型及标注方法

零件孔结构类型		标注方法
光孔	一般孔	
	精加工孔	

零件孔结构类型		标注方法
沉孔	锥形沉孔	
	柱形沉孔	
螺孔	通孔	
	不通孔	

4. 视图

基本视图如表 2-2-3 所示。

表 2-2-3　基本视图

基本视图	介绍	基本视图	介绍
	主视图：由前向后投影		右视图：由右向左投影
	俯视图：由上向下投影		仰视图：由下向上投影
	左视图：由左向右投影		后视图：由后向前投影图

5. 表面粗糙度要求

表面粗糙度符号及说明如表 2-2-4 所示。

表 2-2-4　表面粗糙度符号及说明

符号	意义及说明
√	基本图形符号，表示表面可用任何方法获得，当不加注粗糙度参数值或说明时，仅适用简化代号标注
√	基本图形符号上加一短横，表示指定表面是用去除材料的方法获得，如车、钻、磨、剪切、抛光、腐蚀、电火花加工、气割等
√	基本图形符号上加一小圆圈，表示指定表面是用不去除材料方法获得，例如铸、锻、冲压变形、热轧、冷轧、粉末冶金等，或者说是用于保持原供应状况的表面
√√√	在上述三个符号的长边上均可加一横线，用于标注有关参数和说明
√√√	在上述三个符号上均可加一小圈，表示所有表面具有相同的表面粗糙度要求

二、电气识图基础

常见电气图形符号如表 2-2-5～表 2-2-8 所示。

表 2-2-5　常用基本电气图形符号

序号	名称	图形符号	序号	名称	图形符号
1	直流	——	6	中性点	N
2	交流	∼	7	磁场	F
3	交直流	≂	8	搭铁	⊥
4	正极	+	9	交流发动机输出接柱	B
5	负极	−	10	磁场二极管输出端	D_+

表 2-2-6　导线端子和导线连接电气图形符号

序号	名称	图形符号	序号	名称	图形符号
1	接点	●	4	导线的分支连接	
2	端子	○	5	导线的交叉连接	
3	导线的连接	—○—○—	6	屏蔽导线	—○

表 2-2-7　触点开关电气图形符号

序号	名称		图形符号	序号	名称	图形符号
1	动合（常开）触点			7	凸轮控制	
2	动断（常闭）触点			8	联动开关	
3	先断后合的触点			9	手动开关的一般符号	
4	旋转操作			10	按钮开关	
5	推动操作			11	能定位的按钮开关	
6	行程开关触点	动合		12	接触器触点	
		动断				

表 2-2-8　电器元件电气图形符号

序号	名称	图形符号	序号	名称	图形符号
1	电阻器		8	熔断器	
2	可变电阻器		9	继电器吸引线圈	
3	电容器		10	触点常开的继电器	
4	半导体二极管一般符号		11	触点常闭的继电器	
5	PNP 型三极管		12	直流电动机	
6	集电极接管壳三极管（NPN）		13	三相异步电动机	
7	电感器、线圈、绕组、扼流圈		14	信号灯	

三、气动液压识图基础

常见气动液压图形符号如表 2-2-9 所示。

表 2-2-9　常见气动液压图形符号

类别		名称	符号	类别			名称	符号
管路、管路连接口的接头		工作管路 电气线路 控制供给管路		压力控制阀	溢流阀	直动型	内部压力控制	
		控制管路 排气管路					外部压力控制	
		连接管路				先导型		
		交叉管路			减压阀	直动型	不带溢流	
		柔性管路					带溢流	
	排气口	不带连接螺纹				先导型		
		带连接螺纹			顺序阀	直动型	内部压力控制	
		封闭气口					外部压力控制	
	放气装置	连续放气				单向顺序阀		
		间断放气						
		单向放气						
	快换接头	不带单向阀		流量控制阀		截止阀		
					节流阀	不可调		
	旋转接头	带单向阀				可调		
						减速阀		
		单通路				可调单向节流阀		
		三通路						
机械控制件		杆				带消声器的节流阀		
		轴(旋转运动)						
		定位装置		方向控制阀		单向阀		
		锁定装置(*为开锁的控制方法符导)				气控单向阀		
		弹跳机构			梭阀	或门型		
控制方法	人力控制	不指名控制方式				与门型		
		按钮式				快速排气阀		
		拉钮式			二位二通	常通		
		按-拉式				常断		
		手柄式						
		单向踏板式						
		双向踏板式						

类别	名称		符号
控制方法	机械控制	顶杆式	
		可变行程控制式	
		弹簧控制式	
		滚轮式	
		单向滚轮式	
	电气控制	单作用电磁铁（电气引线可省略）	
		双作用电磁铁	
	气压控制 直接控制	加压或泄压控制	
		差动控制	
		内部压力控制	
		外部压力控制	
	先导控制	加压控制	
		泄压控制	
	复合控制 顺序控制	电磁—内部气压先导控制	
		电磁—外部气压先导控制	
		选择控制	
泵		气泵	
	定量马达	单向	
		双向	
	变量马达	单向	
		双向	
		摆动马达	
方向控制阀	二位三通	常通	
		常断	
		二位四通	

类别	名称		符号
方向控制阀	三位四通	中间封闭式	
		中间加压式	
		中间泄压式	
		二位五通	
	三位五通	中间封闭式	
		中间加压式	
		中间泄压式	
		电气伺服阀	
气动辅助元件及其他		气压源	
		气罐	
		蓄能器	
		冷却器	
		过滤器	
	空气过滤器	人工排出	
		自动排出	
	除油器	人工排出	
		自动排出	
		空气干燥器	
		油雾器	
		气动三联件(简化符号)	
	气液转换器	单程作用	
		连续作用	
		压力继电器	
		行程开关	
		模拟传感器	
		消声器	
		报警器	
		压力指示器	
		压力计	
		压差计	
	脉冲计数器	输出电信号	
	脉冲计数器	输出气信号	
		温度计	
		流量计	
		累计流量计	
		电动机	

四、工作站图纸识读方法

工业机器人工作站是指以一台或多台机器人为主，配以相应的周边设备，如变位机、输送机、工装夹具等，或借助人工辅助操作完成相对独立的一种作业或工序的一组设备组合。机器人工作站主要由机器人及其控制系统、辅助设备以及其他周边设备所构成，这些设备安装与调试的所有图纸就是工作站图纸。

1. 阅读工作站图纸的要求

通过对机器人工作站识图知识的学习，应达到以下基本要求：

① 了解工作站的名称、用途、性能和主要技术特性；

② 了解各零部件的材料、结构形状、尺寸以及零部件间的装配关系，装拆顺序；

③ 根据设备中各零部件的主要形状、结构和作用，进而了解整个设备的结构特征和工作原理；

④ 了解设备上气动元件的原理和数量；

⑤ 了解设备在设计、制造、检验和安装等方面的技术要求。

识读工作站的方法和步骤，一般分为概括了解、详细分析和归纳总结等，但应该注意工作站独特的内容和图示特点。在阅读前，要初步了解典型模块的基本结构，这会提高读图的速度和效率。

2. 阅读工作站图纸的方法

（1）概括了解

① 看标题栏，了解设备的名称、规格、材料、重量、绘图比例、图纸张数等内容；

② 粗看视图了解表达设备所采用的视图数量和表达方法，找出各视图、剖视图的位置和表达重点；

③ 看明细栏，了解设备中各零部件、电气元件等的名称和数量，以及绘制了哪些零部件图，哪些是标准件和外购件；

④ 看设备的设计配置表及技术要求，了解设备在设计、制造、检验等方面的其他技术要求。

（2）详细分析

① 视图分析，了解设备图上共有多少个视图，哪些是基本视图，各视图采用了哪些表达方法，并分析各视图之间的关系和作用等；

② 零部件分析，以主视图为中心，结合其他视图，将某一零部件从视图中分离出来，并通过序号和明细栏进行分析；

③ 结构分析，包括该零部件的型式和结构特征，想象出其形状；

④ 尺寸分析，包括规格尺寸、定位尺寸及注出的定形尺寸和各种代（符）号；

⑤ 功能分析，了解各部件在设备中所起的作用；

⑥ 装配关系分析，即部件在设备上的位置与主体或其他零部件的连接装配关系；

⑦ 对标准化零部件还可根据其标准号和规格查阅相应的标准进行进一步的分析，对组合件可以从部件图中了解相应内容。

a. 分析工作原理。结合布局图及配置单，分析每一模块的用途及其在设备的纵向和横向的位置，从而明确设备的主要工作原理。

b. 分析技术特性和技术要求。通过各个模块的技术要求，明确各个模块的性能、主要技术指标和在制造、检验、安装过程中的技术要求。

（3）归纳总结　在零部件分析的基础上，经过对设备图纸的详细阅读后，可以根据各零部件的形状以及在设备中的位置和装配关系，综合分析设备的整体结构特征，从而想象出一个设备的整体形象。进一步对设备的结构特点、用途、技术特性、主要零部件的作用及设备的工作原理和工作过程等进行归纳和总结，最后对该设备有全面的、清晰的认识。

单元 3　工业机器人本体安装

学习目标

知识目标

（1）了解工业机器人的工作站种类；

（2）熟悉工业机器人的现场安装步骤和方法；

（3）熟悉工业机器人的本体现场安装注意事项。

技能目标

（1）培养识读装配工艺卡的能力；

（2）培养机械安装工具的使用能力；

（3）培养能进行机械安装工艺和标准安装流程操作的能力。

素质目标

实践是解决问题的最好方式，通过自主思考和实践操作，学生可以锻炼自己的思维能力和动手能力，提高解决问题的能力。

一、安装环境要求

1. 工业机器人安装环境要求

① 环境温度要求：工作温度 0～45℃，运输储存温度−10～60℃；

② 相对湿度要求：20%～80%RH；

③ 动力电源：单相 AC200V/220V（+10%～−15%）；

④ 接地电阻：小于 100Ω；

⑤ 机器人工作区域需有防护措施（安全围栏）；

⑥ 灰尘、泥土、油雾、水蒸气等必须保持在最小限度；

⑦ 环境必须没有易燃、易腐蚀液体或气体；

⑧ 设备安装要求远离撞击和震源；

⑨ 机器人附近不能有强电子噪声源；

⑩ 振动等级必须低于 0.5G（4.9m/s^2）。

2. 拆装注意事项

（1）机械装置拆卸的一般要求　机械装置的拆卸工作是为了进一步了解、检查机械设备内部的工作情况，对运动部件进行调整，对损坏的零件进行修理或更换。如果拆卸方法不当，或拆卸程序不正确，将使零部件受损，甚至无法修复。因此，为保证拆卸质量，在拆卸机械设备前，必须制订合理的拆卸方案，对可能遇到的问题进行预测，做到有步骤地进行拆卸。机械装置的拆卸一般遵照下列规则和要求：

① 遵循"恢复原机"的原则；

② 熟悉机械装置的构造和工作原理；

③ 以部件总成为单元进行拆卸；

④ 记录拆卸过程。

（2）装配的一般要求与主要环节

① 清理和清洗；

② 连接；

③ 校正、调整与配作；

④ 平衡；

⑤ 验收试验。

机械产品装配完成后，应根据有关技术标准和规定，对产品进行比较全面的检验和试验工作（一般分出厂检验和型式试验），合格后才能出厂。各类产品检验和试验工作的内容、项目是不相同的，其验收试验工作的方法也不相同。

二、工业机器人组成与识读技术文件

1. 工作站组成

工业机器人工作站组成如图 2-3-1 所示。

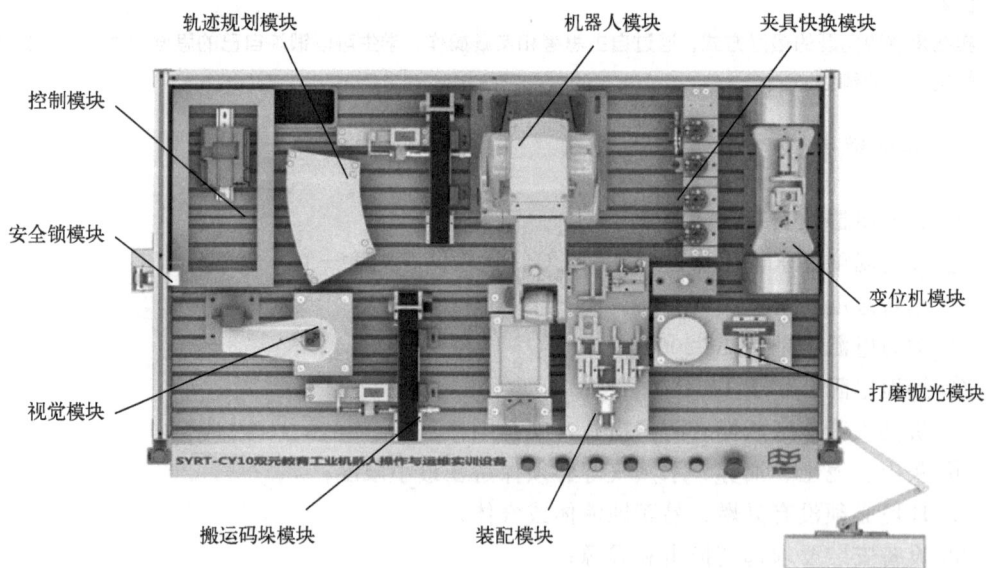

图 2-3-1　工作站组成

2. 工作站组成

打磨抛光与装配工作站如图 2-3-2 所示。

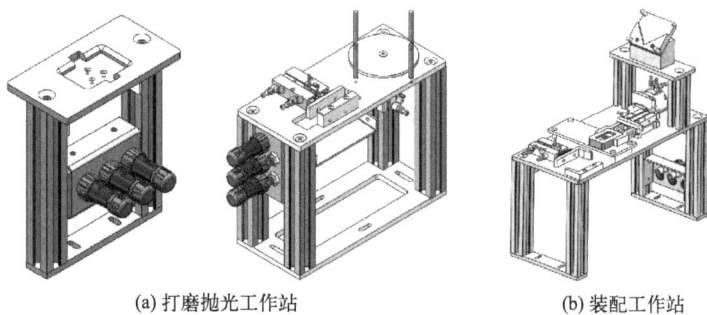

| (a) 打磨抛光工作站 | (b) 装配工作站 |

图 2-3-2　典型工作站

3. 识读工业机器人操作与运维实训系统图纸

通过工作站的机械装配图纸（图 2-3-3）可以确定工作站工业机器人单元在台面上的具体位置，在安装工业机器人单元的时候需要根据这些具体的安装位置、尺寸来进行单元模块的安装。

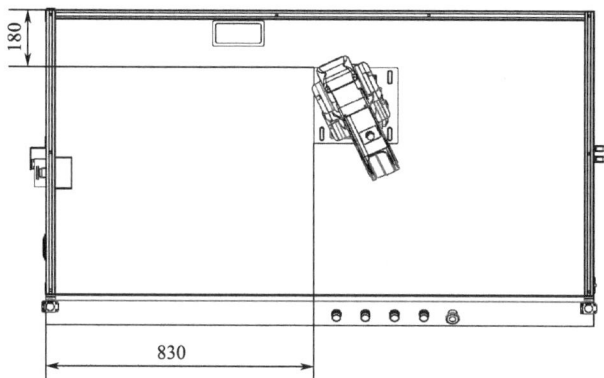

图 2-3-3　工作站机械装配图

单元 4　工业机器人零点复归

🏀 学习目标

知识目标

（1）掌握工业机器人需要进行零点复归的情况；

（2）掌握工业机器人对齐同步标记方法。

技能目标

（1）能够正确操纵工业机器人对齐同步标记；

（2）掌握零点复归具体操作步骤。

素质目标

实践是培养创新意识和创新能力的重要途径，通过实际操作，学生可以不断探索和尝试，培养自己的创新思维，提高创造性。

一、需要零点复归的情况

① 当系统报警提示"10036 转数计数器未更新"时；

② 当转数计数器发生故障，修复后；

③ 在转数计数器与测量板之间断开过之后；

④ 在断电状态下，工业机器人的关节轴发生移动时；

⑤ 在更换伺服电机转数计数器电池之后；

⑥ 在第一次安装完工业机器人和控制器，并进行线缆连接之后。

二、操纵工业机器人对齐同步标记

校准标记位置与对齐同步标记分别如图 2-4-1、图 2-4-2 所示。

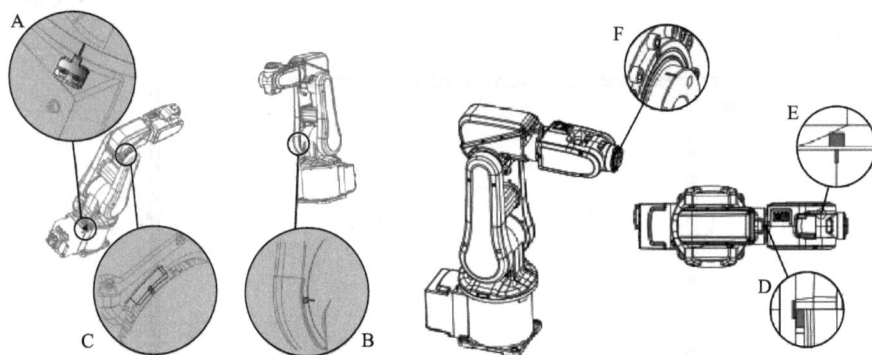

图 2-4-1 A～F 为 1～6 轴的校准标记位置

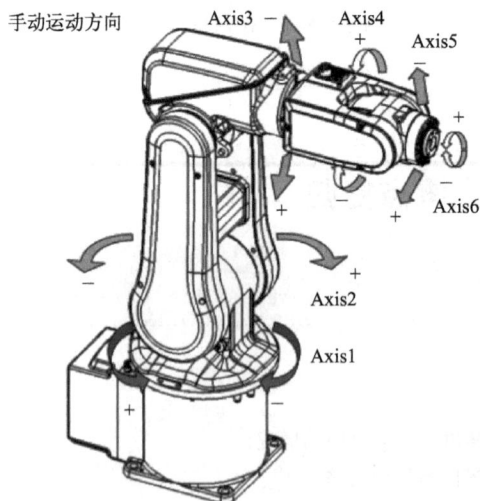

图 2-4-2 对齐同步标记

三、零点复归

示教器提示零点错误信息后点击确定可以消除报警，此时只能使用关节坐标系动作机器人，应及时进行零点校准。如果示教器中显示的数值与机器人本体上的数值一致，则无需修改，直接单击"取消"。

单元 5　工业机器人调试

🎯 学习目标

知识目标
（1）掌握工业机器人程序及数据导入方法；
（2）掌握工业机器人程序的备份方法。

技能目标
（1）能正确备份已编好的工业机器人数据；
（2）能够恢复已有工业机器人程序；
（3）能够导入相同工业机器人程序。

素质目标
实训是课堂教学的延伸和补充，通过实际操作可以帮助学生巩固和拓展在课堂上学到的知识，更深入地理解和掌握知识，将知识转化为实际应用的能力。

一、功能部件的运行调整

功能部件的运行调整在安装完工业机器人之后，需要对工业机器人整体功能部件的性能做一个初步的试运行测试。首先，在低速状态下手动操纵工业机器人做单轴运动，测试工业机器人 6 个关节轴，观察工业机器人各个关节轴的运行是否顺畅、运行过程中是否有异响、各个轴是否能够达到工业机器人工作范围的极限位置附近，为后续工业机器人编程示教的过程做好预检和准备。

二、工业机器人程序及数据导入

1. 所需模块

工业机器人操作与运维实训系统示意图如图 2-5-1 所示。

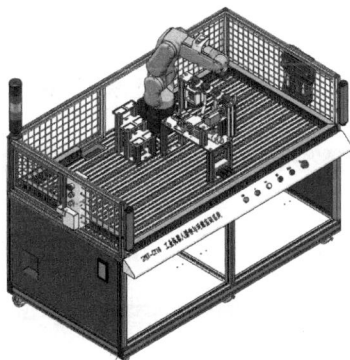

图 2-5-1　工业机器人操作与运维实训系统

2. 调试流程

（1）程序导入

① 根据操作手册，给系统上电前，应检查电源、电压属性是否与机器人控制柜标识一致，如图 2-5-2。

图 2-5-2　上电检查

② 根据操作手册，将 U 盘插入示教器 USB 中。

③ 在主菜单中找到程序编辑器（界面如图 2-5-3 所示）点击进入，以加载模块的方式导入程序。

HotEdit	备份与恢复
输入输出	校准
手动操纵	控制面板
自动生产窗口	事件日志
程序编辑器	FlexPendant 资源管理器
程序数据	系统信息
注销 Default User	重新启动

图 2-5-3　程序编辑器界面

④ 选择一个模块，点击左下角的文件，选择加载模块，如图 2-5-4。

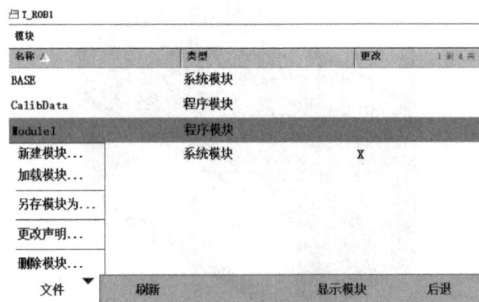

图 2-5-4　加载模块

⑤ 选择"是",如图2-5-5。

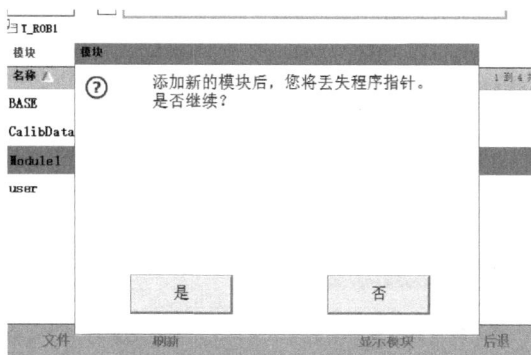

图 2-5-5 加载模块，选择"是"

⑥ 通过下图箭头指向按钮找到 U 盘，导入需要的模块，如图 2-5-6，点击确定。提示重启则重启机器人。

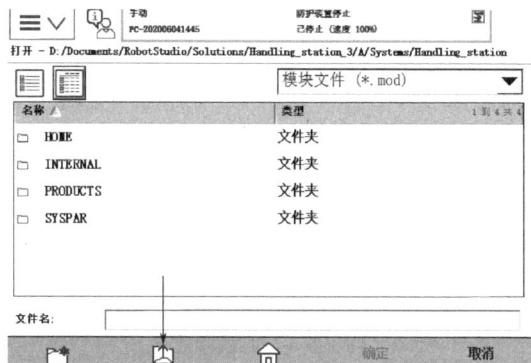

图 2-5-6 导入模块

（2）数据导入

① 在控制面板下选择配置系统参数，如图 2-5-7。

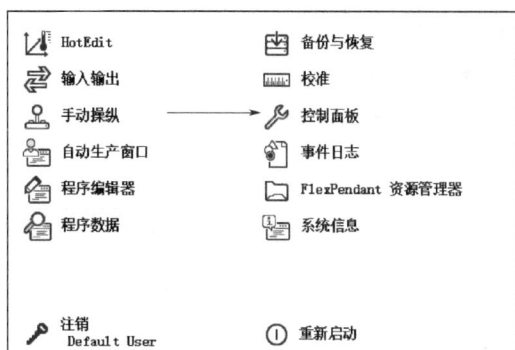

图 2-5-7 配置系统参数

② 找到 Signal，如图 2-5-8。

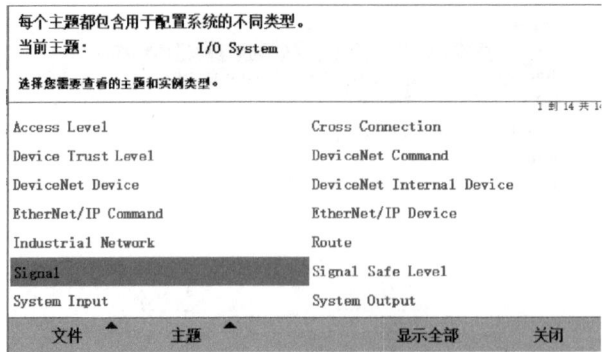

图 2-5-8　找到 Singal

③ 点击左下角的文件，选择加载参数，如图 2-5-9。

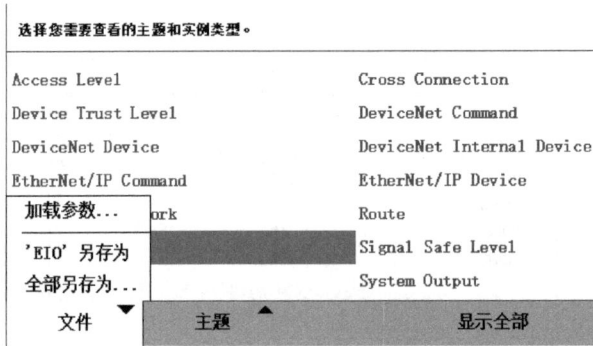

图 2-5-9　加载参数

④ 通过实际情况选择加载模式，确定后点击加载，如图 2-5-10。

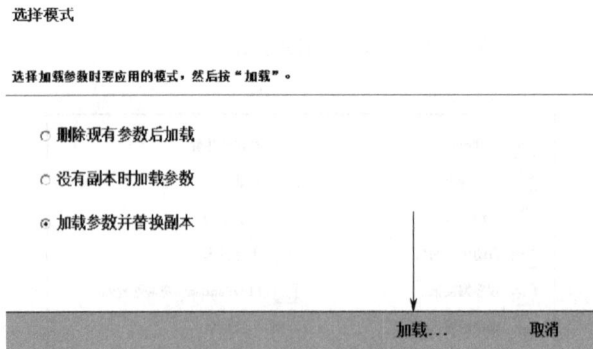

图 2-5-10　确认加载

⑤ 通过下图箭头指向按钮找到 U 盘，导入需要的参数数据，点击确定，提示重启则重启机器人，如图 2-5-11。

图 2-5-11　优盘导入参数数据

三、工业机器人程序及数据备份

程序和数据的备份与导入的过程相似，不同的地方为备份程序的时候选择"另存模块为"，如图 2-5-12。备份参数数据的时候选择"'EIO'另存为"，如图 2-5-13 箭头指向所示。

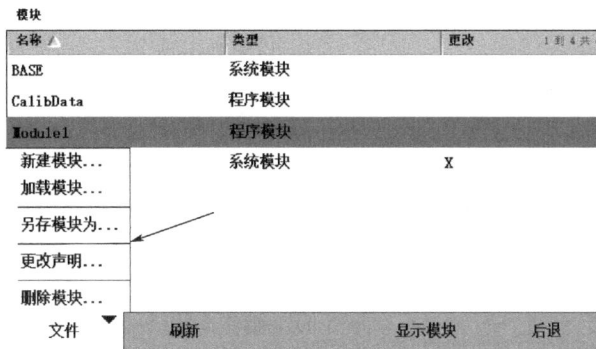

图 2-5-12　选择"另存模块为"

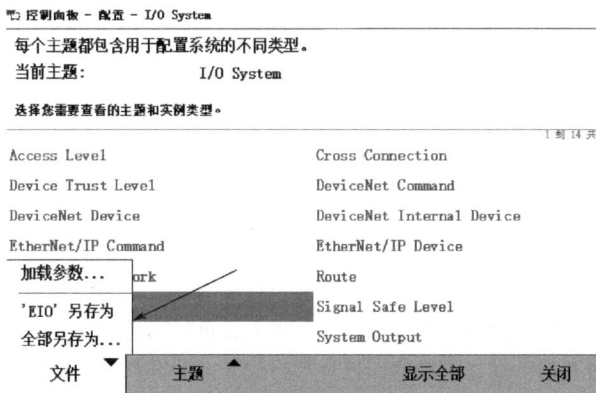

图 2-5-13　选择"'EIO'另存为"

一、单项选择题

1. 45°倒角的符号是（　　）。

　　A. φ　　　　　　　　B. R　　　　　　　　C. M　　　　　　　　D. C

2. 下列符号表示二位五通换向阀的是（　　）。

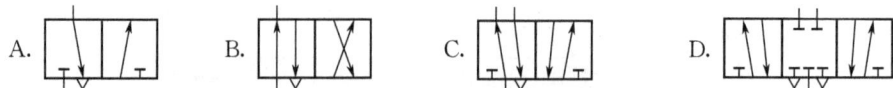

　　A. 　　　B. 　　　C. 　　　D.

3. 机械装配的主要环节不包括（　　）。

　　A. 拆解　　　　　　B. 清理　　　　　　C. 连接　　　　　　D. 平衡

4. 常用的机器人循环指令包括（　　）。

　　A. FOR　　　　　　B. SET　　　　　　C. RESRT　　　　　　D. IF

5. ABB 机器人转弯半径的类型有 fine 和（　　）。

　　A. Z　　　　　　B. CNT　　　　　　C. L　　　　　　D. C

6. 一个基本的 PLC 不包括（　　）。

　　A. 输入接口　　　　B. 输出接口　　　　C. CPU　　　　　　D. 触摸传感器

7. 西门子 PLC SM1226 模块是（　　）模块。

　　A. 故障安全数字量模块　　　　　　　　B. 模拟量扩展模块

　　C. 通信扩展模块　　　　　　　　　　　D. 以上都不是

8. ABB 工业机器人示教器的备份与恢复界面中，（　　）选项用于机器人系统数据的恢复。

　　A. 备份当前系统　　　　　　　　　　　B. 备份系统

　　C. 恢复系统　　　　　　　　　　　　　D. 恢复当前系统

9. 利用示教器进行单轴操作时，在 1-3 动作模式下，向左推动摇杆，则 ABB 工业机器人进行（　　）运动。

　　A. 1 轴负向旋转　　　　　　　　　　　B. 1 轴正向旋转

　　C. 2 轴负向旋转　　　　　　　　　　　D. 2 轴正向旋转

10. 由前向后投影的视图是（　　）。

　　A. 主视图　　　　B. 左视图　　　　C. 俯视图　　　　D. 后视图

11. 由左向右投影的视图是（　　）。

　　A. 主视图　　　　B. 左视图　　　　C. 俯视图　　　　D. 后视图

12. 下列符号表示动合（常开）触点的是（　　）。

　　A. 　　　B. 　　　C. 　　　D.

二、判断题

1. 减速机的润滑脂每一年更换一次。（　　）

2. ABB 机器人中，可以使用 ProcCall 指令调用其他程序。（　　）

3. 定位精度和重复定位精度是工业机器人的两个精度指标。（　　）

4. 工业机器人安装的场所除操作人员以外，其他人员可以靠近辅助安装。（　　）

5. 工业机器人上所有的电缆在维修前应进行严格检查，看其屏蔽、隔离是否良好；按工业机器人技术手册对接地进行严格测试。（　　）

模块3

工业机器人操作安全

📖 模块导读

　　自动化生产深深地融入各个领域，生活将会更加便捷，如各种工业机器人、注塑机、冲压机、传送机等的不断应用。尤其是搬运机器人、冲压机器人、焊接机器人、注塑机机器人更是成为了工厂不可或缺的一部分。但不管任何事情、任何环境下安全永远都是第一位的，工业机器人在使用之前，首先要保证安全，保证机器人系统已经装备相应的安全设备。

✖ 思维导图

```
                    ┌─ 安全标识
                    │
                    ├─ 准备工作
工业机器人操作安全 ─┤
                    ├─ 安全防范
                    │
                    └─ 安全使用
```

思政课堂

机器人调试间里
的青春协奏曲

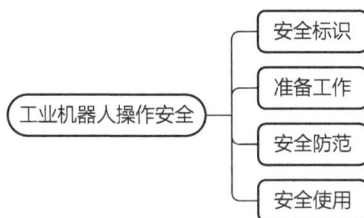

单元 1　工业机器人的安全使用

🎯 学习目标

知识目标

　　（1）了解机器人系统安全风险；

　　（2）了解工业机器人安全作业服装和装备要求；

　　（3）了解安全生产理念。

技能目标

　　（1）能遵守通用安全操作规范安装、维护、操作机器人；

　　（2）能正确穿戴工业机器人安全作业服和安全防护装备。

素质目标

　　（1）培养学生的安全意识，引导学生注意安全；

（2）提高学生的消防安全意识，要求学生掌握紧急救援知识。

一、安全使用规程

1. 安全使用环境

在使用机器人时，不仅要考虑到机器人的安全，还要保证整个系统的安全。使用机器人时需要提供安全护栏及其他的安全措施。机器人不得在以下列出的任何一种情况下使用。错误使用可能会导致机器人系统被破坏，甚至还可能导致操作人员以及现场人员的伤亡。

① 燃烧的环境；

② 有爆炸可能的环境；

③ 无线电干扰的环境；

④ 水中或其他液体中；

⑤ 以运送人或动物为目的；

⑥ 人员攀爬在机器人上面或处在机器人之下。

2. 操作注意事项

只有经过专门培训的人员才能操作、使用工业机器人，操作人员在使用机器人时需要注意以下事项：

① 避免在工业机器人周围做出危险行为，接触机器人或周边机械有可能造成人身伤害；

② 在工厂内，为了确保安全，需注意"严禁烟火""高电压""危险"等标示。当电气设备起火时，使用二氧化碳灭火器，切勿使用水或泡沫灭火器灭火；

③ 作为防止发生危险的手段，操作工业机器人时需穿戴好工作服、安全鞋、安全帽等防护措施；

④ 工业机器人安装的场所除操作人员以外，其他人员不能靠近；

⑤ 和机器人控制柜、操作盘、工件及其他的夹具等接触，有可能会造成人身伤害；

⑥ 不要强制扳动机器人或悬吊、骑坐在机器人上，以免发生人身伤害或者设备损坏；

⑦ 禁止倚靠在工业机器人或其控制柜上，不要随意按动开关或者按钮，否则会发生意外动作，造成人身伤害或者设备损坏；

⑧ 通电中，禁止未受培训的人员接触机器人控制柜和示教编程器，否则误操作会导致人身伤害或者设备损坏。

二、相关安全风险

1. 工业机器人系统非电压相关的风险

① 当操作人员在系统上操作时，须确保没有他人可以打开工业机器人系统的电源；

② 工业机器人工作空间外围必须设置安全区域，以防他人擅自进入，可以配备安全光栅或感应装置作为配套安全装置；

③ 如果工业机器人采用空中安装、悬挂或其他并非直接坐落于地面的安装方式，则可能会比直接坐落于地面的安装方式存在更多的风险；

④ 释放制动闸时，关节轴会受到重力影响而坠落。操作人员除了有被运动中的工业

机器人部件撞击的风险外，还可能存在被平行手臂挤压的风险（如有此部件）；

⑤ 工业机器人中存储的用于平衡某些关节轴的电量可能在拆卸工业机器人或其部件时释放；

⑥ 拆卸/组装机械单元时，请提防掉落的物体；

⑦ 注意运行中或运行过后的工业机器人及控制器中存有的热能，在实际触摸之前，务必用手在一定距离感受可能会变热的组件是否有热辐射，如果要拆卸可能会发热的组件，请等到它冷却，或者采用其他方式提前处理；

⑧ 切勿将工业机器人当作梯子使用，存在工业机器人损坏的风险，同时由于工业机器人电机可能产生高温或工业机器人可能发生漏油现象，所以人员攀爬会有严重的安全风险。

2. 工业机器人系统电压相关的风险

① 尽管有时需要在通电时进行故障排除，但在维修故障、断开或连接各个单元时必须关闭工业机器人系统的主电源开关；

② 工业机器人主电源的连接方式必须保证操作人员可以在工业机器人的工作空间之外关闭整个系统；

③ 当操作人员在系统上操作时，须确保没有他人可以打开工业机器人系统的电源；

④ 需要注意控制器的以下部件伴随有高压危险（即使工业机器人已断开与主电源的连接，控制器连接的外部电压仍存在）：注意控制器（直流链路、超级电容器设备）存有电能、主电源/主开关、变压器、电源单元、控制电源（230VAC）、整流器单元、驱动单元、驱动系统电源、维修插座（230VAC）、用户电源（230VAC）、机械加工过程中的额外工具电源单元或特殊电源单元、附加连接；

⑤ 需要注意工业机器人本体以下部件伴有高压危险：电机电源、工具或系统其他部件的用户连接（最高 230VAC）；

⑥ 需要注意工具、物料搬运装置等的带电风险，即使工业机器人系统处于关机状态，工具、物料搬运装置等也可能是带电的，在工业机器人工作过程中，处于运动状态的电源电缆也可能会出现破损。

三、安全防范措施

在作业区内工作时，为了确保作业人员及设备的安全，需要执行下列防范措施：

① 在机器人周围设置安全栅栏，以防造成与已通电的机器人发生意外的接触。在安全栅栏的入口处张贴一个"远离作业区"的警示牌，安全栏的门必须要加装可靠的安全联锁。

② 工具应该放在安全栅栏以外的合适区域。若由于疏忽把工具放在夹具上，与机器人接触则有可能发生机器人或夹具的损坏。

③ 当在机器人上安装工具时，务必先切断控制柜及所装工具上的电源并锁住其电源开关，同时要挂一个警示牌。

示教机器人前须先检查机器人运动方面的问题以及外部电缆绝缘保护罩是否损坏，如果发现问题，则应立即纠正，并确认其他所有必须做的工作均已完成。示教器使用完毕后，务必挂回原位置。如示教器遗留在机器人上、系统夹具上或地面上，则机器人或装在其上的工具将会碰撞到它，因此可能引发人身伤害或者设备损坏。遇到紧急情况，需要停止机器人时，请按下示教器、控制器或控制面上的急停按钮。

四、操作前安全准备工作

1. 安全准备（图 3-1-1~ 图 3-1-6）

图 3-1-1　安全帽

图 3-1-2　安全工作服

图 3-1-3　安全鞋

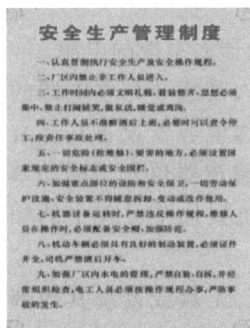

图 3-1-4　安全生产管理制度

图 3-1-5　防护眼镜

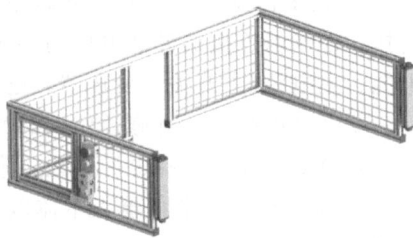

图 3-1-6　安全系统

2. 实施步骤

① 熟悉安全生产规章制度；

② 正确穿戴工业机器人安全作业服、安全帽、安全防护鞋，如图 3-1-7、图 3-1-8 所示；

③ 正确佩戴护目镜。

图 3-1-7　穿好安全防护鞋

图 3-1-8　穿戴安全帽和安全工作服

五、工业机器人通用安全操作

① 识读安全标示，常见安全标示如图 3-1-9 所示；

图 3-1-9　安全标示

② 能识别工业机器人安全姿态；
③ 识读安全系统中元器件的使用方法。

单元 2　安全标识

学习目标

知识目标

（1）正确认知工业机器人安全标识；
（2）了解工业机器人安全姿态及安全区域。

技能目标

（1）能够正确识读安全标识；
（2）能够根据安全标识，正确操作机器人。

素质目标

（1）培养学生的安全意识，引导学生注意安全，爱护他人；
（2）提高风险防范能力，确保实训过程的安全稳定。

工业机器人安全标识如表 3-2-1 所示。

表 3-2-1　工业机器人系统安全标识

标识	含义	标识	含义
	机器人工作时，禁止进入机器人工作范围		螺旋危险，检修前必须断电

标识	含义	标识	含义
⚠WARNING ROTATING HAZARD CAN CAUSE SEVERE INJURY, TURN POWER OFF AND LOCK-OUT POWER BEFORE INSPECTION OR SERVICE ⚠警告 转动危险 可导致严重伤害,维护保养前必须断开电源并锁定	转动危险,可导致严重伤害,维护保养前必须断开电源并锁定	ROTATING SHAFT HAZARD 警告:旋转轴危险 保持远离,禁止触摸	旋转轴危险,保持远离,禁止触摸
IMPELLER BLADE HAZARD 警告:叶轮危险 检修前必须断电	叶轮危险,检修前必须断电	ENTANGLEMENT HAZARD 警告:卷入危险 保持双手远离	卷入危险,保持双手远离
PINCH POINT HAZARD 警告:夹点危险 移除护罩禁止操作	夹点危险,移除护罩,禁止操作	SHARP BLADE HAZARD 警告:当心伤手 保持双手远离	当心伤手,保持双手远离
MOVING PART HAZARD 警告:移动部件危险 保持双手远离	移动部件危险,保持双手远离	ROTATING PART HAZARD 警告:旋转装置危险 保持远离,禁止触摸	旋转装置危险,保持远离,禁止触摸
MUST BE LUBRICATED PERIODICALLY 注意:按要求定期加注机油	注意:按要求定期加注机油	MUST BE LUBRICATED PERIODICALLY 注意:按要求定期加注润滑油	注意:按要求定期加注润滑油
	防烫伤	MUST BE LUBRICATED PERIODICALLY 注意:按要求定期加注润滑脂	注意:按要求定期加注润滑脂
	禁止踩踏		禁止拆解
	存在可能导致灼伤的高温风险		不得拆卸;拆卸此部件可能会导致伤害
	润滑油注油口		工业机器人可能会意外移动
	储能:1.警告此部件蕴含储能。2.与不得拆卸标志一起使用		机械限位:起到定位作用或限位作用

标识	含义	标识	含义
	不得踩踏：警告如果踩踏这些部件，可能会造成损坏		无机械限位：表示没有机械限位
	使用手柄关闭：使用控制器上的电源开关		

模块综合测试

一、单项选择题

1. 一般情况下，下列环境可以使用工业机器人的是（　　）。

　　A. 干燥的环境　　　　　　　　　　　B. 燃烧的环境

　　C. 有可能爆炸的环境　　　　　　　　D. 水滴凝聚的环境

2. 下列可以用于电气设备灭火的灭火器类型是（　　）。

　　A. 水　　　　　　　B. 泡沫　　　　　　C. 二氧化碳　　　　　D. 二氧化硫

3. 在维修工业机器人系统之前需要（　　）。

　　A. 关闭系统主电源　　　　　　　　　B. 关闭系统控制电源

　　C. 打开系统主电源　　　　　　　　　D. 关闭系统控制电源

4. 下列标示中，表示"禁止拆解的警告标记"是（　　）。

　　A. 　　　B. 　　　C. 　　　D.

5. 在机器人周围设置安全栅栏，以防人员与已通电的机器人发生意外接触，在安全栅栏入口处应张贴（　　）警示牌。

　　A. 远离作业区　　　　B. 正在维修　　　　C. 前方施工　　　　D. 严禁烟火

二、判断题

1. 在安全栅栏的出口处张贴一个"远离作业区"的警示牌。　　　　　　　　　　（　　）

2. 为防止发生危险，操作工业机器人时需穿戴好工作服、安全鞋、安全帽等。　（　　）

3. 禁止倚靠在工业机器人或其控制柜上，可随意按动开关或者按钮。　　　　　（　　）

4. 为了确保安全，需注意"严禁烟火""高电压""危险"等标示。　　　　　　　（　　）

5. 当电气设备起火时，使用水或泡沫进行灭火。　　　　　　　　　　　　　　（　　）

6. 工业机器人安装的场所除操作人员以外，其他人员不能靠近。　　　　　　　（　　）

7. 当在机器人上安装工具时，只要切断控制柜及所装工具上的电源并锁住其电源开关，就可以不用挂警示牌。　　　　　　　　　　　　　　　　　　　　　　　　　　　　　　（　　）

8. 安全栅栏的门必须加装可靠的安全联锁。　　　　　　　　　　　　　　　　（　　）

模块4

工业机器人操作与编程

模块导读

工业机器人是集机械、电子、自动控制、计算机、传感器、人工智能等多领域技术于一体的现代自动化设备。随着国家产业结构转型升级的不断推进，工业机器人在各个领域的应用越来越广泛，以岗位生产需求为导向，以技能培养为目标，采用理实一体、循序渐进的方式让初学者更好、更快地掌握工业机器人应用的基础知识、操作与编程技能，为实际应用夯实基础。

思维导图

思政课堂

操作台上的方圆之道：工业机器人实训中的规范觉醒

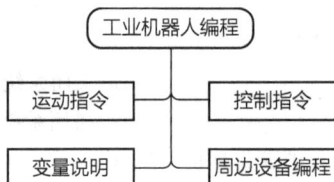

```
                    工业机器人编程
        ┌──────────────┴──────────────┐
    运动指令 ──────────────────── 控制指令
    变量说明 ──────────────────── 周边设备编程
```

单元 工业机器人编程

学习目标

知识目标

（1）掌握工业机器人常用运动指令；

（2）掌握工业机器人各类控制指令；

（3）了解与工业机器人密切相关的周边设备软件。

技能目标

（1）掌握工业机器人编程方式；

（2）掌握机器人周边设备编程方法。

素质目标

实训可以培养学生的实践能力。实践能力是学生在实际工作中应用知识和技能解决问题的能力。通过实训，学生可以锻炼实践能力，提高解决实际问题的能力。

工业机器人指令说明如图 4-1-1 所示。

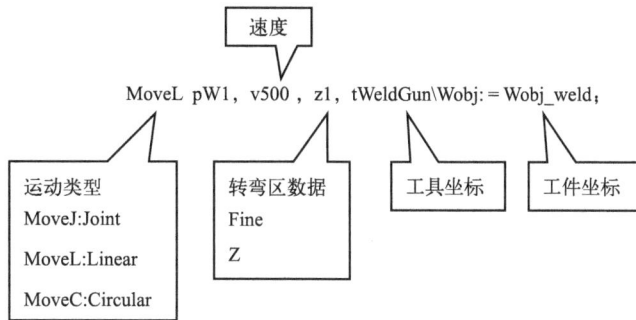

图 4-1-1　工业机器人指令说明

1. 变量说明

ABB 工业机器人程序数据的存储类型分为三种，即变量型、可变量型、常量型。

（1）变量 VAR　变量型数据在程序执行的过程中和停止时，会保持当前值。但如果程序指针复位或者机器人控制器重启，数值会恢复为声明变量时赋予的初始值。

举例说明：

VAR num length ：＝ 0；名称为 length 的变量型数值数据；

VAR string name ：＝ "Tom"；名称为 name 的变量型字符数据；

VAR bool finished ：＝ FALSE；名称为 finished 的变量型布尔量数据。

（2）可变量 PERS　无论程序的指针如何变化，无论机器人控制器是否重启，可变量型数据都会保持最后赋予的值。

举例说明：

PERS num numb ：＝ 1；名称为 numb 的可变量型数值数据；

PERS string text ：＝ "Hello"；名称为 text 的可变量型字符数据。

（3）常量 CONST　常量型数据的特点是在定义时已赋予了数值，并不能在程序中进行修改，只能手动修改。

举例说明：

CONST num gravity ：＝ 9.81；名称为 gravity 的常量型数值数据；

CONST stringgreating ：＝ "Hello"；名称为 greating 的常量型字符数据。

2. ABB 机器人常用指令说明

（1）赋值指令　"：＝"赋值指令是用于对程序数据进行赋值，赋值可以是一个常量或数学表达式。我们就以添加一个常量赋值与数学表达式赋值进行说明此指令的使用：

常量赋值：reg1 ：＝ 5；

数学表达式赋值：reg2 ：＝ reg1＋4；

（2）运动类型　关节运动（MoveJ），线性运动（MoveL），圆弧运动（MoveC）和绝对位置运动（MoveAbsj）。

MoveJ　Joint　关节运动

MoveJ 用于将机械臂迅速地从一点移动至另一点。机械臂和外轴沿非线性路径运动至目的位置。工具在两个指定的点之间任意运动，运动示意图如图 4-1-2 所示。

图 4-1-2　MoveJ 运动示意图

MoveL　Linear　直线运动；

MoveL 用于将工具中心点沿直线移动至给定目的地，运动示意图如图 4-1-3 所示。

图 4-1-3　MoveL 运动示意图

MoveC　Circular　圆弧运动；

MoveC 用于将工具中心点（TCP）沿圆周移动至给定目的地。移动期间，该周期的方位通常相对保持不变，运动示意图如图 4-1-4 所示。

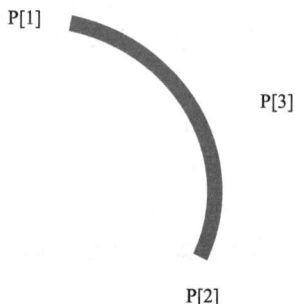

图 4-1-4　MoveC 运动示意图

（3）I/O 控制指令　用来改变信号输出状态和接收输入信号，控制 I/O 信号，以达到与机器人周边设备进行通信的目的。I/O 控制指令选择界面如图 4-1-5 所示。

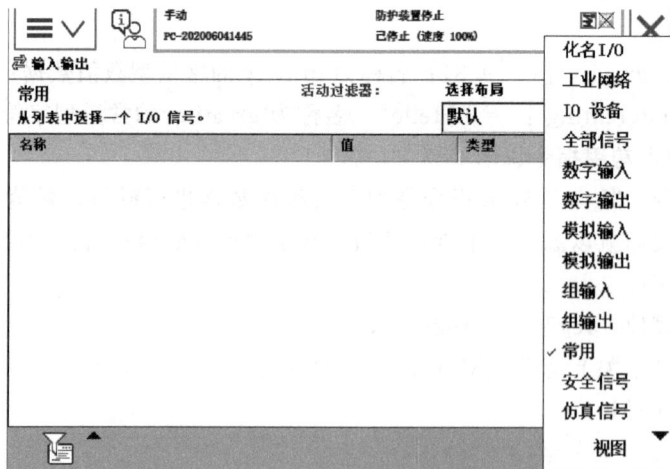

图 4-1-5　I/O 控制指令选择

ABB 工业机器人 I/O 控制指令分为：数字 I/O 指令、模拟 I/O 指令、组 I/O 指令等。

Set 数字信号置位指令用于将数字输出（Digital Output）置位为"1"；

Reset 数字信号复位指令用于将数字输出（Digital Output）置位为"0"。

如果在 Set，Reset 指令前有运动指令 MoveJ，MoveL，MoveC，MoveAbsj 的转变区数据必须使用 fine 才可以准确到达目标点后输出 I/O 信号状态的变化。

① WaitDI 数字输入信号判断指令用于判断数字输入信号的值是否与目标的一致。WaitDI 指令界面如图 4-1-6 所示。

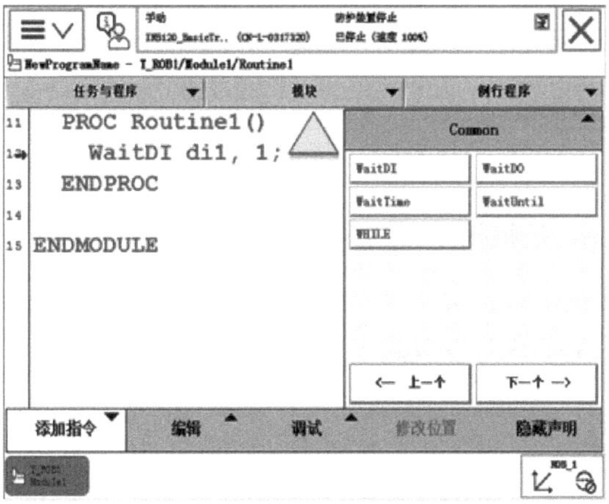

图 4-1-6　WaitDI 指令

② WaitUntil 信号判断指令，可用于布尔量，数字量和 I/O 信号值的判断，如果条件到达指令中的设定值，程序继续往下执行，否则就一直等待，除非设定了最大等待时间。WaitUntil 指令界面如图 4-1-7 所示。

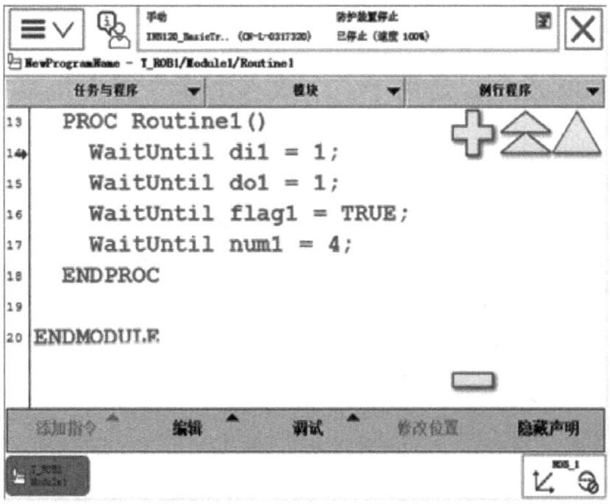

图 4-1-7　WaitUntil 指令

条件逻辑判断指令是用于对条件进行判断后，执行相应的操作，是 RAPID 中重要的组成。

③ Compact IF 紧凑型条件判断指令界面如图 4-1-8 所示。

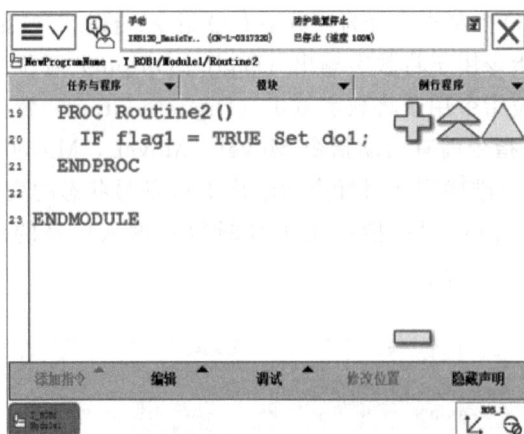

图 4-1-8 Compact IF 指令

④ IF 条件判断指令，是根据不同的条件去执行不同的指令，界面如图 4-1-9 所示。

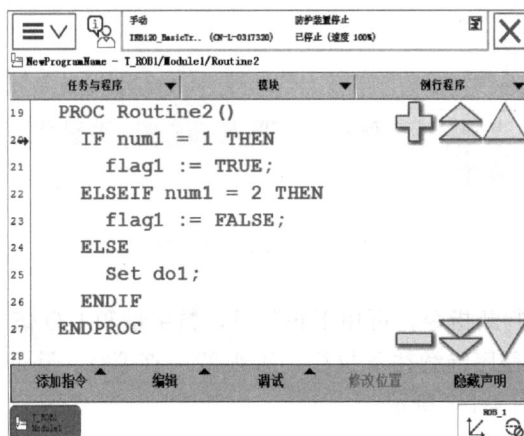

图 4-1-9 IF 指令

⑤ FOR 重复执行判断指令，是用于一个或多个指令需要重复执行数次的情况，界面如图 4-1-10 所示。

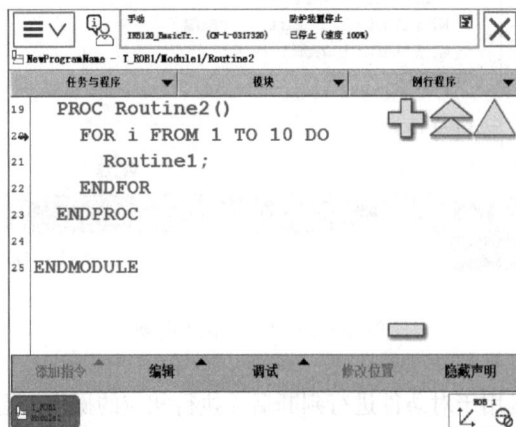

图 4-1-10 FOR 指令

⑥ WHILE 条件判断指令，用于在给定的条件满足的情况下，一直重复执行对应的指令，界面如图 4-1-11 所示。

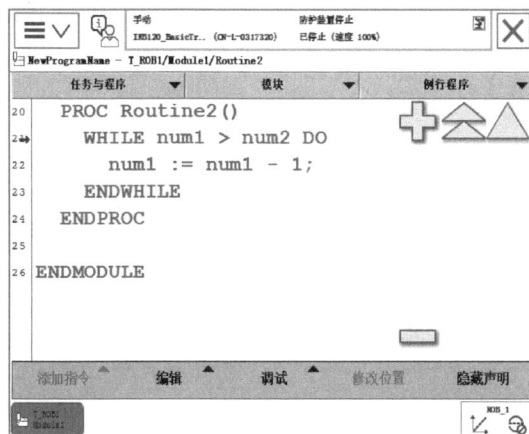

图 4-1-11　WHILE 指令

![任务实施图标] **任务实施**

1. PLC 程序的编写与下载
① 运行编程软件 TIA Portal V15，界面如图 4-1-12 所示，创建新项目，添加 CPU；

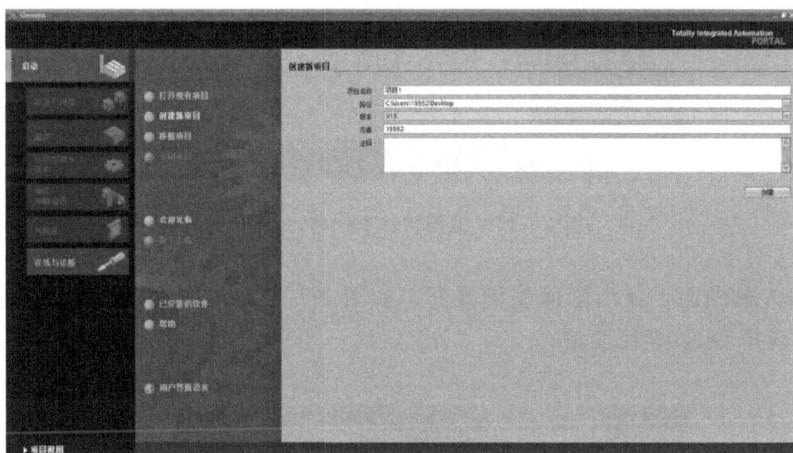

图 4-1-12　编程软件 TIA Portal V15

② 点击程序块，双击添加新块，如图 4-1-13，选择指令，编写程序；
③ 单击下载到设备按钮，下载程序到 PLC 中。

2. 触摸屏程序的编写与下载
① 运行编程软件，选择 EasyBuilder Pro，如图 4-1-14，新建一个用户工程，选择设备类型，输入工程名；

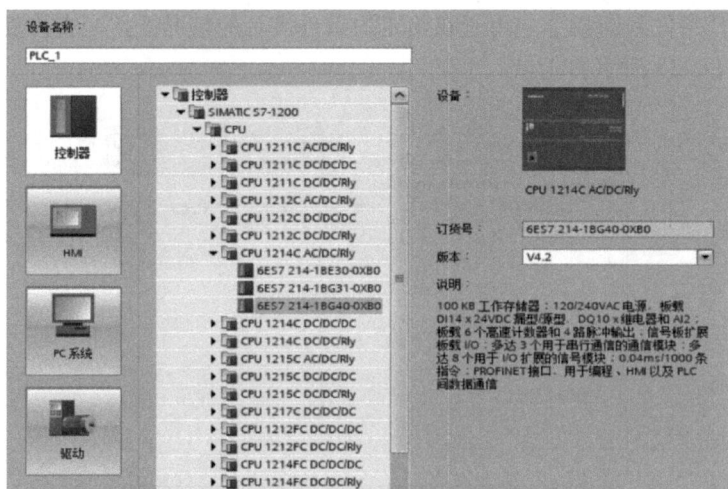

图 4-1-13　添加新块

图 4-1-14　编程软件 EasyBuilder Pro

② 双击左侧画面，弹出画面编辑界面，如图 4-1-15，在右侧拖入按钮，在事件中选择编辑位，选择 Set，连接变量；

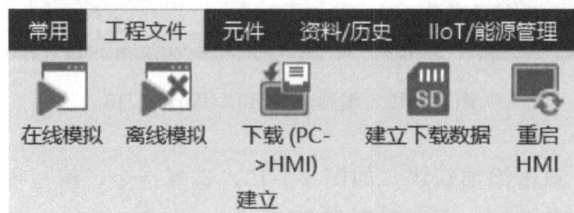

图 4-1-15　编辑界面

③ 编写完成后，选择下载，将工程下载到触摸屏中。

模块综合测试

一、单项选择题

1. 常用的机器人编程语言的类型不包括（　　）。

  A. 动作级编程语言   B. 对象级编程语言

  C. 智能级编程语言   D. 任务级编程语言

2. 机器人语言的基本功能包括（　　）、决策、通信、运动、工具指令、传感数据处理等。

  A. 运算   B. 示教   C. 俯视图   D. 修正

3. ABB 示教器不包括（　　）。

  A. TP 开关   B. 急停按钮   C. 显示屏   D. USB 插口

4. ABB 急停按钮释放方式是（　　）。

  A. 逆时针旋出   B. 顺时针旋出   C. 再次按下   D. 用力拔出

5. ABB 机器人进行单轴测试时，要将动作模式切换到（　　）。

  A. 工具坐标系   B. 工件坐标系

  C. 关节   D. 大地坐标系

6. ABB 机器人在旋出急停后，需要（　　）恢复电机使能。

  A. 旋转控制柜钥匙到自动   B. 重新按下急停

  C. 按一下控制柜电机启动按钮   D. 重新上电

二、多项选择题

1. ABB 机器人 I/O 控制指令包括（　　）。

  A. 数字 I/O   B. 机器人 I/O   C. 模拟 I/O   D. 组 I/O

2. 机器人编程系统必须做到（　　）。

  A. 建立世界坐标系及其他坐标系   B. 描述机器人作业情况

  C. 描述机器人运动   D. 用户规定执行流程

模块5

工业机器人系统维护

模块导读

工业机器人在制造业中的使用不断增加,主要使用在恶劣条件下,或工作强度大和对持续性要求较高的场合,品牌机器人的故障率较低,得到了较为广泛的认可。即使工业机器人设计较规范和完善,集成度较高,故障率较低,仍需要定期进行常规检查和预防性维护。

思维导图

思政课堂

精密齿轮上的
制度之舞:工
业机器人系统
维护中的秩序
启蒙

工业机器人系统维护
├── 常规检查维护
└── 部件更换

单元1 工业机器人常规检查维护

学习目标

知识目标

(1)掌握工业机器人日常维护方法;

(2)了解工业机器人本体维护要求;

(3)掌握工业机器人控制柜维护标准。

技能目标

(1)能做好泄漏、异响、干涉、风冷等事项的日常检查,并能对响应问题进行处理;

(2)能做好控制单元电缆和通风单元、机械本体中的电缆等部件的检查与问题处理;

(3)能做好电池检查;

(4)能按步骤更换各关节润滑脂;

(5)能对工业机器人进行本体检查与维护;

（6）能对工业机器人控制柜进行检查与维护；

（7）能对工业机器人外围波纹管、电气附件进行检查与维护。

素质目标

通过实训，学生可以积累实际工作经验，提高就业竞争力。

一、工业机器人日常维护

1. 渗油的确认

检查是否有油分从各关节部位渗出。有油分渗出时，请将其擦拭干净。渗油的检查部位如图 5-1-1 所示。

① 根据动作条件和周围环境，油封的油唇外侧可能有油分渗出（微量附着）。该油分累积而成为水滴状时，根据动作情况可能会滴下。在运转前通过清扫油封部下侧的油分，就可以防止油分累积。

② 如果驱动部变成高温，润滑脂槽内压可能会上升。在这种情况下，在运转刚刚结束后，打开排脂口，就可以恢复内压。

③ 如果擦拭油分的频率很高，开放排脂口来恢复润滑脂槽的内压也得不到改善时，那么铸件上很可能发生了龟裂等情况，润滑脂疑似泄漏，作为应急措施，可用密封剂封住裂缝防止润滑脂泄漏。但因为裂缝有可能进一步扩展，所以必须尽快更换部件。

2. 气压组件确认

气压组件如图 5-1-2 所示，其检修项目与要领如表 5-1-1 所示。

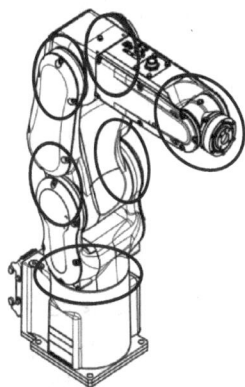

图 5-1-1　渗油检查部位

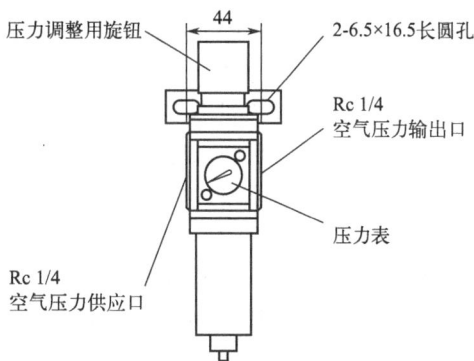

图 5-1-2　气压组件

表 5-1-1　气压组件检修项目与要领

序号	检修项目		检修要领
1	带有空气2点套件时	气压的确认	通过空气 2 点套件的压力表进行确认。若压力没有处在 0.49MPa（5kgf/cm^2）的规定压力下，则通过压力调整用旋钮进行调节
2		配管有无泄漏	检查接头、软管等是否泄漏。有故障时，拧紧接头，或更换部件

序号	检修项目		检修要领
3	带有空气2点套件时	泄水的确认	检查泄水，并将其排出。泄水量显著的情况下，则应在空气供应源一侧设置空气干燥器
4	带有气压组件时	确认供应压力	通过气压组件的压力表确认供应压力。若压力没有处在10kPa（0.1kgf/cm²）的规定压力下，则通过调节器压力设定手轮进行调节
5		确认干燥器	确认露点检验器的颜色是否为蓝色。露点检验器的颜色发生变化时，应弄清原因并采取对策，同时更换干燥器
6		泄水的确认	检查泄水。泄水量显著的情况下，则应在空气供应源一侧设置空气干燥器

3. 振动、异常响声的确认

① 螺栓松动时，使用防松胶，以适当的力矩切实拧紧。改变地装底板的平面度，使其落在公差范围内。确认是否夹杂异物，如有异物，将其去除掉。

② 加固架台、地板面，提高其刚性。难于加固架台、地板面时，通过改变动作程序，可以缓和振动。

③ 确认机器人的负载允许值。超过允许值时，减少负载，或者改变动作程序。可通过降低速度、降低加速度等做法，将给总体循环时间带来的影响控制在最小限度，通过改变动作程序，来缓和特定部分的振动。

④ 使机器人每个轴单独动作，确认哪个轴产生振动。需要拆下电机，更换齿轮、轴承、减速机等部件。不在过载状态下使用，可以避免驱动系统的故障。按照规定的时间间隔补充指定的润滑脂，可以预防故障的发生。

⑤ 有关控制装置、放大器的常见问题处理方法，请参阅控制装置维修说明书。更换振动轴的电机，确认是否还振动。有关更换办法，请向相应公司洽询。机器人仅在特定姿势下振动时，可能是因为机构内部电缆断线。确认机构部和控制装置连接电缆上是否有外伤，有外伤时，更换连接电缆，确认是否还振动；确认电源电缆上是否有外伤，有外伤时，更换电源电缆，确认是否还振动。确认已经提供规定电压。作为动作控制用变量，确认已经输入正确的变量，如果有错误，重新输入变量。

⑥ 切实连接地线，以避免接地碰撞，防止电气噪声从别处混入。

二、工业机器人本体定期维护

1. 日常安全检查

安全机构是保证人身安全的前提，安全机构检查应纳入日常点检范围。机器人安全使用要遵循的原则有：不随意短接，不随意改造控制柜急停按钮，不随意拆除，操作规范。

机器人本体急停按钮的检查包括：控制柜急停按钮（图5-1-3）和手持示教器（图5-1-4）急停按钮。

图 5-1-3 控制柜按钮

图 5-1-4 手持示教器

2. 机器人本体状态检查

机器人本体在良好的状态下能够保持稳定的运行，并可以预防事故的发生和延长使用寿命。可通过看、听、闻等方式进行。

3. 常规检查步骤

① 按下控制柜上的急停按钮，确认界面是否显示报警诊断信息；

② 旋出急停按钮，按下复位按键，检查报警信息是否清除；

③ 使用示教器操作机器人，观察机器人运行过程中各轴有无异常抖动现象；

④ 在机器人手动状态检查电动机温度是否异常；

⑤ 手动示教工业机器人位置，重复运行后查看其点位是否正确，并做好记录；

⑥ 观察每个运动关节的连接处是否有油渍渗出，并做好记录。

三、工业机器人控制柜的维护

工业机器人控制柜必须进行定期维护才能确保功能。控制柜维护计划明确规定了维护活动及相应间隔，时间间隔取决于设备的工作环境，较为清洁的环境可以延长维护间隔，控制柜维护计划详见表 5-1-2。

表 5-1-2 控制柜维护计划

序号	设备	维护活动	时间间隔
1	控制柜	检查	12 个月
2	系统风扇	检查	6 个月
3	示教器	清洁	
4	紧急停止示教器	功能测试	12 个月
5	模式开关	功能测试	12 个月
6	使能装置	功能测试	12 个月

序号	设备	维护活动	时间间隔
7	电机接触器 K42、K43	功能测试	12 个月
8	制动接触器 K44	功能测试	12 个月
9	自动停止	功能测试	12 个月
10	常规停止	功能测试	12 个月
11	安全部件	翻新	20 年

1. 控制柜的日常检查

① 控制器线路检查：查看控制器线路航插有没有接好，做到线路接口无松动。

② 散热器状态检查：对于电气元件来说，保持一个合适的工作温度是相当重要的。如果使用环境的温度过高，会触发机器人本身的保护机制而报警，如果不给予处理，持续长时间的高温运行，就会损坏机器人的电气相关模块与元件。

③ 控制器状态检查：控制器正常上电后，示教器上无报警。控制器背面的散热风扇运行正常。

2. 控制柜具体维护步骤

① 检查示教器电缆有无破损，电缆与示教器的接头是否连接牢固，示教器电缆是否过度扭曲；

② 检查控制柜风口是否积聚大量灰尘，造成通风不良；

③ 检查控制柜内风扇是否正常转动；

④ 检查控制柜到本体连接电缆是否有损伤，线槽中是否有杂物；

⑤ 检查急停按钮动作信号是否有效可靠；

⑥ 检查供电电压是否为 220V；

⑦ 检查确认控制柜现场环境整洁。

3. 控制柜定期内部清理

① 清理控制柜柜门风扇，如图 5-1-5，清理风扇灰尘与再生电阻灰尘；

② 清理柜门外风扇灰尘，如图 5-1-6。

图 5-1-5　控制柜柜门风扇清理

图 5-1-6　控制柜柜门外风扇清理

单元 2 工业机器人部件更换

学习目标

知识目标

（1）掌握工业机器人本体各关节电机位置；

（2）掌握减速机更换方法。

技能目标

（1）能更换机器人本体各关节电机；

（2）能更换机器人减速机。

素质目标

使学生在教学过程中获得生产实际知识，巩固和深化所学理论知识，贯彻理论与实际结合的教学原则，加强学生的工程实践训练。

一、工业机器人本体部件

工业机器人本体部件如图 5-2-1 所示。机器人本体更换时，一旦更换了电动机、减速机和齿轮，就需要执行校准操作，运输和装配较重的部件时要格外小心。

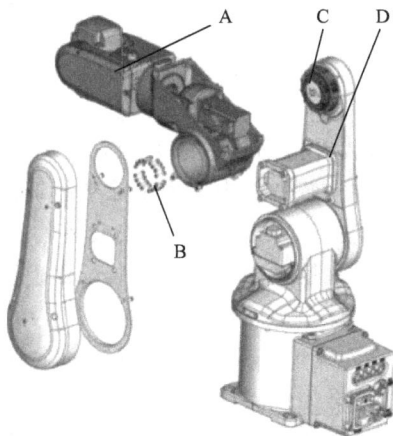

图 5-2-1 机器人本体

A—上臂（包含手腕）；B—连接螺钉；C—齿轮箱；D—下臂

二、电机与减速机的更换流程

① 如图 5-2-2 所示为电机与减速机的位置。将电机法兰与基座之间接触面上的旧密封胶残留物和其他污染物擦干净，确保所有装配面上没有旧的密封胶残留物和其他污染物，且无损坏；确保电机和减速机均清洁无损坏。

② 如果工业机器人有排气孔：拧下摆动板排气孔中的螺钉以释放底座内的压力。

③ 拆除在运输过程中固定一轴电机与减速机的两个螺钉及螺母。

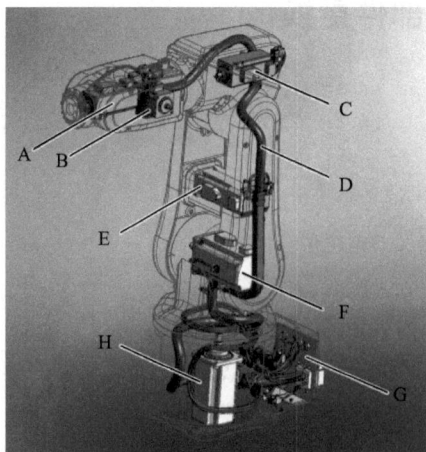

图 5-2-2　电机与减速机的位置

A—电机轴 6；B—电机轴 5；C—电机轴 4；D—电缆线；E—电机轴 3；F—电机轴 2；G—平板；H—电机轴 1

④ 用线缆线扎延伸电机连接线缆，以便于拉动线缆穿过底座。

⑤ 握住电机，小心地推动电机线缆穿过基座底部的凹槽。

⑥ 安装电机与减速机前，先找到螺钉的安装位置，使电机线缆尽可能长地伸进基座中。安装电机和减速机并将电机线缆从孔中拉出后，卸除线缆线扎。固定一轴电机与减速机，拧紧转矩 4Nm。

⑦ 如果工业机器人有排气孔：添加法兰密封胶（Loctite 574），然后在摆动板的排气孔中重新安装螺钉（拧紧转矩 1Nm）。

⑧ 小心谨慎地将线缆导向装置移到线缆线束上，并将其安装在基座中。用其连接螺钉固定线缆导向装置。在线缆导向装置的内表面上涂敷线缆润滑脂。

⑨ 将基座与摆动板之间接触面上的旧的密封胶残留物和其他污染物擦干净。将摆动板的锥口孔以及螺钉擦拭干净。在摆动板和齿轮的装配面上涂法兰密封胶（Loctite 574）。

⑩ 在线缆导向装置装在摆动板上的部分的塑料表面上涂一薄层线缆润滑脂。

⑪ 在通过线缆导向装置装入线缆套装前，在线缆和软管上涂敷线缆润滑脂。安装摆动板，同时将线缆线束装到线缆导向装置中。

⑫ 在螺钉上涂上专用密封胶并固定摆动板，连接工业机器人本体内部一轴伺服电机的编码器线缆和动力线缆。

⑬ 为便于装配线缆线扎，请稍稍拧松固定板的螺钉，用线缆线扎将接插件固定到板上。

⑭ 如果固定线缆板的螺钉已卸除，请重新安装；小心地重新连接电池线缆接插件；固定支架与电池（如果拆除），确保接地线缆已连接且未损坏。

⑮ 小心谨慎地将摆动板及 EIB 板和电池推入基座。

⑯ 用螺钉固定摆动板（拧紧转矩：2Nm），小心地重新安装底座盖（拧紧转矩：4Nm）。

⑰ 提升摆动壳和机械臂系统并将这些零件保持一定角度，以便能够将线缆支架安装到摆动板上，固定线缆支架。

⑱ 将机械臂系统保持在一定角度的同时，小心谨慎地将电机线缆推入摆动壳，电机每侧各一条。用线缆线扎延伸电机连接线缆，以便于拉动线缆穿过底座。

⑲ 小心谨慎地将其余线缆推入摆动壳。将摆动板与摆动壳之间接触面上的旧密封胶残留物和其他污染物擦干净。小心谨慎地将摆动壳移到线缆线束上，并将其放到安装位置。

⑳ 用螺钉固定摆动壳（拧紧转矩 4Nm）。

㉑ 安装两个线缆导向装置（拧紧转矩：1Nm）。

㉒ 将线缆支架安装到下臂板上。

㉓ 安装塑料盖。

📝 模块综合测试 ......

一、单项选择题

1.（　　）不属于定期维护项目。

A. 末端执行器安装螺栓的紧固　　　　B. 渗油的确认

C. 控制装置通气口的清洁　　　　　　D. 外伤、油漆脱落的确认

2.（　　）不属于构成工业机器人控制系统的主要要素。

A. 驱动系统　　　　　　　　　　　　B. 安全系统

C. 输入/输出设备　　　　　　　　　　D. 计算机硬件系统及操作控制软件

3. 一般地，示教器、操作箱连接电缆、工业机器人连接电缆有无损坏的确认的检查周期是（　　）。

A. 3 个月　　　　　B. 不检查　　　　　C. 12 个月　　　　　D. 36 个月

4.（　　）不属于谐波减速器结构组成。

A. 曲柄轴　　　　　B. 刚轮　　　　　C. 波发生器　　　　　D. 柔轮

5. 如需将 IRC5 Compact 控制器安装在台面上（非机架安装型），控制器的背面需要（　　）的自由空间。

A. 30mm　　　　　B. 100mm　　　　　C. 50mm　　　　　D. 200mm

6. 在测试 TCP 标定准确性时，如果 ABB 工业机器人围绕（　　）运动且运动方向与预设方向一致，则 TCP 标定成功。

A. 工具坐标系　　　　B. tcp 点　　　　C. 世界坐标系　　　　D. 工件坐标系

7.（　　）不属于日常维护项目。

A. 振动异响的确认　　　　　　　　　B. 气压组件的确认

C. 渗油的确认　　　　　　　　　　　D. 机械制动器的确认

8.（　　）工业机器人编程技术通常是由操作人员通过示教器控制机械手工具末端达到指定和姿态的，记录工业机器人位姿数据并编写工业机器人运动指令，完成工业机器人在正常加工轨迹规划、位姿等关节数据信息的采集和记录。

A. 自主编程　　　　　　　　　　　　B. 在线示教编程

C. 复杂编程　　　　　　　　　　　　D. 离线编程

9. 通过（　　）操作，可以将工业机器人的性能保持在稳定的状态。

A. 查看工业机器人状态　　　　　　　B. 断电重启

C. 检修和维修　　　　　　　　　　　D. 不使用工业机器人

10. 工业机器人系统中有多个按钮，（　　　）按钮的动作优先级高于其他工业机器人的控制按钮。

A. 单步运行　　　　B. 程序启动　　　　C. 紧急停止　　　　D. 程序停止

二、判断题

1. 判断机器人本体在良好的状态下能否保持运行的稳定，可通过看、听、闻等方式进行。　　　　　　　　　　　　　　　　　　　　　　　　　　　　　　　　（　　　）

2. 控制柜不需要定期做内部清理。　　　　　　　　　　　　　　　　　　（　　　）

3. 工业机器人控制柜必须进行定期维护才能确保功能。　　　　　　　　　（　　　）

4. 控制器线路检查属于控制柜的日常检查。　　　　　　　　　　　　　　（　　　）

5. 控制柜具体维护时要求供电电压为380V。　　　　　　　　　　　　　　（　　　）

模块6

工业机器人系统故障检修

模块导读

工业机器人的故障应对、作业的准确性和环境中完成作业的能力在国民经济领域有着广泛的发展空间。那么要做好工业机器人故障管理与预防工作，必须掌握工业机器人故障的发生原因，积累常发故障和典型故障的资料和数据，开展故障分析，重视故障规律和故障机理的研究，加强日常维护、检查和预修。

思维导图

思政课堂

故障图谱中的至臻之境：工业机器人检修中的精益哲学

单元 工业机器人故障诊断与排除

学习目标

知识目标

（1）了解工业机器人故障分类方式；

（2）掌握工业机器人故障排除的思路与原则；

（3）掌握故障诊断与排除的基本方法。

技能目标

（1）能掌握传感器故障的种类；

（2）能正确判定机器人本体故障类型及处理方法；

（3）能正确判定机器人控制柜故障类型及处理方法；

（4）能判定机器人位置传感器故障类型及处理方法；

（5）能正确排除工业机器人无法上电故障。

素质目标

实训可以让学生了解自己的优势和不足，学会自我管理和调整，形成自己的职业规划和发展方向。

一、工业机器人故障分类

1. 按发生故障的性质分类

（1）系统性故障　包括机器人必然会发生的故障。

（2）随机性故障　包括机器人在同样的条件下工作时偶然发生的一次或两次故障。

2. 按发生故障的原因分类

（1）自身故障　包括机器人自身原因引起的故障。

（2）外部故障　外部故障是由机器人外部原因造成的。

3. 按发生故障的部件分类

（1）机械故障　包括润滑、各个关节、电机、减速机、机械手故障等。

（2）电气故障　包括强电故障和弱电故障。

二、工业机器人故障排除的思路与方法

1. 故障排除的思路

① 调查故障现场，充分掌握故障信息；

② 根据所掌握的故障信息，明确故障的复杂程度；

③ 分析故障原因，制订排除故障的方案；

④ 检测故障，逐级定位故障部位；

⑤ 排除故障；

⑥ 解决故障后资料的整理。

2. 故障排除的原则

① 先静后动；

② 先软件后硬件；

③ 先外部后内部；

④ 先机械后电气；

⑤ 先公用后专用；

⑥ 先简单后复杂；

⑦ 先一般后特殊。

3. 故障诊断与排除的基本方法

① 观察检查法：直观检查、预检查、电源接地插头连接检查；

② 参数检查法；

③ 部件替换法。

三、工业机器人本体故障诊断与排除流程

1. 本体故障说明

工业机器人本体故障如表 6-1-1 所示。

表 6-1-1　工业机器人本体故障

故障说明	减速机	电动机	故障说明	减速机	电动机
过载	√	√	停止时晃动		√

故障说明	减速机	电动机	故障说明	减速机	电动机
发生异响	√	√	异常发热	√	√
运动时振动	√	√	错误动作、失控		√

2. 振动噪声故障诊断与处理

（1）振动噪声故障诊断

① 手动操作机器人，使机器人每个轴单独动作，确认哪个轴产生的振动。

② 确认油量计的油面，确保润滑油脂容量满足润滑要求，油面处于容量的一半以下时应补充润滑油。

③ 初步确认哪个轴故障，进一步检查轴承、减速机、齿轮箱。

④ 定位产生异响部件，进行更换，更换完成后，恢复机器人功能。

⑤ 测试功能，完成故障排除。

（2）振动噪声故障处理　振动噪声症状及其原因与对策如表 6-1-2 所示。

表 6-1-2　振动噪声故障

症状	原因	对策
（1）机器人动作时 J1 机座从固定的地板上浮起； （2）J1 机座和地装底板之间有空隙； （3）J1 机座固定螺丝松动	（1）机器人的 J1 底座没有牢固地固定在地装底板上； （2）螺栓松动、地装底板平面度不充分、夹杂异物所致； （3）机器人动作时，J1 机座将会从地装底板上浮起，此时的冲击导致浮动	（1）螺栓松动时，使用防松胶，以适当的力矩进行拧紧； （2）改变地装底板的平整度，使其在公差范围内； （3）确认是否夹杂异物，将其去除
（1）在动作时的某一特定姿势下产生振动； （2）放慢动作时不振动； （3）加减速时振动尤其明显； （4）多个轴同时产生振动	（1）由于安装了机器人允许值以上的负载； （2）动作程序对机器人规定太严格而导致振动； （3）在"加速度"中输入了不合适的值	（1）确认负载的允许值，超过允许值时，减少负载； （2）降低速度，降低加速度

3. 电机过热故障诊断与处理

（1）电动机过热故障诊断

① 根据维护手册更换电动机驱动器，查看故障是否解决。

② 在工业机器人停止的状态下摇晃可动部分的电缆，确认是否发生报警，如果有异常现象则需要更换机构部件内部电缆。

③ 确认机构部件和控制装置的连接电缆是否有外伤，若有则进行更换。

④ 确认电源的电缆是否有外伤，若有则进行更换。

⑤ 检查电压。

⑥ 检查电动机参数。

（2）电动机过热故障处理　电动机过热症状及其原因与对策如表 6-1-3 所示。

表 6-1-3　电动机过热故障处理

症状	原因	对策
（1）机器人安装场所气温上升后，发生电机过热； （2）在改变动作程序和负载条件后，发生过热； （3）变更动作控制用变量后发生电机过热	（1）由于环境温度上升，电机的散热二话引起过热； （2）在超过允许平均电流值的条件下使电机动作	（1）降低环境温度； （2）设置防辐射屏蔽板； （3）放宽动作程序，负载条件，使电机值下降； （4）输入适当的变量值

4. 齿轮箱/漏油渗油故障诊断与处理

（1）齿轮箱/漏油渗油故障诊断

① 使用干净的擦机布或其他清洁工具对漏油部位进行清洁，确定漏油的具体部位。

② 通过检查漏油位置确认引起漏油的部件，在第一步中可以采用查看图纸、凭借经验等方法。

③ 检查铸件是否发生龟裂，必要时更换部件。

④ 检查 O 形密封圈是否老化，若有应更换密封圈。

⑤ 更换完成后，恢复工业机器人功能，完成故障排除。

（2）齿轮箱/漏油渗油故障处理　齿轮箱/漏油渗油故障症状及其原因与对策如表 6-1-4 所示。

表 6-1-4　齿轮箱/漏油渗油故障处理

症状	原因	对策
（1）齿轮箱油封唇部漏油； （2）龟裂处漏油	（1）铸件龟裂，O 形圈破损、油封破损、密封螺栓松动所致； （2）外力所致铸件龟裂； （3）密封螺栓松动	（1）更换龟裂部件； （2）更换 O 形圈； （3）拧紧螺栓

5. 关节故障诊断与处理

（1）关节故障诊断

① 根据图纸的要求，检查各关节固定螺栓的力矩是否符合要求。

② 根据控制柜接线图，确认制动器驱动继电器是否失效，如果失效进行更换。

③ 确定制动器主体是否破损，润滑油（脂）是否浸入电动机内部，若有以上情况更换电动机。

④ 检查电动机电流，排查原因。

⑤ 检查减速机与轴承安装，排查原因。

⑥ 排除故障，恢复工业机器人功能，完成故障排除。

（2）关节故障处理　关节故障处理症状及其原因与对策如表 6-1-5 所示。

表 6-1-5　关节故障处理

症状	原因	对策
（1）制动器完全不起作用，轴落； （2）使其停止时，轴慢慢落下	（1）制动器驱动继电器熔敷，制动器呈通电状态； （2）制动器磨损； （3）润滑脂进入电机内部	（1）更换继电器； （2）更换电机

6. 外围设备故障诊断及处理

① 检查上级断路器是否合闸，若未合闸，闭合断路器。

② 打开柜门，根据控制柜接线图，检查接线端子有无松动，如果有松动则进行紧固。

③ 检查主电路熔断器是否熔断，如果熔断则进行更换。

④ 检查焊枪是否有破损，焊枪出丝是否有卡顿。

⑤ 检查送丝机是否损坏，清理中心管堵塞物。

⑥ 检查保护气体压力是否正常，检查外围设备电缆是否有破损。

⑦ 使用万用表检查 I/O 设备的信号是否有短路、断路现象。

⑧ 排除故障，完成故障诊断与处理。

四、控制柜故障诊断与排除流程

1. 控制柜各单元故障诊断及处理

① 检查上级断路器是否合闸，若未合闸，闭合断路器。

② 打开柜门，根据控制柜接线图，检查接线端子有无松动，如果有松动则进行紧固。

③ 检查主电路熔断器是否有熔断，如果熔断了，则进行更换。

④ 检查示教器电缆是否异常松动，紧固后，仍未解除故障，更换示教器。

⑤ 示教器长时间画面无变化，可更换后面板或者主板。

⑥ 根据控制柜的电气原理图，检查 I/O 模块供电接线，若供电正常，更换 I/O 模块。

⑦ 更换 I/O 模块后，机器人再次通电，测试机器人是否正常。

2. 电源故障诊断与处理

电源故障诊断与处理方法如表 6-1-6 所示。

表 6-1-6　电源故障诊断与处理

现象	检查	处理
控制柜无电源	（1）确认断路器电源接通； （2）检查电源电压有无	（1）闭合断路器； （2）处理进线电源
示教器无电源	确认急停板上的熔丝 PUSE3 是否熔断；熔丝熔断时，急停板上的 LED（红）点亮	（1）检查示教器电缆是否异常，如有需要给予更换； （2）检查示教器是否异常，如有需要给予更换

3. 驱动模块故障诊断与处理

驱动模块的以太网 LED 显示其他轴计算机（2、3 或 4）和以太网电路板之间的以太网通信状态，其现象及含义如表 6-1-7 所示。

表 6-1-7 驱动模块故障现象及含义

现象	含义
绿灯熄灭	选择了 10Mbps 数据率
绿灯亮起	选择了 100Mbps 数据率
黄灯闪烁	两个单元正在以太网通道上通信
黄色持续	LAN 链路已建立
黄灯熄灭	未建立 LAN 链接

五、工业机器人位置传感器故障诊断流程

① 断开机器人工作站电源，打开控制柜柜门，使用干净的擦机布，将工业机器人控制柜灰尘清理干净；

② 根据机器人停止位置初步判断单元模块，根据电气原理图查找单元模块上的位置传感器 I/O 信号是否存在断路、短路现象；

③ 检查单元模块上的位置传感器有无损坏现象，确认电源电缆是否有损坏现象；

④ 确认传感器电源电压是否正常，确认各执行机构是否运动到位；

⑤ 故障排除，关闭控制柜门，上电重启，完成故障恢复。

故障描述：当推料气缸伸出时，位置传感器无信号，故障诊断流程如图 6-1-1 所示。

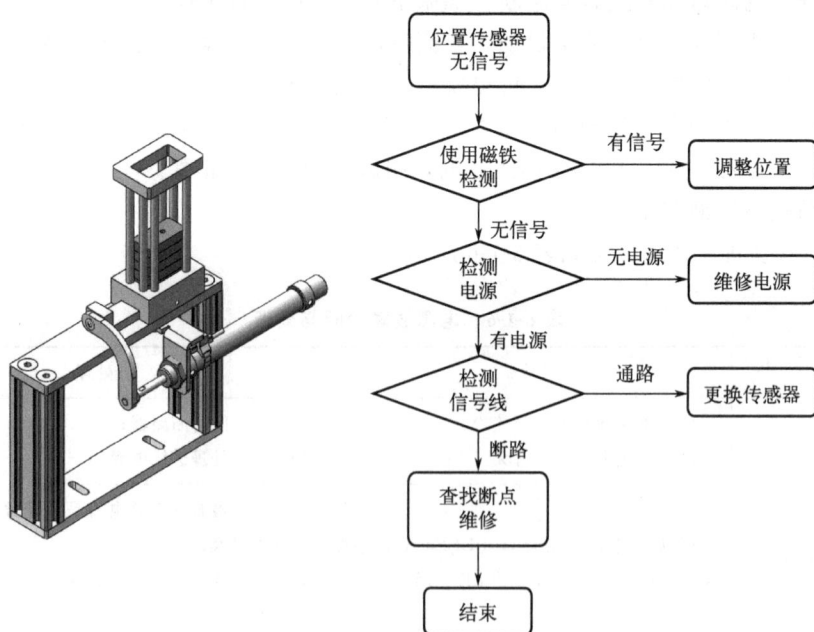

图 6-1-1 位置传感器故障诊断流程图

六、工业机器人无法上电故障排除流程

现有工业机器人操作与运维实训系统已调试完毕，需要上电调试。当机器人不能正常上电时，需要对机器人进行检修，完成机器人接线及上电，使其能够正常工作。

① 制作电源线接头并安装，如图 6-1-2。

② 将机器人操作与运维实训系统连接 220V 电源。

③ 接通机器人操作与运维实训系统断路器，如图 6-1-3。

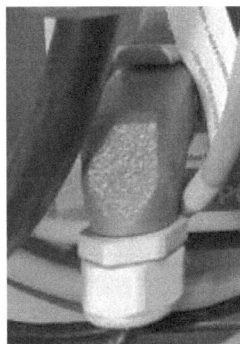

图 6-1-2　制作电源线接头并安装

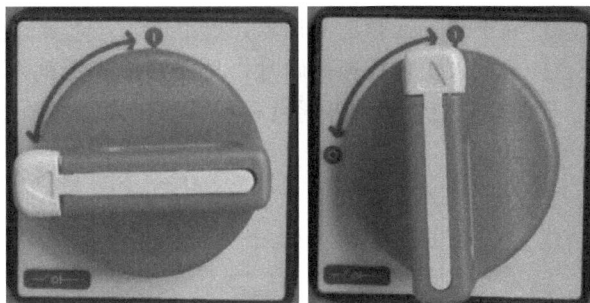

图 6-1-3　接通系统断路器

④ 接通机器人操作与运维实训系统内部各部分断路器，如图 6-1-4。

⑤ 接通机器人控制柜断路器，如图 6-1-5。

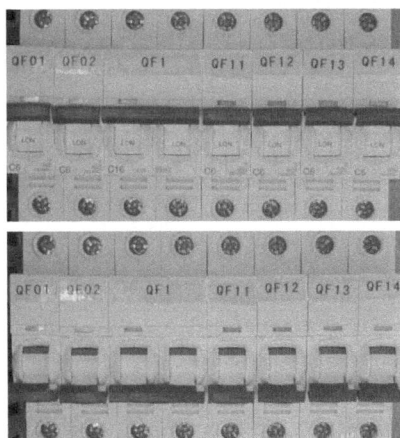

图 6-1-4　接通系统内部各部分断路器

图 6-1-5　接通机器人控制柜断路器

⑥ 按上述步骤对机器人上电后，机器人没有上电的现象有示教器屏幕不亮、控制柜上的散热扇不工作等。

⑦ 检查工业机器人操作与运维实训系统电源插头是否插入 220V 电源插排上。

⑧ 检查工业机器人操作与运维实训系统断路器是否接通。

⑨ 检查系统内部断路器是否接通。

⑩ 检查机器人控制柜断路器是否接通。

⑪ 用万用表检查断路器进线端与出线端是否有电，如果有一端没电，断电检查接线端子是否接线牢固。

⑫ 检查示教器与控制柜是否连接紧固，线缆是否破损。

⑬ 检查控制柜 X10 端子排 1、2 号引脚接线是否正常。

七、工业机器人基于报警代码问题检修流程

机器人报警代码是操作机器人不当时，机器人发出的报警信息，操作者要有识读报警代码的能力，也要查看报警代码并能正确清除，这样机器人才能正常运行。

① 在主菜单选择事件日志，单击进入，可看到所有的事件日志，如图 6-1-6。

② 机器人出现报警代码时，只需要按确定就可清除，不过需要根据提示及时处理故障，否则动作机器人时报警代码会再次出现，如图 6-1-7。

图 6-1-6　查看事件日志

图 6-1-7　清除报警代码

模块综合测试

一、单项选择题

1. 剖切面与机件接触部分即断面上应画上剖面符号，那么金属材料的剖面符号为（　　　）。

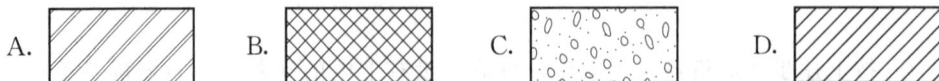

A. 　　B. 　　C. 　　D.

2. 表面粗糙度的符号是（　　　）。

A. ✓　　　　B. ⊕　　　　C. ∨　　　　D. 〃

3. 图中直角坐标工业机器人有（　　　）个移动关节。

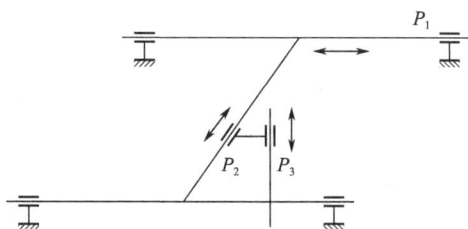

A. 3   B. 4   C. 2   D. 1

4. 下列对于工业机器人操作人员的"四懂、三会"要求中，"三会"对（   ）不作要求。

    A. 会使用   B. 会排除故障   C. 会维护保养   D. 会设计优化

5. ABB IRB120 工业机器人一共有（   ）个关节轴。

    A. 4   B. 7   C. 6   D. 5

6. 以下选项中（   ）不属于工业机器人臂部组成结构。

    A. 法兰   B. 小臂   C. 大臂   D. 动力型旋转关节

7. 工业机器人系统的标识图表示工业机器人工作时，表示禁止进入工业机器人工作范围（   ）。

A.

B.

C.

D.

8. 在工作单元或工作站中的固定位置有其相应的零点叫（   ）。

    A. 极坐标系   B. 加工坐标系

    C. 大地坐标系   D. 基坐标系

9. 工业机器人语言是（   ）与工业机器人之间的一种记录信息或交换信息的程序语言。

    A. 人   B. 传感器   C. 设备   D. 电脑

10. 当发生紧急情况，例如 ABB 工业机器人手臂与外部设备发生碰撞时，如果不易挪动外部设备且也不能通过操纵工业机器人解决问题时，可通过按（   ）手动释放工业机器人的制动闸来排除紧急情况。

    A. 急停按钮   B. 制动闸释放按钮

    C. 电机上电按钮   D. 程序停止按钮

二、判断题

1. 工业机器人本体停止运行时出现晃动，是因为电动机发生故障。 （　　）

2. 按工业机器人发生故障的部件分类：机械故障、电气故障。 （　　）

3. 按工业机器人发生故障的性质分类：系统性故障、随机性故障、意外故障。

（　　）

4. 工业机器人故障排除的原则：先静后动、先软件后硬件、先外部后内部、先机械后电气、先公用后专用、先简单后复杂、先一般后特殊。 （　　）

5. 观察检查法：直观检查、预检查、电源接地插头连接检查。 （　　）

模块7

工业机器人搬运码垛工作站

模块导读

搬运码垛作业是指用一种设备握持工件，从一个加工位置移动到另一个加工位置的过程。随着科技的进步以及现代化进程的加快，人们对搬运速度的要求越来越高，传统的人工码垛只能应用在物料轻便、尺寸和形状变化大、吞吐量小的场合，这已经远远不能满足工业的需求，如果采用工业机器人来完成这个任务，通过给搬运机器人安装不同的末端执行器，就可以完成不同形态和状态的工件搬运工作，提高生产效率，保证产品质量。

思维导图

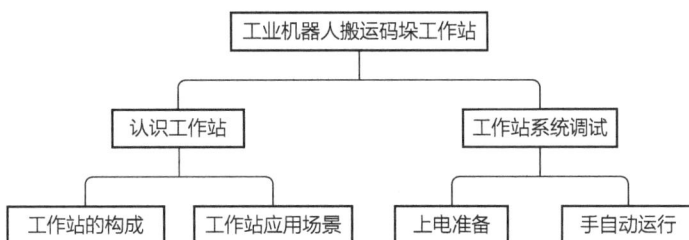

思政课堂

毫米间的文明刻度：搬运码垛工作站中的职责交响曲

单元1　搬运码垛工作站操作与安装

学习目标

知识目标

（1）认识搬运码垛工作站；

（2）掌握机械图纸、电气原理图的识读方法；

（3）掌握机械装配图及工艺卡的识读方法；

（4）掌握根据电气原理图完成模块电气连接的方法。

技能目标

（1）能按照正确步骤操作 ABB 工业机器人；

（2）能正确手持示教器，灵活使用各按钮；

（3）能设定工业机器人运行模式。

素质目标

（1）再简单的任务也要精益求精；

（2）全面提升学生的核心素养，拓展学生的成长之路，最终实现"高品质就业"的目标。

一、搬运码垛工作站的构成

典型搬运码垛工作站除具有机器人本体以外，还要有外围控制单元、传感系统、气动系统和安全系统等，搬运工作站系统构成如图 7-1-1 所示。

图 7-1-1　搬运工作站系统构成

1—供料单元；2—码垛盘；3—吸盘夹具；4—夹具库

1. 外围控制单元

外围控制单元（图 7-1-2）主要由 PLC、触摸屏等外围控制元件组成。PLC 负责外围逻辑指令的处理及与机器人的通信，触摸屏负责人机交互。

图 7-1-2　外围控制单元

2. 传感系统

光电光纤传感器作为传感系统（图 7-1-3），通过光线的漫反射原理，检测工件是否到位，将状态信号传递给 PLC。

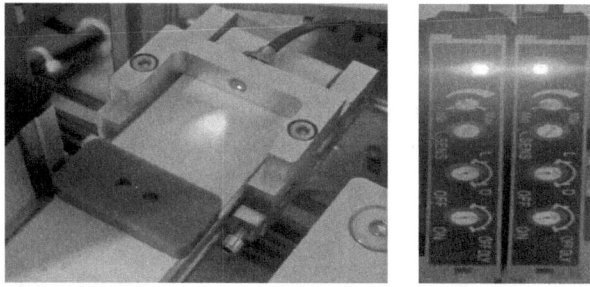

图 7-1-3 传感系统

3. 气动系统

搬运码垛工作站采用真空吸盘对工件进行抓取作业，由气源、电磁阀、真空发生器、吸盘组成的气动系统（图 7-1-4）为搬运码垛的执行提供支持。

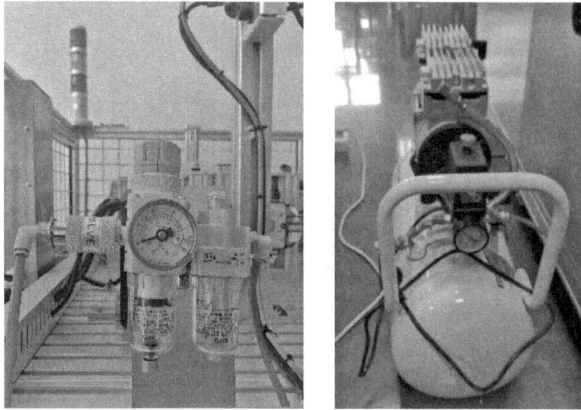

图 7-1-4 气动系统

4. 安全系统

搬运码垛的安全系统（图 7-1-5）由围栏、安全锁等安全器件组成，提供安全保护，使搬运码垛工作站安全运行。

图 7-1-5 安全系统

二、搬运码垛工作站的应用场景

搬运码垛机器人应用范围非常广泛，适用于化工、饮料、食品、啤酒、塑料、空调等生产企业对纸箱、袋装、罐装、盒装、瓶装等各种形状的成品进行搬运和码垛，工作站应用场景如图 7-1-6 所示。

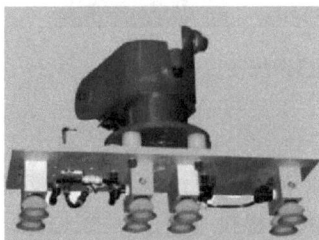

吸盘式 夹板式

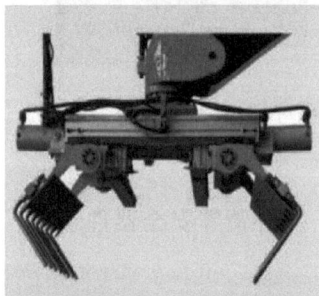

提取式 组合式

图 7-1-6　工作站应用场景

1. 编织袋搬运码垛场景

高速码垛机器人在对编织袋高速搬运过程中，使用了高速编织袋手爪，码垛系统中的高速码垛机器人具有 4 个自由度，本体较小、手臂细长且灵活，如图 7-1-7 所示。

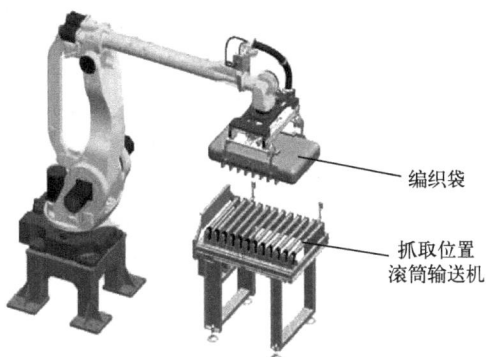

图 7-1-7　编织袋搬运码垛

2. 轻型纸箱搬运码垛场景

高速码垛机器人搬运较轻纸箱包装产品的过程中须配合海绵式吸盘手爪进行，如图 7-1-8。

图 7-1-8　轻型纸箱搬运码垛

3. 重型纸箱搬运码垛场景

在纸箱产品比较重的情况下，纸箱码垛机器人配合的吸盘手爪自带底托，纸箱物件被吸取后，能够由底托支撑住，搬运码垛的安全性与可靠性得到了有效保障。重型纸箱搬运码垛场景如图 7-1-9 所示。

图 7-1-9　重型纸箱搬运码垛

三、搬运码垛工作站机械安装流程

① 识读机械图纸，搬运码垛工作站机械图纸如图 7-1-10。

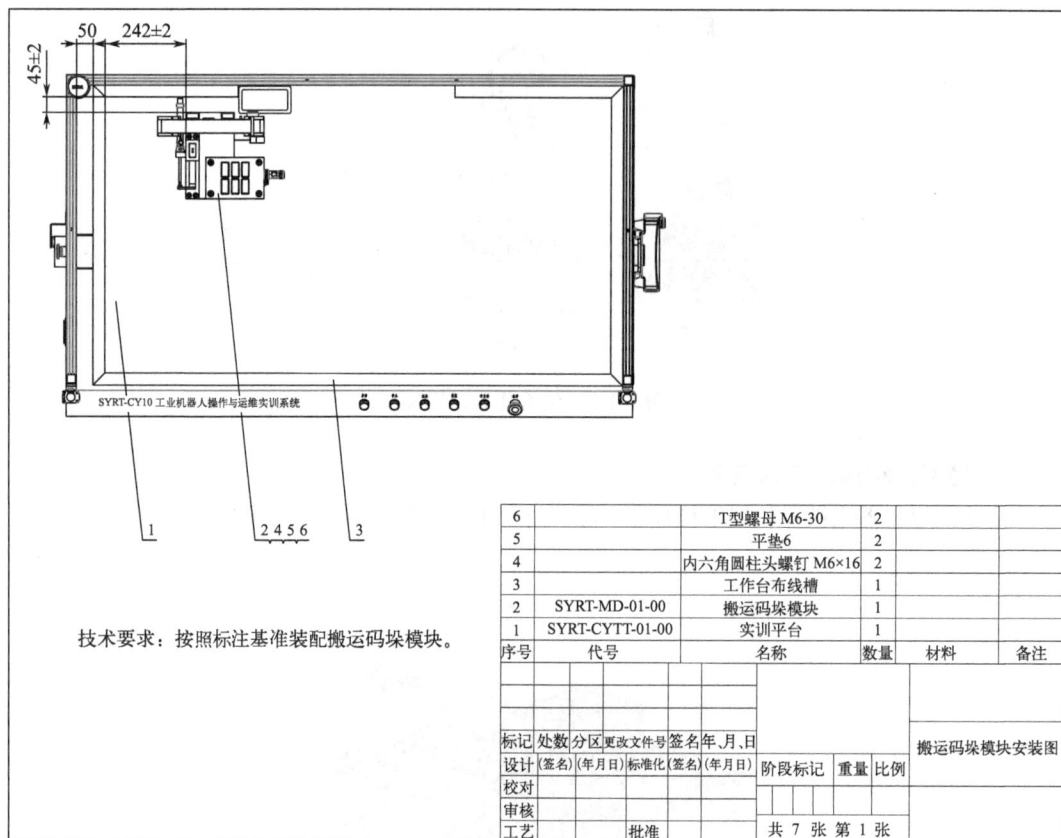

技术要求：按照标注基准装配搬运码垛模块。

6		T型螺母 M6-30	2		
5		平垫6	2		
4		内六角圆柱头螺钉 M6×16	2		
3		工作台布线槽	1		
2	SYRT-MD-01-00	搬运码垛模块	1		
1	SYRT-CYTT-01-00	实训平台	1		
序号	代号	名称	数量	材料	备注

标记	处数	分区	更改文件号	签名	年、月、日			搬运码垛模块安装图	
设计	(签名)	(年月日)	标准化	(签名)	(年月日)	阶段标记	重量	比例	
校对									
审核									
工艺			批准				共 7 张 第 1 张		

图 7-1-10　搬运码垛工作站机械图纸（附录5）

② 准备模块及工具，电源及搬运码垛模块如图 7-1-11。

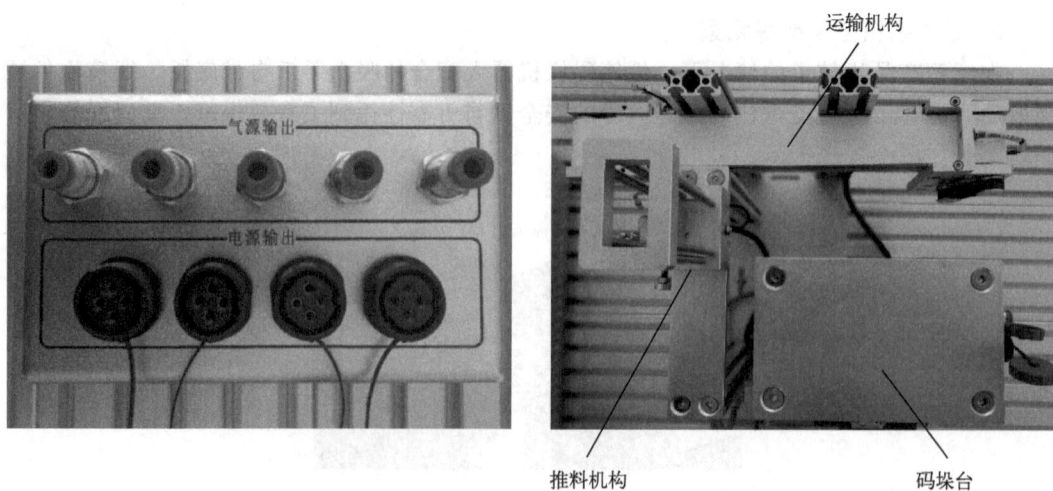

图 7-1-11　电源及搬运码垛模块

③ 实施安装。

四、搬运码垛工作站电气连接流程

① 识读电气图纸，搬运码垛电气图纸如图 7-1-12。

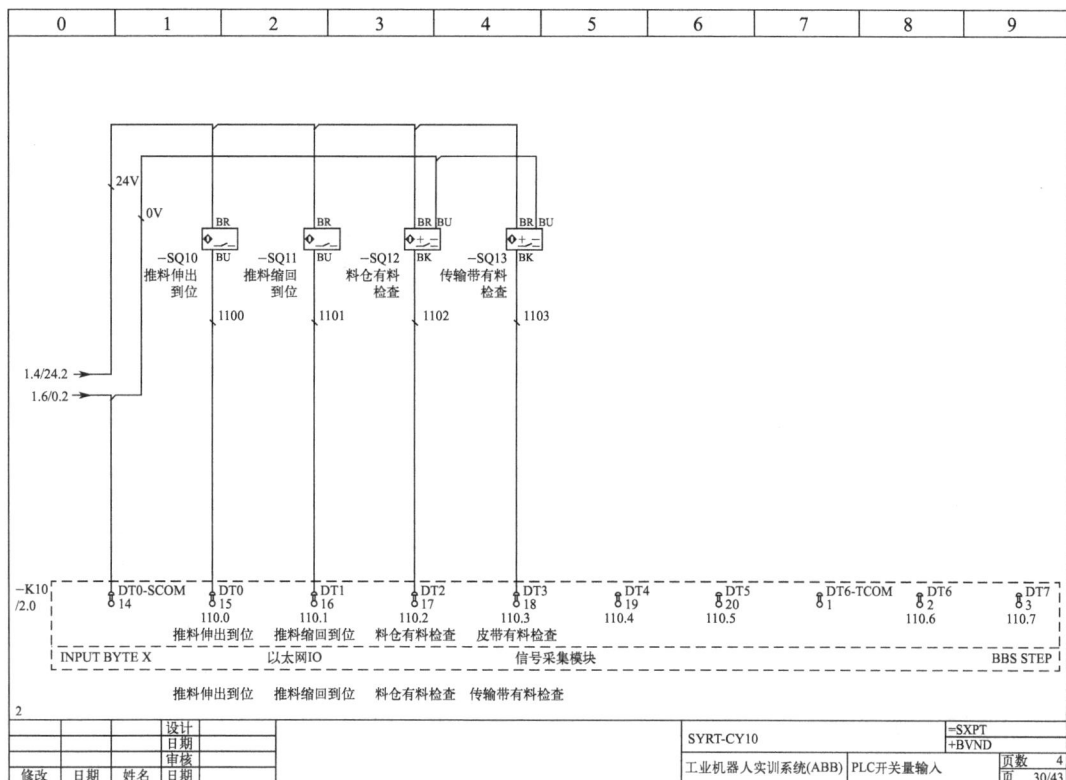

0	1	2	3	4	5	6	7	8	9

24V
0V

BR ─SQ10 推料伸出到位 BU 1100
BR ─SQ11 推料缩回到位 BU 1101
BR BU ─SQ12 料仓有料检查 BK 1102
BR BU ─SQ13 传输带有料检查 BK 1103

1.4/24.2
1.6/0.2

─K10 /2.0

DT0-SCOM 14
DT0 15 110.0 推料伸出到位
DT1 16 110.1 推料缩回到位
DT2 17 110.2 料仓有料检查
DT3 18 110.3 皮带有料检查
DT4 19 110.4
DT5 20 110.5
DT6-TCOM 1
DT6 2 110.6
DT7 3 110.7

INPUT BYTE X　　以太网IO　　信号采集模块　　BBS STEP

推料伸出到位　推料缩回到位　料仓有料检查　传输带有料检查

修改	日期	姓名	日期			SYRT-CY10		=SXPT
		设计	日期					+BVND
		审核	日期			工业机器人实训系统(ABB) PLC开关量输入		页数 4
								页 30/43

图 7-1-12　搬运码垛电气图纸

② 准备模块及工具

a. 准备焊接模块电气连接所需的模块连接电缆、模块连接网线。

b. 焊接模块内部电气连接已完成，将网线与台体上的交换机、电源连接线和台体上的电源模块进行连接。

③ 实施安装。

五、搬运码垛工作站气路连接流程

① 识读气动图纸，搬运码垛气动图纸如图 7-1-13。

② 准备消耗材料。

③ 实施安装。

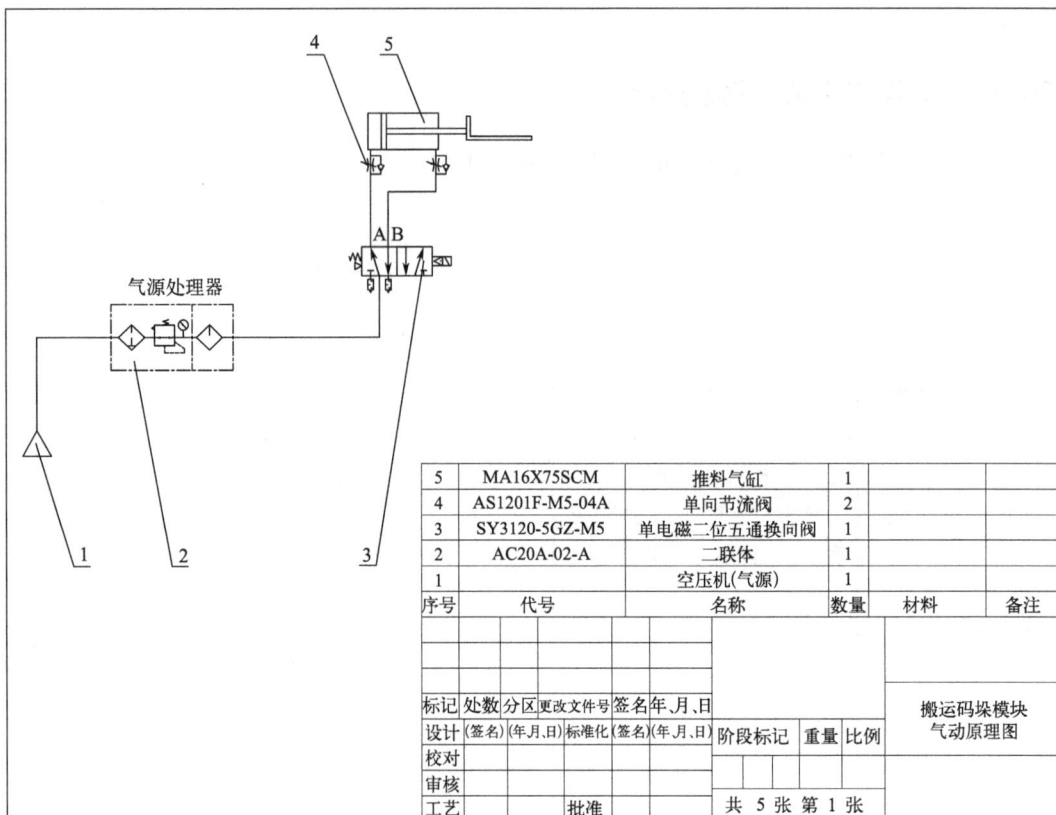

5	MA16X75SCM	推料气缸	1		
4	AS1201F-M5-04A	单向节流阀	2		
3	SY3120-5GZ-M5	单电磁二位五通换向阀	1		
2	AC20A-02-A	二联体	1		
1		空压机(气源)	1		
序号	代号	名称	数量	材料	备注

图 7-1-13　搬运码垛气动图纸（附录 6）

六、系统上电流程

① 检查搬运码垛模块是否安装牢固，固定螺栓有无松动现象。

② 使用万用表检查搬运码垛模块控制系统电气连接是否存在断路、短路、错接现象。

③ 打开气源，调整气压，手动控制电磁阀，检测气管搭建的正确性。

④ 按下工作站急停按钮顺时针旋转工作站控制柜开关为垂直于地面方向。

⑤ 将控制柜断路器依次全部闭合，观察搬运码垛工作站上电是否正常，工作站上电完成。

单元 2　搬运码垛工作站系统调试

🌀 学习目标 ···

知识目标

（1）了解搬运码垛工作站的上电流程；

（2）掌握工作站 I/O 模块配置方法；

（3）了解工作站 PLC 程序、机器人程序架构；

（4）掌握工作站触摸屏使用方法。

技能目标

（1）能够正确上电；

（2）能够正确编写工作站 PLC 程序、机器人程序、触摸屏程序并掌握其下载方法；

（3）能够实现搬运码垛工作站的手动、自动运行。

素质目标

（1）培养学生的责任感和使命感。 实训过程中，学生需要承担一定的责任，扮演好自己的角色，通过实践让学生体验工作的真实性，从而培养责任感和使命感；

（2）提高学生的自我认识和自我管理能力。 实训活动可以让学生了解自己的优势和不足，学会自我管理和调整，形成自己的职业规划和发展方向。

一、搬运码垛工作站主程序

搬运码垛工作站主程序流程图如图 7-2-1 所示。

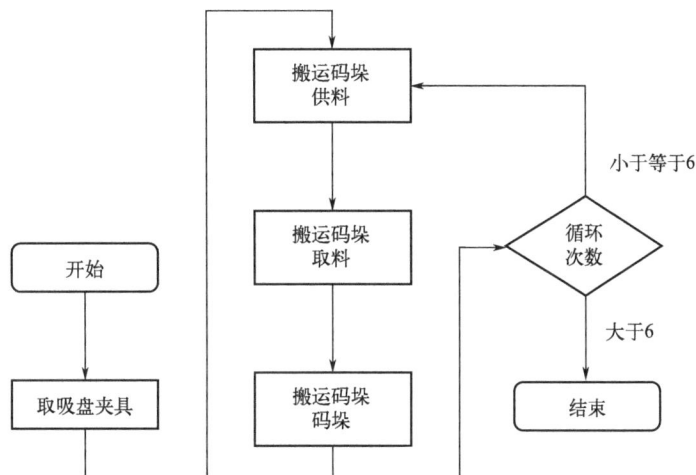

图 7-2-1　搬运码垛主程序流程图

（1）搬运码垛工作站机器人参考程序

① 子程序 1：

物料信号检测 wuliaoxinhao()

```
PROC  wuliaoxinhao()
    WaitDI  PN_DI23，0；
    WaitDI  PN_DI22，1；
    Set  PN_DO20；
    WaitTime  1；
    WaitDI  PN_DI20，1；
    Reset  PN_DO20；
```

```
        WaitTime  1；
        WaitDI  PN_DI21，1；
        Set  PN_DO21；
        WaitDI  PN_DI23，1；
        WaitTime  1；
        Reset  PN_DO21；
    ENDPROC
```

② 子程序 2：

取夹具 qujiaju()

```
    PROC  qujiaju()
        MoveAbsJ  phome\NoEOffs，v200，fine，tool0；
        MoveJ  pgd1，v200，fine，tool0；
        MoveJ  Offs(p10,0,0,100)，v200，fine，tool0；
        MoveL  Offs(p10,0,0,20)，v200，fine，tool0；
        MoveL  p10，v30，fine，tool0；
        WaitTime  1；
        Set  DO00；
        Reset  DO01；
        WaitTime  1；
        MoveL  Offs(p10,0,0,20)，v30，fine，tool0；
        MoveL  Offs(p10,0,-80,20)，v30，fine，tool0；
        MoveL  Offs(p10,0,-80,100)，v30，fine，tool0；
        MoveJ  pgd1，v200，fine，tool0；
        MoveAbsJ  phome\NoEOffs，v200，fine，tool0；
    ENDPROC
```

③ 子程序 3：

放夹具 fangjiaju()

```
    PROC  fangjiaju()
        MoveAbsJ  phome\NoEOffs，v200，fine，tool0；
        MoveJ  pgd1，v200，fine，tool0；
        MoveL  Offs(p10,0,-80,100)，v30，fine，tool0；
        MoveL  Offs(p10,0,-80,20)，v30，fine，tool0；
        MoveL  Offs(p10,0,0,20)，v30，fine，tool0；
        MoveL  p10，v30，fine，tool0；
        WaitTime  1；
        Reset  DO00；
        Set  DO01；
        WaitTime  1；
MoveL  Offs(p10,0,0,20)，v30，fine，tool0；
        MoveJ  pgd1，v200，fine，tool0；
```

```
            MoveAbsJ  phome\NoEOffs，  v200，  fine，  tool0；
        ENDPROC
```
（2）搬运码垛工作站主程序 main（）　　主程序 main（）如下：
```
        PROC  main()
            qujiaju；
MoveJ  pgd2，  v200，  fine，  tool0；
            FOR  x  FROM  0  TO  1  DO
            FOR  y  FROM  0  TO  2  DO
                wuliaoxinhao；
                MoveJ  p20，  v200，  fine，  tool0；
                MoveL  Offs(p30,0,0,100)，  v200，  fine，  tool0；
                MoveL  Offs(p30,0,0,0)，  v30，  fine，  tool0；
                WaitTime  1；
                Set  DO03；
                WaitTime  1；
                MoveL  Offs(p30,0,0,100)，  v100，  fine，  tool0；
                MoveJ  p20，  v200，  fine，  tool0；
                MoveL  Offs(p40,x＊30,y＊50,100)，  v200，  fine，  tool0；
                MoveL  Offs(p40,x＊30,y＊50,0)，  v30，  fine，  tool0；
                WaitTime  1；
                Reset  DO03；
                WaitTime  1；
            MoveL  Offs(p40,x＊30,y＊50,100)，  v200，  fine，  tool0；
            MoveJ  p20，  v200，  fine，  tool0；
        ENDFOR
        ENDFOR
            fangjiaju；
        ENDPROC
```

二、PLC 程序编写

（1）I/O 地址输入　　I/O 地址输入分配如表 7-2-1 所示。

表 7-2-1 I/O 地址输入分配

序号	功能名称	I/O 模块地址	PLC 地址	机器人地址
1	推料伸出到位	I10.0	Q20.0	DI20
2	推料缩回到位	I10.1	Q20.1	DI21
3	料仓有料检查	I10.2	Q20.2	DI22
4	传输带有料检查	I10.3	Q20.3	DI23

（2）I/O 地址输出 I/O 地址输出分配如表 7-2-2 所示。

表 7-2-2　I/O 地址输出分配

序号	功能名称	机器人地址	PLC 地址	I/O 模块地址
1	推料气缸电磁阀	DO20	I20.0	Q10.0
2	传输带电机	DO21	I20.1	Q10.1

（3）打开 TIA PortalV15 软件　设置 PLC 的 IP 地址。

（4）数据块调用

（5）编写 I/O 模块通信程序　各引脚及含义如表 7-2-3。

表 7-2-3　引脚及含义

序号	引脚	含义	序号	引脚	含义
1	通信 ID	通信编号	4	IP_ADDR	IP 地址
2	FirstScan	第一次扫描	5	发送数据	发送数据地址指针
3	Always TRUE	常通	6	接收数据	接收数据地址指针

（6）机器人 PN 通信与信号设置

（7）编写机器人与 I/O 模块地址对应程序　如图 7-2-2。

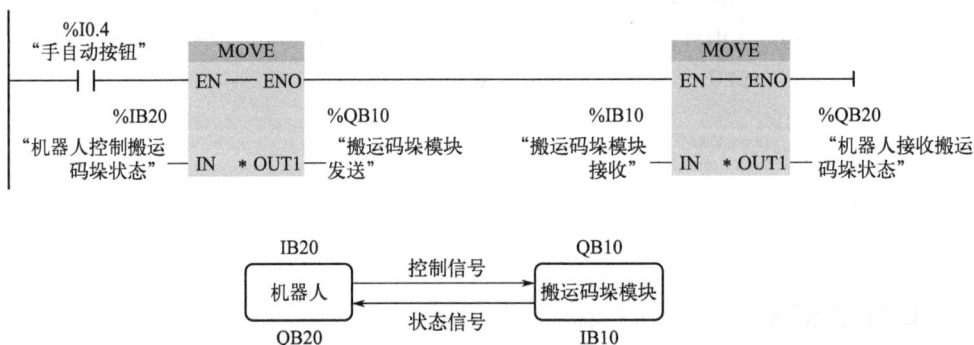

图 7-2-2　机器人与 I/O 模块地址对应程序

三、触摸屏程序编写

① 功能规划。

② 使用触摸屏编程软件新建项目。

③ 新建通信。

④ 绘制画面。

一、单项选择题

1. 下面的选项中，不属于或不具有工业机器人系统电压相关风险的是（   ）。

　A. 用户电源（230VAC）

　B. 注意运行中或运行过后的工业机器人及控制柜中存有的热能

　C. 驱动单元（400/700VDC）

　D. 变压器

2. 油封的油唇外侧可能有油分渗出（微量附着），该油分累积而成为水滴状时，根据（   ）可能会滴下。

　A. 动作模式　　　　　　　　　　　B. 运行模式

　C. 周围环境　　　　　　　　　　　D. 动作情况

3. （   ）是用来将电源线、数据线等线材规范地整理固定在工作台上或者墙上的电工用具。

　A. 装线管　　　B. 集线器　　　C. 电线柜　　　D. 线槽

4. ABB 工业机器人在手动模式下，工业机器人的运行速度最高只能达到（   ）mm/s。

　A. 250　　　　　B. 300　　　　　C. 500　　　　　D. 150

5. 以下选项中关于工序卡片描述错误的是（   ）。

　A. 工序卡片中详细记载了该工序加工所必需的工艺资料，如定位基准、选用工具、安装方案及工时定额等

　B. 机械加工工序卡片比装配工序卡片更重要

　C. 机械加工工序卡片详细地说明整个零件各个工序的要求，是用来具体指导工人操作的工艺文件

　D. 工序卡片是按零件加工或装配的每一道工序编制的一种工艺文件

6. 工业机器人在非安全情况下的使用可能会导致工业机器人系统被破坏，甚至还可能导致操作人员以及现场人员伤亡，以下选项中不属于非安全情况的是（   ）。

　A. 嘈杂的环境　　　　　　　　　　B. 有爆炸可能的环境

　C. 燃烧的环境　　　　　　　　　　D. 在水中或其他液体环境

7. 以下选项关于对扭力扳手使用方法的表述不规范的是（   ）。

　A. 在扳手方榫上安装相应规格套筒，并套住紧固件，再用手慢用力。施加外力时必须按标明的箭头方向。当拧紧到发出信号"click"的声音时（已达到预设扭矩值），停止加力

　B. 如长期不用，调节标尺刻线退至扭矩最小数值处

　C. 预设扭矩值时，将扳手手柄上的锁定环下拉，同时转动手节标尺主刻度线和微分刻度线数值至所需扭矩值。调节好后，松环，手柄自动锁定

　D. 根据工件所需扭矩值要求，预设扭矩值为标准扭矩增加15%

8. 在工业机器人语言操作系统的（   ）状态下，操作者可以用示教器定义工业机器人在空间的位置，设置工业机器人的运动速度，存储或调出程序等。

A. 监控   B. 执行   C. 编辑   D. 以上都不是

9. 工业机器人的种类很多，其功能、特征、驱动方式、应用场合等不尽相同，不属于现行分类方法的是（   ）。

      A. 结构特征   B. 驱动方式   C. 控制方式   D. 载荷大小

10. 出现（   ）情况时，不需要更换机械限位装置。

      A. 松动   B. 弯曲   C. 轻微碰撞   D. 损坏

二、多项选择题

1. 属于排除振动故障的是（   ）。

      A. 放松螺丝   B. 增加负载   C. 降低速度   D. 拧紧螺丝

2. 属于电机过热的原因是（   ）。

      A. 周围温度过高   B. 负载过轻

      C. 负载过重   D. 运动变量不合适

3. 安装工业机器人之前需要检查的内容包括（   ）。

      A. 已拆除固定工业机器人姿态的支架

      B. 确保工业机器人的预期操作环境符合规范要求

      C. 目测检查工业机器人确保其未受损

      D. 移动工业机器人前，请先查看工业机器人的稳定性

4. 工业机器人驱动装置可划分为（   ）。

      A. 电气驱动   B. 气压驱动   C. 磁力驱动   D. 液压驱动

5. 工业机器人语言操作系统包括哪三个基本的操作状态（   ）。

      A. 执行状态   B. 监控状态   C. 停止状态   D. 编辑状态

模块8

工业机器人装配工作站

模块导读

　　装配是产品生产的后续工序，在制造业中占有重要地位，在人力、物力、财力消耗中占有很大比例，而工业机器人装配作为一项新兴的技术应运而生。对于装配效率低，缺乏自适应控制能力，难以完成在复杂环境中装配的场合，工业机器人装配却能够完成较高精度的装配要求，未来，装配领域将是工业机器人技术发展的焦点。

思维导图

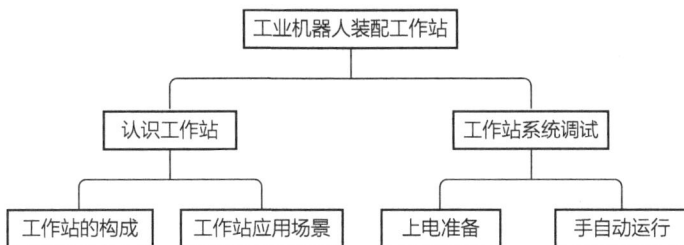

思政课堂

装配线上的共生效应：学习型团队启示录

单元1　装配工作站机械安装与电气连接

学习目标

知识目标

　　（1）了解装配工作站相关知识；

　　（2）掌握识读机械图纸、电气原理图的方法。

技能目标

　　（1）能根据机械装配图及工艺卡，使用正确工具安装；

　　（2）能安装工业机器人装配末端执行器；

　　（3）能依据技术文件，选用和安装装配工作站的供气供电单元；

　　（4）能调整加减速等参数。

素质目标

（1）秉承真诚热爱的品性与守持认真执着的工作态度；
（2）遵循持续改进的创新精神。

一、装配工作站的构成

装配工作站系统主要由操作机、控制系统、装配系统、传感系统和安全保护装置构成，操作者可通过示教器和操作面板进行装配机器运动位置和动作程序的示教，设定运动速度、装配动作及参数。装配工作站系统构成如图 8-1-1 所示。

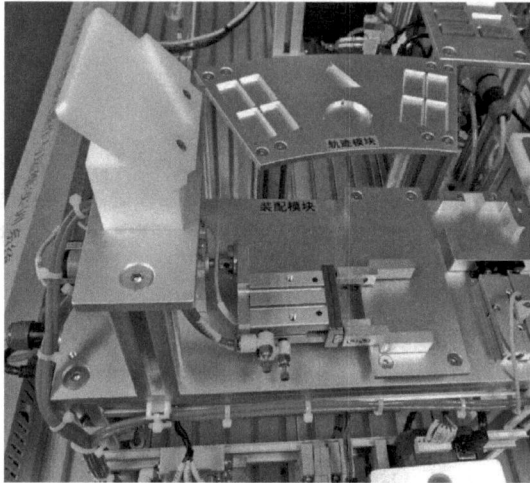

图 8-1-1　装配工作站系统构成

1. 外围控制单元

外围控制单元主要由 PLC、触摸屏等外围控制元件组成。PLC 负责外围逻辑指令的处理与机器人通信，触摸屏则具有人机交互功能。

2. 装配模块

装配模块由原料台、翻料机构、装配台组成，如图 8-1-2 所示。

原料台由支撑板以及固定座组成，动作时工件靠自身重力下滑至原料区，机器人在原料区抓取工件；翻料机构由旋转气缸、夹紧气缸、翻转台等部分组成，动作时夹紧气缸动作，将工件夹紧，夹紧到位后，旋转气缸动作，将工件翻转 180°；装配台由气缸、定位块组成，动作时气缸伸出带动定位块将工件固定在装配台上。

3. 气动系统

装配工作站采用真空吸盘对工件进

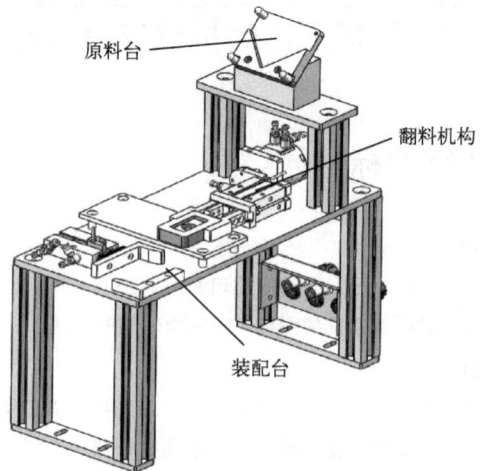

图 8-1-2　装配模块组成

行抓取作业，装配模块由翻转气缸、夹紧气缸、定位气缸组成，由气源、电磁阀、真空发生器、吸盘组成的气动系统（图 8-1-3）为装配的执行提供支持。

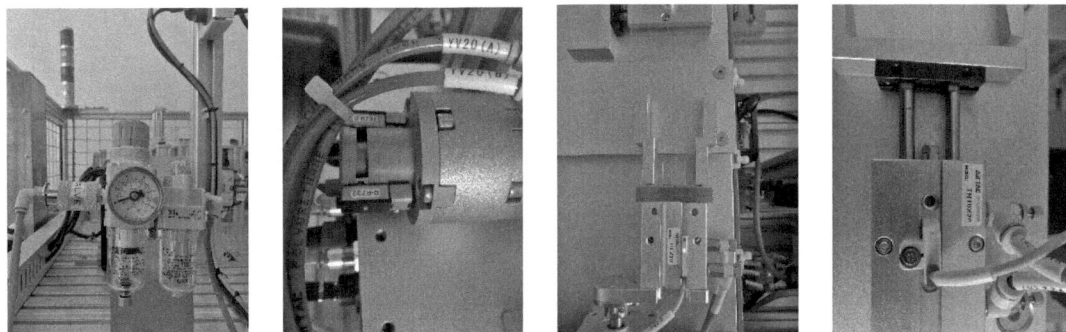

图 8-1-3　气动系统

4. 安全系统

装配工作站的安全系统由围栏、安全锁等安全器件组成，提供安全保护。

二、装配工作站的应用场景

装配工作站用于家用电器、机械、五金、机电产品等领域的装配工作，可提高产品质量，提升生产力，部分应用场景如图 8-1-4 所示。

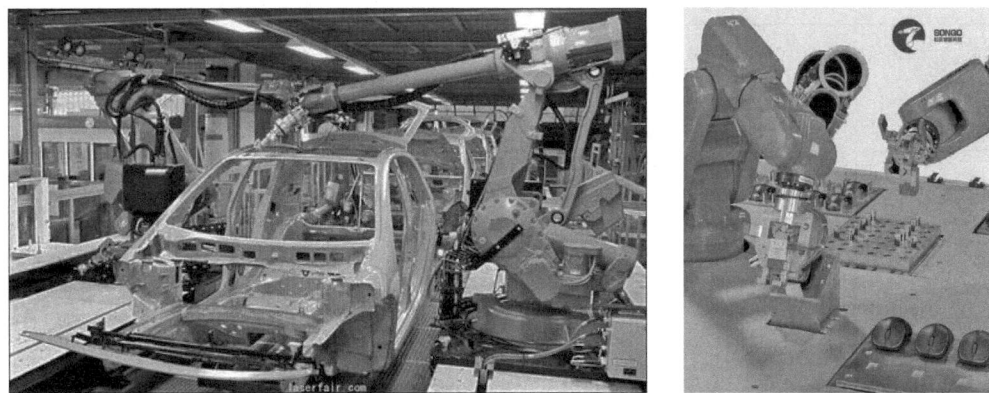

图 8-1-4　装配机器人应用场景

三、机械安装流程

① 识读机械图纸，装配机械图纸如图 8-1-5 所示。

② 准备模块及工具。

③ 实施安装。

四、系统电气连接

① 识读电气原理图，装配工作站电气原理图如图 8-1-6 所示。

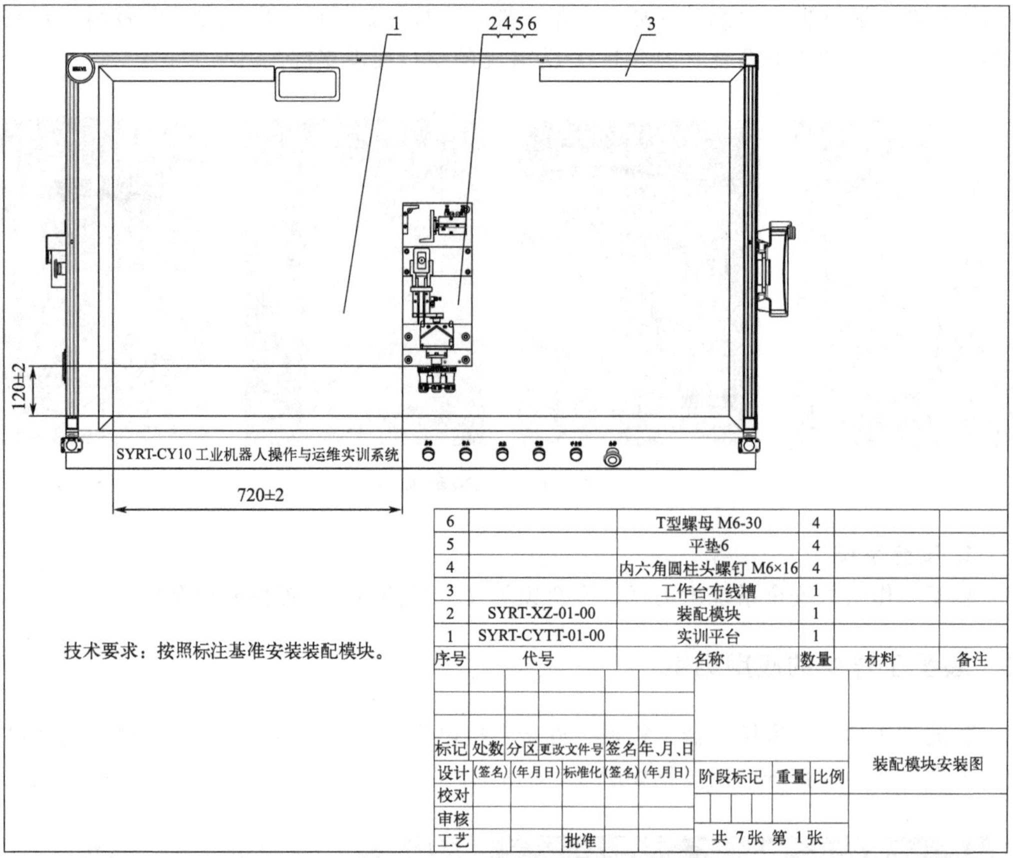

技术要求：按照标注基准安装装配模块。

6		T型螺母 M6-30	4		
5		平垫6	4		
4		内六角圆柱头螺钉 M6×16	4		
3		工作台布线槽	1		
2	SYRT-XZ-01-00	装配模块	1		
1	SYRT-CYTT-01-00	实训平台	1		
序号	代号	名称	数量	材料	备注

标记	处数	分区	更改文件号	签名	年、月、日			
设计	(签名)	(年月日)	标准化	(签名)	(年月日)	阶段标记	重量	比例
校对								
审核								
工艺		批准				共 7 张 第 1 张		

装配模块安装图

图 8-1-5 装配机械图纸（附录7）

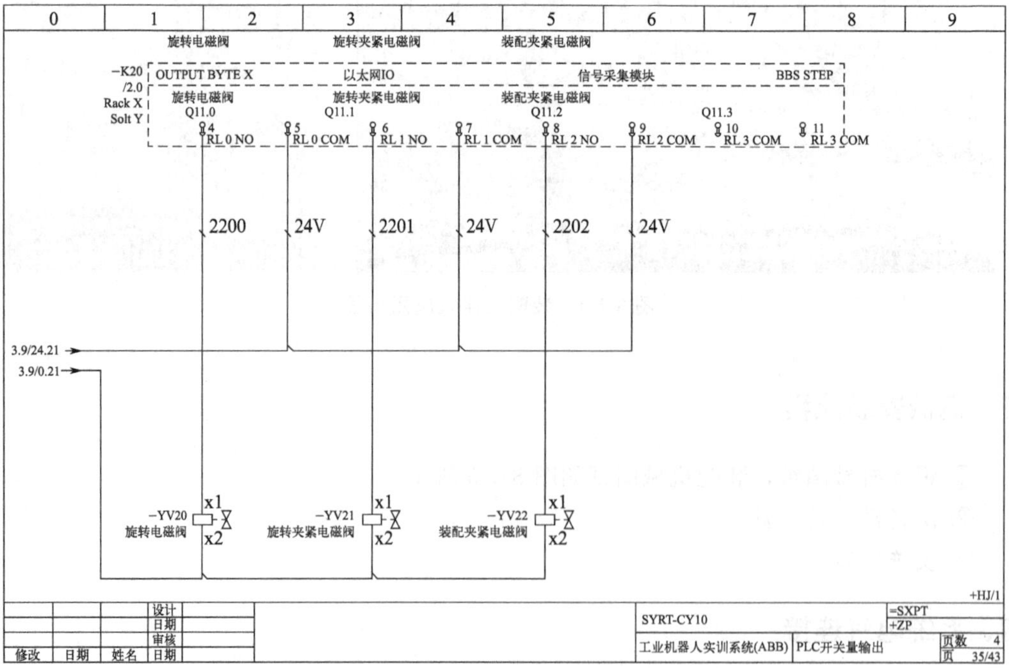

图 8-1-6 装配工作站电气原理图

② 电气连接，装配模块内部电气连接已连接完毕，需要将网线与台体上的交换机连接，将电源连接线和台体上的电源模块连接。

③ 实施安装。

五、气动连接

① 识读气动原理图，装配模块气动原理图如图 8-1-7 所示。

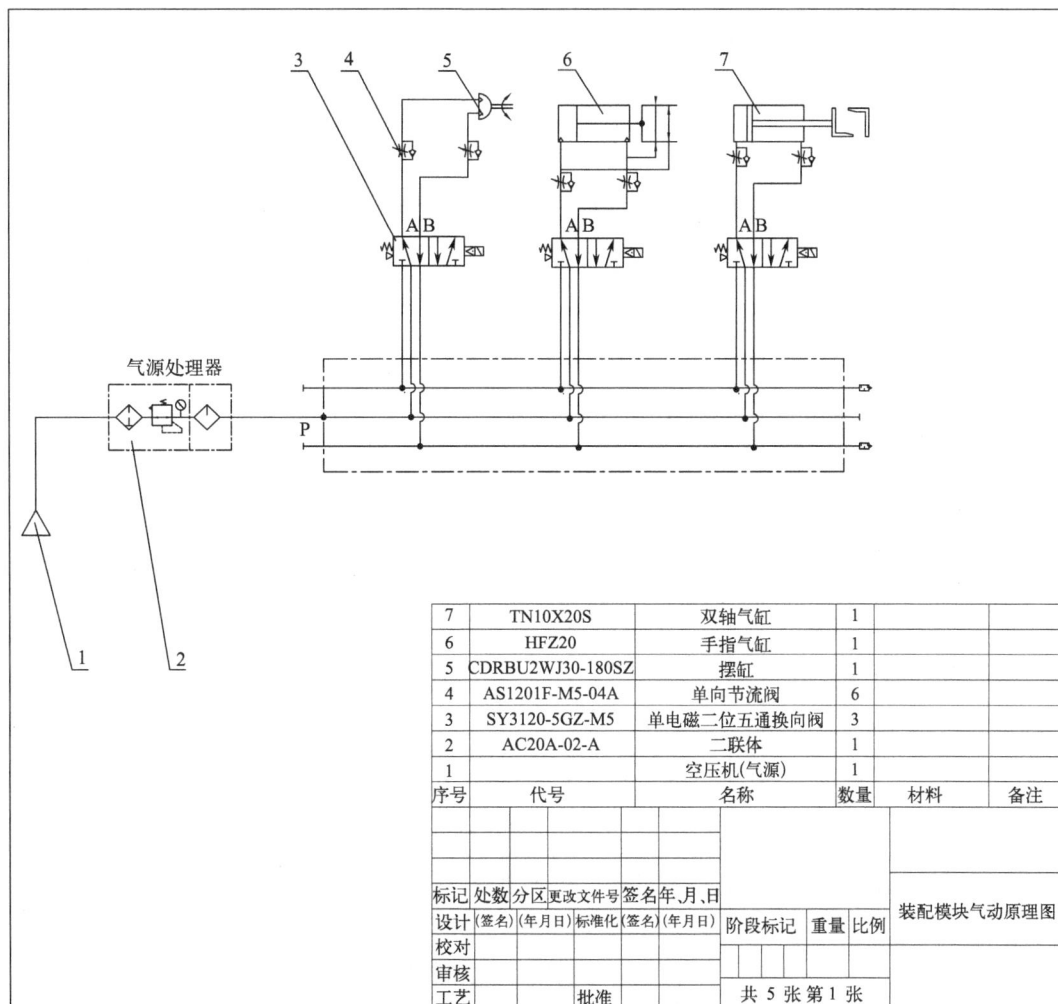

7	TN10X20S	双轴气缸	1		
6	HFZ20	手指气缸	1		
5	CDRBU2WJ30-180SZ	摆缸	1		
4	AS1201F-M5-04A	单向节流阀	6		
3	SY3120-5GZ-M5	单电磁二位五通换向阀	3		
2	AC20A-02-A	二联体	1		
1		空压机(气源)	1		
序号	代号	名称	数量	材料	备注

标记	处数	分区	更改文件号	签名	年、月、日				装配模块气动原理图
设计		(签名)	(年月日)	标准化	(签名)	(年月日)	阶段标记	重量 比例	
校对									
审核									
工艺			批准				共 5 张 第 1 张		

图 8-1-7　装配模块气动原理图（附录 8）

② 气路连接，装配模块内部气路连接已连接完毕，现只需要将气管与台体上的气路模块连接。

③ 实施安装。

单元 2　装配工作站系统调试

🌐 **学习目标** ···

知识目标

（1）了解装配工作站的上电准备流程；

（2）掌握工作站 PLC、机器人、触摸屏编程方法；

（3）掌握工作站 I/O 模块配置方法；

（4）了解工作站手动、自动运行流程。

技能目标

（1）能够正确上电操作；

（2）能够下载工作站 PLC 编程、机器人编程以及触摸屏编程；

（3）能够正确配置工作站 I/O 模块。

素质目标

立足岗位、奋发有为，把工匠精神倾注于一个个零件制造、一道道工序、一次次试验中，我们就能在制造大国向制造强国、中国制造向中国创造的征程上汇聚强大力量。

一、装配工作站装配程序编写

装配主程序流程如图 8-2-1 所示。

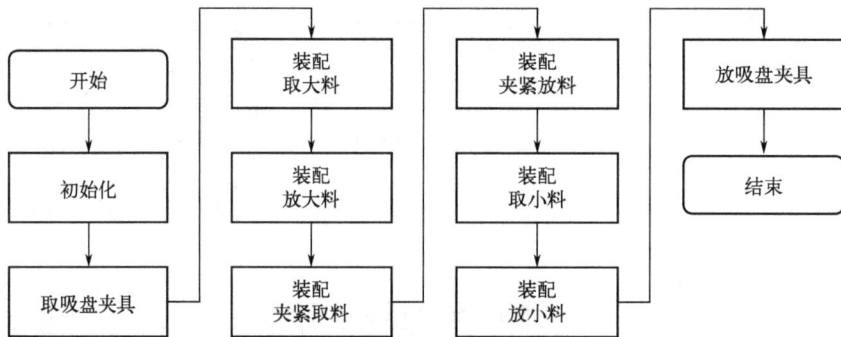

图 8-2-1　装配主程序流程图

装配工作站机器人参考程序：

子程序 1：信号检测 wuliaoxinhao()

```
PROC   wuliaoxinhao()
    WaitDI  PN_DI23,  0;
    WaitDI  PN_DI22,  1;
    Set  PN_DO20;
    WaitTime  1;
    WaitDI  PN_DI20,  1;
```

```
        Reset  PN_DO20；
        WaitTime  1；
        WaitDI  PN_DI21，1；
        Set  PN_DO21；
        WaitDI  PN_DI23，1；
        WaitTime  1；
        Reset  PN_DO21；
    ENDPROC
子程序2：取吸盘quxipan()
    PROC  quxipan()
        MoveAbsJ  phome，v200，fine，tool0；
        MoveJ  pgd1，v200，fine，tool0；
        MoveJ  Offs(pxp,0,0,100)，v200，fine，tool0；
        MoveL  Offs(pxp,0,0,20)，v200，fine，tool0；
        MoveL  pxp，v30，fine，tool0；
        WaitTime  1；
        Set  DO00；
        Reset  DO01；
        WaitTime  1；
        MoveL  Offs(pxp,0,0,20)，v30，fine，tool0；
        MoveL  Offs(pxp,0,-80,20)，v30，fine，tool0；
        MoveL  Offs(pxp,0,-80,100)，v30，fine，tool0；
        MoveJ  pgd1，v200，fine，tool0；
        MoveAbsJ  phome，v200，fine，tool0；
    ENDPROC
子程序3：放吸盘fangxipan()
    PROCfangxipan()
        MoveAbsJ  phome，v200，fine，tool0；
        MoveJ  pgd1，v200，fine，tool0；
        MoveL  Offs(pxp,0,-80,100)，v30，fine，tool0；
        MoveL  Offs(pxp,0,-80,20)，v30，fine，tool0；
        MoveL  Offs(pxp,0,0,20)，v30，fine，tool0；
        MoveL  pxp，v30，fine，tool0；
        WaitTime  1；
        Reset  DO00；
        Set  DO01；
        WaitTime  1；
        MoveL  Offs(pxp,0,0,20)，v30，fine，tool0；
        MoveJ  pgd1，v200，fine，tool0；
        MoveAbsJ  phome，v200，fine，tool0；
```

ENDPROC

子程序4：取夹爪 qujiazhua()

```
PROCqujiazhua()
    MoveAbsJ  phome,  v200,  fine,  tool0;
    MoveJ  pgd1,  v200,  fine,  tool0;
    MoveJ  Offs(pjz,0,0,100),  v200,  fine,  tool0;
    MoveL  Offs(pjz,0,0,20),  v200,  fine,  tool0;
    MoveL  pjz,  v30,  fine,  tool0;
    WaitTime  1;
    Set  DO00;
    Reset  DO01;
    WaitTime  1;
    MoveL  Offs(pjz,0,0,10),  v50,  fine,  tool0;
    MoveL  Offs(pjz,0,-80,10),  v30,  fine,  tool0;
    MoveL  Offs(pjz,0,-80,110),  v100,  fine,  tool0;
    MoveJ  pgd1,  v200,  fine,  tool0;
    MoveAbsJ  phome,  v200,  fine,  tool0;
ENDPROC
```

子程序5：放夹爪 fangjiazhua()

```
PROC  fangjiazhua()
    MoveAbsJ  phome,  v200,  fine,  tool0;
    MoveJ  pgd1,  v200,  fine,  tool0;
    MoveL  Offs(pjz,0,-80,110),  v100,  fine,  tool0;
    MoveL  Offs(pjz,0,-80,10),  v50,  fine,  tool0;
    MoveL  Offs(pjz,0,0,10),  v30,  fine,  tool0;
    MoveL  pjz,  v30,  fine,  tool0;
    WaitTime  1;
    Reset  DO00;
    Set  DO01;
    WaitTime  1;
    MoveL  Offs(pjz,0,0,20),  v20,  fine,  tool0;
    MoveJ  pgd1,  v200,  fine,  tool0;
    MoveAbsJ  phome,  v200,  fine,  tool0;
ENDPROC
```

主程序：装配 main()

```
PROC  main()
    quxipan;
    MoveJ  pgd2,  v200,  fine,  tool0;
    wuliaoxinhao;
    MoveJ  Offs(p1,0,0,30),  v200,  fine,  tool0;
```

```
MoveL  p1,  v30,  fine,  tool0;
WaitTime  1;
Set  DO03;
WaitTime  1;
MoveL  Offs(p1,0,0,30),  v200,  fine,  tool0;
MoveJ  pgd2,  v200,  fine,  tool0;
MoveL  Offs(p2,0,0,30),  v200,  fine,  tool0;
MoveL  p2,  v30,  fine,  tool0;
WaitTime  1;
Reset  DO03;
WaitTime  1;
MoveL  Offs(p2,0,0,30),  v200,  fine,  tool0;
MoveJ  pgd2,  v200,  fine,  tool0;
MoveJ  pgd3,  v200,  fine,  tool0;
MoveJ  Offs(p10,0,0,30),  v50,  fine,  tool0\Wobj:=Wobj1;
MoveL  p10,  v50,  fine,  tool0\Wobj:=Wobj1;
WaitTime  1;
Set  DO03;
WaitTime  1;
MoveL  Offs(p10,0,0,50),  v50,  fine,  tool0\Wobj:=Wobj1;
MoveJ  pgd3,  v100,  fine,  tool0;
MoveL  Offs(p20,0,0,50),  v100,  fine,  tool0;
MoveL  p20,  v30,  fine,  tool0;
WaitTime  1;
Reset  DO03;
WaitTime  1;
MoveL  Offs(p20,0,0,50),  v100,  fine,  tool0;
MoveJ  pgd3,  v100,  fine,  tool0;
WaitTime  1;
Set  DO29;
Set  DO28;
WaitDI  28;
Reset  DO29;
WaitTime  1;
Reset  DO28;
MoveL  Offs(p30,0,0,50),  v100,  fine,  tool0;
MoveL  p30,  v30,  fine,  tool0;
WaitTime  1;
Set  DO03;
WaitTime  1;
```

```
MoveL  Offs(p30,0,0,50)，  v100，  fine，  tool0；
MoveJ  Offs(p40,0,0,50)，  v100，  fine，  tool0；
MoveL  p40，  v30，  fine，  tool0；
WaitTime  1；
Reset  DO03；
WaitTime  1；
Set  DO30；
MoveL  Offs(p40,0,0,50)，  v100，  fine，  tool0；
MoveJ  pgd3，  v100，  fine，  tool0；
MoveJ  Offs(p2,0,0,50)，  v200，  fine，  tool0；
MoveL  p2，  v30，  fine，  tool0；
WaitTime  1；
Set  DO03；
WaitTime  1；
MoveL  Offs(p2,0,0,50)，  v200，  fine，  tool0；
MoveJ  pgd3，  v200，  fine，  tool0；
MoveJ  Offs(p50,0,0,50)，  v100，  fine，  tool0；
MoveL  p50，  v30，  fine，  tool0；
WaitTime  1；
Reset  DO03；
WaitTime  1；
MoveL  Offs(p50,0,0,50)，  v100，  fine，  tool0；
MoveAbsJ  phome，  v200，  fine，  tool0；
fangxipan；
qujiazhua；
MoveJ  pgd4，  v200，  fine，  tool0；
WaitTime  1；
Set  DO02；
Reset  DO30；
WaitTime  1；
MoveJ  Offs(p60,0,0,50)，  v200，  fine，  tool0；
MoveL  p60，  v30，  fine，  tool0；
WaitTime  1；
Reset  DO02；
WaitTime  1；
MoveL  Offs(p60,0,0,50)，  v200，  fine，  tool0；
MoveJ  pgd4，  v200，  fine，  tool0；
MoveJ  Offs(p70,0,0,50)，  v200，  fine，  tool0；
MoveL  p70，  v30，  fine，  tool0；
WaitTime  1；
```

```
    Set   DO02;
    WaitTime  1;
    MoveL  Offs(p70,0,0,50),  v200,  fine,  tool0;
    MoveJ  pgd4,  v200,  fine,  tool0;
    fangjiazhua;
ENDPROC
```

注：

　　p1——小件在传送带的位置；

　　p2——小件搬运后所处的位置；

　　p10——大件在斜面的位置（默认斜面处有工件，正面朝下）；

　　p20——大件从斜面搬运至平面的位置；

　　p30——大件翻转后所处的位置；

　　p40——大件装配的位置；

　　p50——小件装配的位置；

　　p60——大件、小件装配完成的位置；

　　p70——已装配好的工件最终位置。

二、PLC 程序编写流程

　　① I/O 地址输入，I/O 地址输入分配如表 8-2-1 所示。

表 8-2-1　I/O 地址输入分配表

序号	功能名称	I/O 模块地址	PLC 地址	机器人地址
1	旋转气缸左限位	I11.0	Q21.0	DI28
2	旋转气缸右限位	I11.1	Q21.1	DI29
3	装配夹紧到位	I11.2	Q21.2	DI30
4	旋转夹紧到位	I11.3	Q21.3	DI31

　　② I/O 地址输出，I/O 地址输出分配如表 8-2-2 所示。

表 8-2-2　I/O 地址输出分配表

序号	功能名称	机器人地址	PLC 地址	I/O 模块地址
1	旋转电磁阀	DO28	I21.0	Q11.0
2	旋转夹紧电磁阀	DO29	I21.1	Q11.1
3	装配夹紧电磁阀	DO30	I21.2	Q11.2

　　③ 编写程序。

三、触摸屏程序编写流程

① 功能规划。

② 使用触摸屏编程软件,新建项目。

③ 新建通信。

④ 绘制画面。

四、PLC 程序下载

① 设置电脑 IP 地址;

② 使用网线,连接电脑与 PLC;

③ 下载 PLC 程序。

五、配置 I/O 模块

① 背面的开关拨到 Init,面板指示变为红色;

② 扫描通信端口;

③ 扫描 I/O 模块;

④ 设置 IP 地址,通信 ID;

⑤ 单击更新,配置完之后,点击更新按键,然后将模块开关拨到 Normal 模式并重新上电;

⑥ 设置触摸屏 IP 地址:192.168.1.12;

⑦ 下载触摸屏程序。

六、装配工作站运行

(1) 手动运行

① 在夹具库 1 层 1 列放置一块大物料,在对中台处放置一块小物料,检查二连件压力表的气压在 0.4~0.6MPa;

② 将控制柜模式选择旋钮转到手动模式;

③ 调整运行速度,然后点击"程序编辑器",进入程序编辑界面;

④ 点击程序编辑界面下方的"调试"(调试:用于打开或收起调试菜单);

⑤ 点击"PP 移至例行程序…";

⑥ 在程序列表中选择待运行程序,点击"确定";

⑦ 按下使能按钮并保持在第一挡,使得工业机器人处于"电机开启状态";

⑧ 按压"前进一步"按钮,逐步运行装配程序。每按压一次,只执行一行;完成程序的单步调试后,可保持按下使能按钮第一挡,按压"启动"按钮,进行程序的连续运行。

(2) 自动运行

① 进行程序自动运行之前程序一定经过手动运行验证,注意程序中设定的速度,最好设定在 V100 以下,自动状态是按照程序中的设置全速运行;

② 在控制柜面板上通过钥匙将模式选择旋钮转到自动状态;

③ 按一下控制柜面板上的电机启动按钮，按钮常亮；

④ 单击 PP 移至 Main；

⑤ 按一下示教器启动按钮，机器人自动运行。

📝 模块综合测试

一、单项选择题

1. 以下选项中是常用内六角扳手套件规格的是（　　）。

　　A.1.5、2、2.5、3、4、5、7、8、10　　　B.1.5、2、2.5、3、4、5、6、8、10

　　C.1、2、2.5、3、4.5、5、6、8、10　　　D.1、2、2.5、3、4、5、6、8、10

2. 在工业机器人的焊接实际应用场景中，如果出现焊缝外观及强度与标准相差过大，则优先使用（　　）进行故障排除。

　　A. 参数检查法　　　B. 直观检查法　　　C. 部件替换法　　　D. 隔离法

3. 一般地，阻尼器的检查周期是（　　）。

　　A. 经常检查　　　　　　　　　　　B.12 个月

　　C. 取决于工业机器人的相关活动　　D.6 个月

4. 下列标示中，表示"移动部件危险，保持双手远离"是（　　）。

A.　　　　　　　　B.　　　　　　　　C.　　　　　　　　D.

5. 下列属于摆动运动结构的是（　　）。

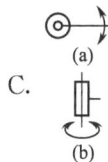

A.　　　　　　　　B.　　　　　　　　C. (a) (b)　　　　　　　　D.

6. 在自动运行程序时要将控制柜的钥匙打到（　　）挡位。

　　A. AUTO　　　　　　B. T1　　　　　　C. T2　　　　　　D. T3

7. 下列关于电气符号正确的是（　　）。

　　A. 图形符号　　　B. 文字符号　　　C. 项目代号　　　D. 以上都是

8. 普通游标卡尺的精度可精确到（　　）。

　　A.0.01mm　　　　B.0.1mm　　　　C.1mm　　　　D.10mm

9. 以下关于工业机器人驱动装置中气动驱动控制性能的描述，错误的选项是（　　）。

　　A. 精度低　　　　　　　　　　　B. 低速不易控制

　　C. 气体压缩性大　　　　　　　　D. 阻尼效果好

10. 随着人工智能技术及数据库技术的不断发展，（　　）编程语言必将取代其他语言而成为工业机器人语言的主流，使得工业机器人的编程应用变得十分简单。

　　A. 对象级　　　　B. 任务级　　　　C. 以上都是　　　　D. 动作级

二、判断题

1. 进行程序自动运行之前，一定要经过手动运行验证，注意程序中设定的速度，最好设定在 V100 以下，自动状态是按照程序中的设置全速运行的。　　　　　（　　）

2. 装配模块内部气路已连接完毕，只需要将气管与台体上的气路模块连接后就可以正常使用。　　　　　（　　）

3. 装配模块是由原料台、翻料机构、装配台组成。　　　　　（　　）

4. 程序编译好后速率可调至 100% 再试运行。　　　　　（　　）

模块9

工业机器人焊接工作站

📖 模块导读

焊接机器人是指在工业领域从事焊接工序的专业工作的机器人，其中包括切割和喷涂。焊接机器人在该领域有明显的优势：能够合理地提高焊接的质量水平；提高生产效率；降低对生产工人的技术要求；全面实现了焊接过程自动化，为以后的各项生产技术打好有利的技术基础。

✳️ 思维导图

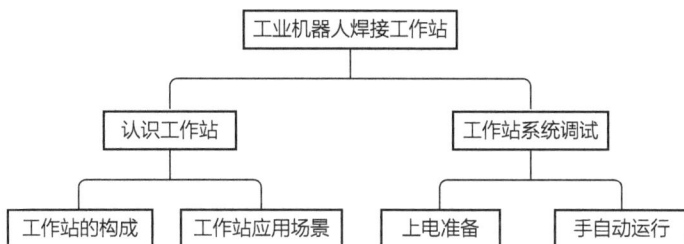

思政课堂

焊花中的生命守护：焊接工作站的安全启示录

单元1　焊接工作站机械安装与电气连接

🌐 学习目标

知识目标

（1）了解焊接工作站；

（2）掌握识读机械图纸、电气原理图方法。

技能目标

（1）根据机械装配图及工艺卡，使用正确工具安装；

（2）能根据电气原理图，完成模块的电气连接；

（3）能设定工业机器人运行模式。

素质目标

学生要胸怀匠心，蓄积敢于创新的闯劲。拥抱创新，才能推动技艺发展，不断开掘新的道路。

一、焊接工作站的构成

典型的焊接工作站主要包括：焊接机器人系统（本体、控制柜、示教器）、焊接电源系统（焊机、送丝机、焊枪、焊丝盘支架）、焊枪防碰撞传感器、变位机、焊接工装系统（机械、电控、气动/液压）、清枪器、控制系统（PLC控制柜、HMI触摸屏、操作台）、安全系统（围栏、安全光栅、安全锁）和排烟除尘系统（自净化除尘设备、排烟罩、管路）等，如图9-1-1。

图 9-1-1 焊接工作站构成
1—变位机；2—伺服电机；3—夹具库

1. 外围控制单元

外围控制单元主要由 PLC，触摸屏等外围控制元件组成。PLC 负责外围逻辑指令的处理以及与机器人的通信，触摸屏负责人机交互。

2. 变位机模块

变位机模块（图 9-1-2）是由焊接台、伺服电机驱动装置、翻转装置组成。在焊接前和焊接过程中，变位机通过夹具来装夹和定位被焊工件，伺服电机转动，带动焊接定位装置做旋转运动，完成机器人模拟焊接等实训任务。

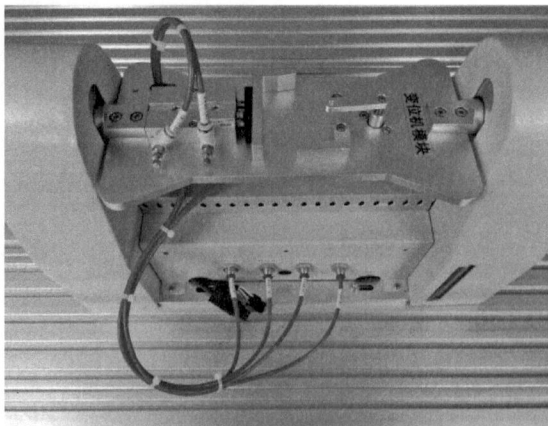

图 9-1-2 变位机模块

3. 气动系统

气动模块（图 9-1-3）由工件夹紧气缸和固定气缸组成。

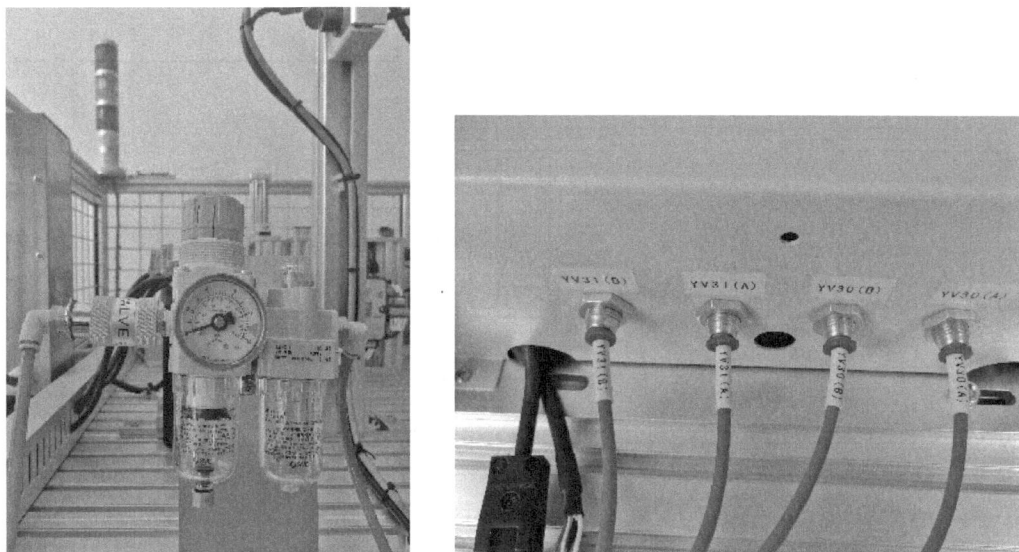

图 9-1-3　气动模块

4. 安全系统

焊接工作站的安全系统由围栏、安全锁等安全器件提供安全保护。

二、焊接工作站的应用场景

焊接机器人在汽车及零、部件领域的应用最为广泛且成熟，在汽车生产的冲压、焊装、喷涂、总装四大生产工艺过程中都有广泛应用，而其中应用最多的是弧焊和点焊。在汽车及零部件、摩托车、工程机械制造等行业，焊接机器人亦有广泛的应用，其工作场景如图 9-1-4 所示。

图 9-1-4　焊接工作站应用场景

三、机械安装流程

① 识读机械图纸，焊接模块机械图纸如图 9-1-5 所示。

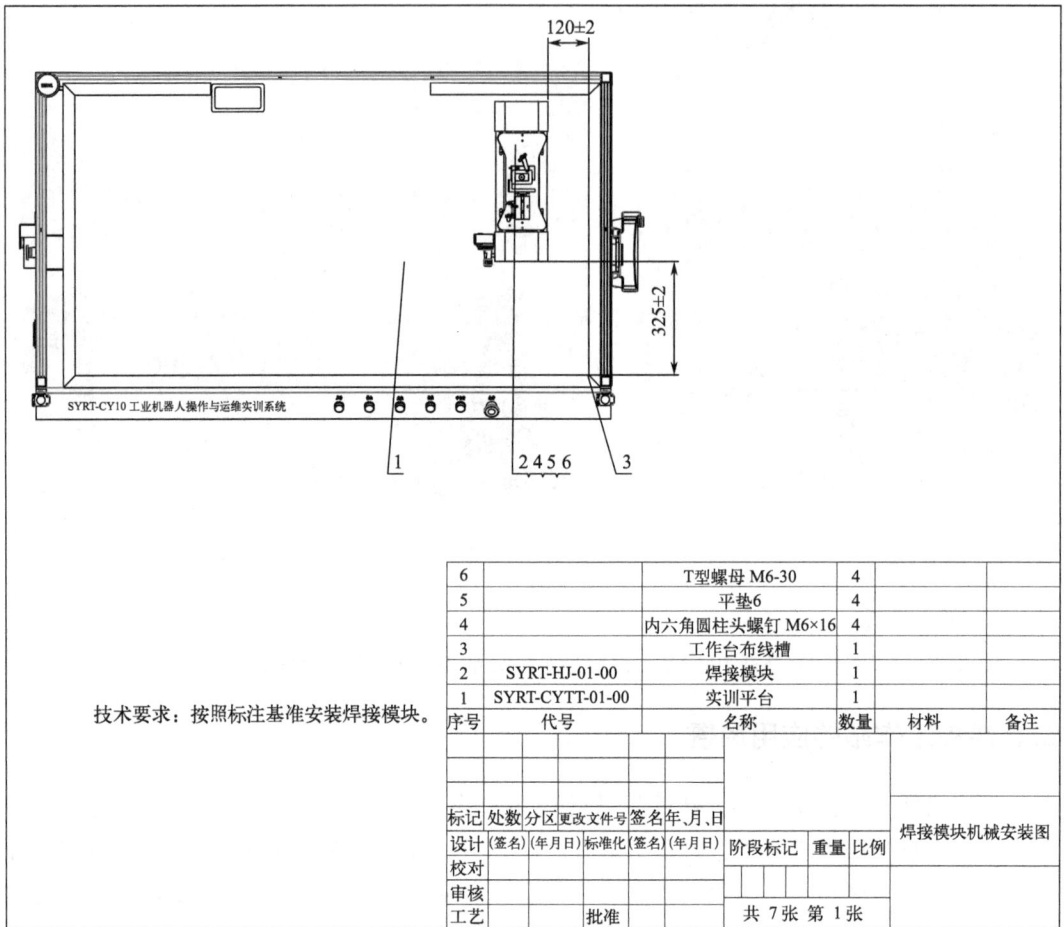

6		T型螺母 M6-30	4		
5		平垫6	4		
4		内六角圆柱头螺钉 M6×16	4		
3		工作台布线槽	1		
2	SYRT-HJ-01-00	焊接模块	1		
1	SYRT-CYTT-01-00	实训平台	1		
序号	代号	名称	数量	材料	备注

技术要求：按照标注基准安装焊接模块。

标记	处数	分区	更改文件号	签名	年、月、日			焊接模块机械安装图
设计	(签名)	(年月日)		标准化	(签名)	(年月日)	阶段标记	重量	比例	
校对								
审核								
工艺			批准				共 7 张　第 1 张	

图 9-1-5　焊接模块机械图纸（附录 9）

② 准备装备部件，装备部件包括：焊接模块、电源/气路模块。

③ 实施安装。

四、电气连接

① 识读电气原理图，焊接模块电气图如图 9-1-6。

② 准备模块及材料

a. 焊接模块内部电气连接已连接完毕，现只需要将网线与台体上的交换机连接；电源连接线和台体上的电源模块连接。

b. 焊接模块电气连接所需耗材有模块连接电缆与模块连接网线。

③ 实施安装。

24.21/4.0

0.21/4.0

24V

0V

−SQ30
焊接夹紧
到位
BR
BU

−SQ31
焊接压紧
到位
BR
BU

3100

3101

1.4/24.2

1.6/0.2

−K30
Rack X
Solt Y

DT0-SOM
14

DT0
112.0
15
焊接夹紧到位

DT1
112.1
16
焊接压紧到位

DT2
17
112.2

DT3
18
112.3

DT4
19
112.4

DT5
20
112.5

DT6-TOM
1

DT6
2
112.6

DT7
3
112.7

INPUT BYTE X 以太网IO 信号采集模块 BBS STEP

焊接夹紧到位 焊接压紧到位

2								4
		设计					=SXPT	
		日期					+HJ	
		审核			SYRT-CY10			
修改	日期	姓名	日期		工业机器人实训系统(ABB)	PLC开关量输入	页数 3	
							页 38/43	

焊接夹紧电磁阀 焊接压紧电磁阀

−K30
/2.0
Rack X
Solt Y

OUTPUT BYTE X 以太网IO 信号采集模块 BBS STEP

焊接夹紧电磁阀 焊接压紧电磁阀

Q12.0 Q12.1 Q12.2 Q12.3

4
RL 0 NO

5
RL 0 COM

6
RL 1 NO

7
RL 1 COM

8
RL 2 NO

9
RL 2 ON

10
RL 3 COM

11
RL 3 ON

3200 24V 3201 24V

3.9/24.21

3.9/0.21

−YV30
焊接夹紧电磁阀
x1
x2

−YV31
焊接压紧电磁阀
x1
x2

+PGDM/1

3								
		设计					=SXPT	
		日期					+HJ	
		审核			SYRT-CY10			
修改	日期	姓名	日期		工业机器人实训系统(ABB)	PLC开关量输出	页数 4	
							页 39/43	

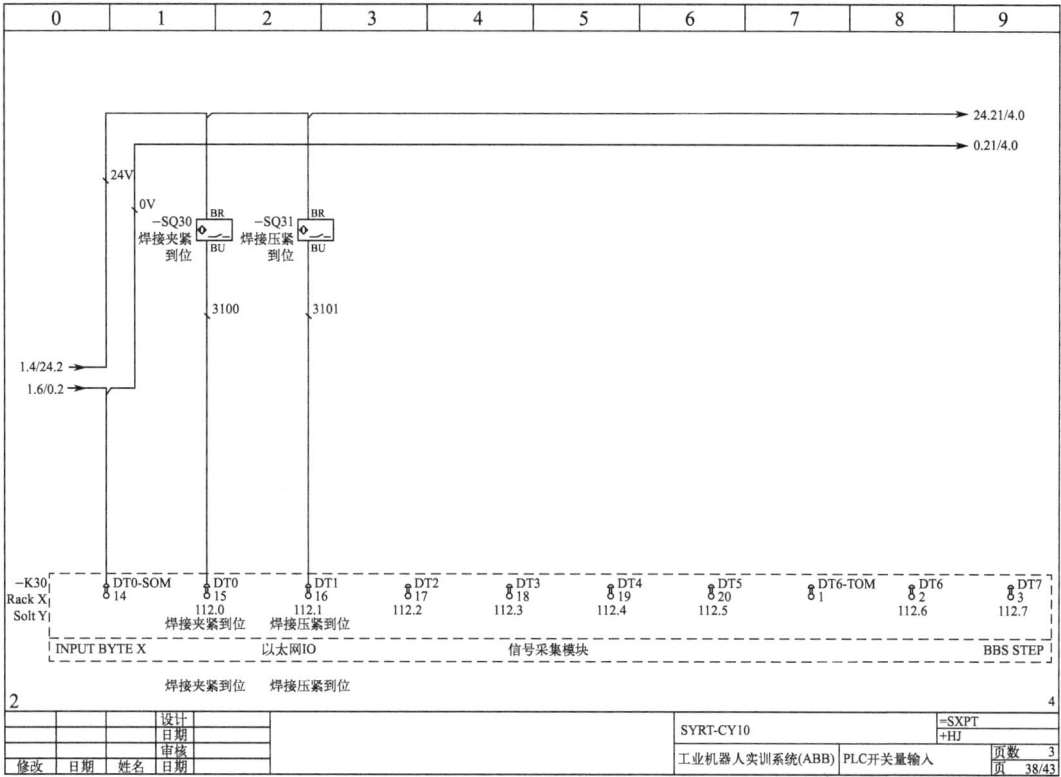

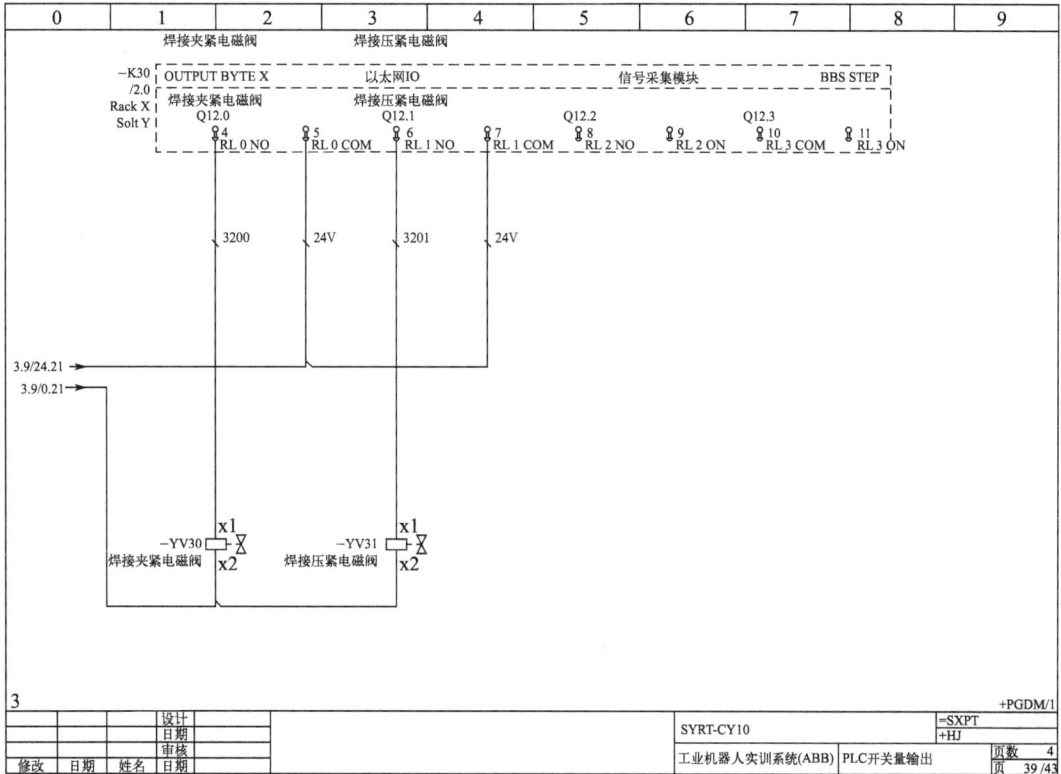

图 9-1-6 焊接模块电气图

五、气动连接

① 识读气动图纸，焊接模块气动原理图如图 9-1-7。

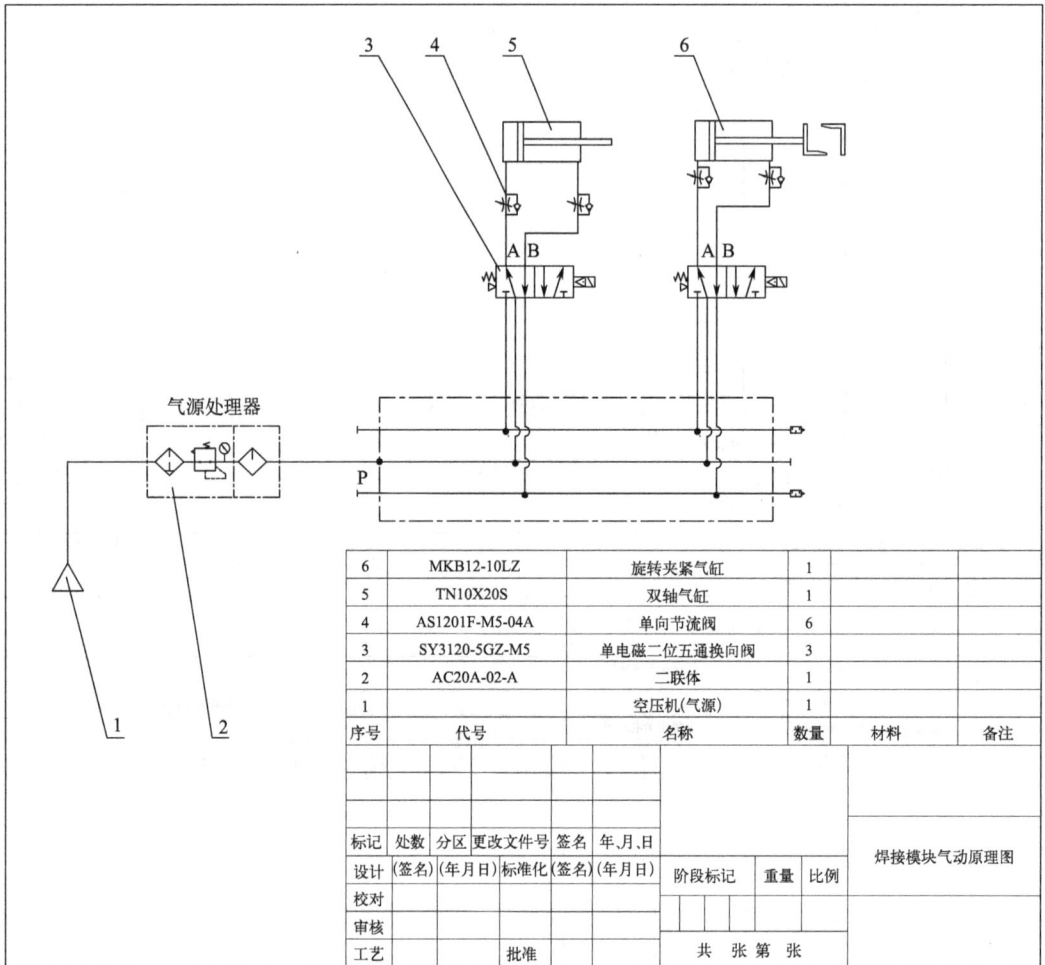

6	MKB12-10LZ	旋转夹紧气缸	1		
5	TN10X20S	双轴气缸	1		
4	AS1201F-M5-04A	单向节流阀	6		
3	SY3120-5GZ-M5	单电磁二位五通换向阀	3		
2	AC20A-02-A	二联体	1		
1		空压机(气源)	1		
序号	代号	名称	数量	材料	备注

图 9-1-7　焊接模块气动原理图（附录 10）

② 准备消耗材料实施安装。

单元 2　焊接工作站系统调试

🌀 **学习目标** ∙∙

知识目标

（1）熟悉装配工作站的上电准备流程；

（2）掌握工作站 PLC、机器人、触摸屏、编程编写方法；

（3）掌握工作站 I/O 模块配置方法；

（4）熟悉工作站手动、自动运行流程。

技能目标

（1）能够正确上电操作；

（2）能实现工作站 PLC 编程下载；

（3）能实现工作站机器人编程下载；

（4）能实现工作站触摸屏编程下载；

（5）能够正确配置工作站 I/O 模块。

素质目标

学生要在学习中弘扬劳动精神，教育引导学生崇尚劳动、尊重劳动，懂得劳动最光荣、劳动最崇高、劳动最伟大、劳动最美丽的道理，长大后能够辛勤劳动、诚实劳动、创造性劳动。

一、焊接工作站机器人程序编写

焊接工作站主程序流程如图 9-2-1。

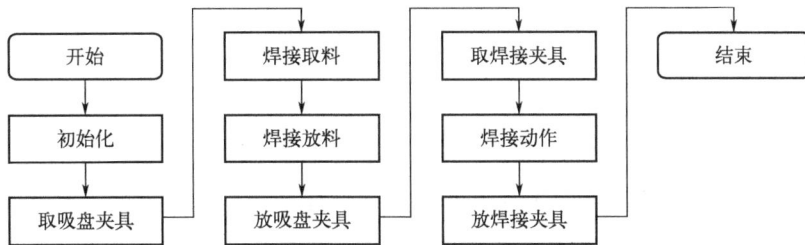

图 9-2-1　焊接工作站机器人主程序流程图

二、PLC 程序编写

① I/O 地址输入分配如表 9-2-1 所示。

表 9-2-1　I/O 地址输入分配

序号	功能名称	机器人地址	PLC 地址	IO 模块地址
1	焊接夹紧电磁阀	DO36	I22.0	Q12.0
2	焊接压紧电磁阀	DO37	I22.1	Q12.1

② I/O 地址输出分配如表 9-2-2 所示。

表 9-2-2　I/O 地址输出分配

序号	功能名称	机器人地址	PLC 地址
1	0^0 位置	DO76	I24.0
2	30^0 位置	DO77	I24.1

③ 打开 PLC 编程软件编写程序。

三、PLC 程序下载

① 设置电脑 IP 地址；
② 使用网线，连接电脑与 PLC；
③ 下载 PLC 程序。

四、配置 I/O 模块

① I/O 模块背面的开关拨到 Init，面板指示变为红色；
② 扫描通信端口；
③ 扫描 I/O 模块；
④ 设置 IP 地址，通信 ID；
⑤ 单击更新，配置完之后，点击更新按键，然后将模块开关拨到 Normal 模式并重新上电；
⑥ 设置触摸屏 IP 地址：192.168.1.12；
⑦ 下载触摸屏程序。

五、焊接工作站运行

（1）手动运行
① 在夹具库 2 层 1 列放置一块大物料，检查二连件压力表的气压在 0.4～0.6MPa；
② 将控制柜模式选择旋钮转到手动模式；
③ 调整运行速度，然后点击"程序编辑器"，进入程序编辑界面；
④ 点击程序编辑界面下方的"调试"（调试：用于打开或收起调试菜单）；
⑤ 点击"PP 移至例行程序…"；
⑥ 在程序列表中选择待运行程序，点击"确定"；
⑦ 按下使能按钮并保持在第一挡，使得工业机器人处于"电机开启状态"；
⑧ 按压"前进一步"按钮，逐步运行焊接程序，每按压一次，只执行一行，完成程序的单步调试后，可保持按下使能按钮第一挡，按压"启动"按钮，进行程序的连续运行。
（2）自动运行
① 进行程序自动运行之前程序一定经过手动运行验证，注意程序中设定的速度，最好设定在 V100 以下，自动状态是按照程序中的设置全速运行；
② 在控制柜面板上通过钥匙将旋钮打到自动状态；
③ 按一下控制柜面板上的白色电机启动按钮，按钮常亮；
④ 单击 PP 移至 Main；
⑤ 按一下示教器启动按钮，机器人自动运行。

一、单项选择题

1. 关于操作使用工业机器人时操作人员需要注意的事项，以下说法错误的是（   ）。

   A. 不要强制扳动、悬吊、骑坐在工业机器人上，以免发生人身伤害或者设备损坏

   B. 操作人员和工业机器人控制柜、操作盘、工件及其他的夹具等接触，不会发生人身伤害

   C. 通电中，未受培训的人员接触工业机器人控制柜和示教编程器时，误操作不会导致人身伤害或者设备损坏

   D. 禁止倚靠在工业机器人或其他控制柜上，不要随意按动开关或者按钮，否则会发生意想不到的动作，造成人身伤害或者设备损坏

2. 以下哪种情况不属于 ABB 工业机器人需要更新转数计数器的情况（   ）。

   A. 在断电状态下，工业机器人的关节轴发生移动时

   B. 当系统报警提示"50028 微动控制方向错误"时

   C. 在转数计数器与测量板之间断开过之后

   D. 当系统报警提示"10036 转数计数器未更新"时

3. （   ）主要指主控制器、伺服单元、安全单元、输入/输出装置等电子电路发生的故障。

   A. 强电故障   B. 弱电故障   C. 自身故障   D. 机械故障

4. 系统性故障是指只要满足一定的条件或超过某一设定，工作中的工业机器人必然会发生的故障。下列哪种情况下，不会引起系统性故障（   ）。

   A. 连接插头没有拧紧时

   B. 工业机器人检测到力矩等参数超过理论值时

   C. 工业机器人在工作时力矩过大或焊接时电流过高超过某一限值时

   D. 电池电量不足或电压不够时

5. 在进行工业机器人编程时，需要描述物体在三维空间中的运动方式，为了便于描述，需给工业机器人及其系统中的其他物体建立一个基础坐标系，这个坐标系被称为（   ）。

   A. 工具坐标系   B. 关节坐标系

   C. 世界坐标系（大地坐标系）   D. 用户坐标系

6. 在工业机器人语言操作系统的监控状态下，操作者可以用（   ）定义工业机器人在空间的位置、设置工业机器人的运动速度、存储或调出程序等。

   A. 控制柜   B. 控制器

   C. 示教器（示教盒）   D. 计算器

7. 在博途软件中，下列哪个选项是将 PLC 程序下载到 PLC 设备的（   ）。

   A. ▢   B. ▢   C. ▢   D. 以上都不是

8. 进行工业机器人日常检查及维护时，带有气压组件的检查项目和有空气 2 点套件的检查项目有所不同。下列选项中，哪项检查项目不是带有气压组件的检查项目（   ）。

   A. 确认供应压力   B. 泄水的确认

   C. 确认干燥器   D. 配管有无泄漏

9. 大多数工业机器人编程语言含有（　　　）功能，以便能够在程序开发和调试过程中每次只执行一条单独语句。

  A. 追踪   B. 中断   C. 仿真   D. 重启

10.（　　　）是一种从继电接触控制电路图演变而来的图形语言。它是借助类似于继电器的动合、动断触点、线圈以及串、并联等术语和符号，根据控制要求联接而成的表示PLC输入和输出之间逻辑关系的图形，直观易懂。

  A. 流程图   B. 指令语句表

  C. 梯形图   D. 时序图

二、多项选择题

1. 下面哪些选项是工业机器人机构中经常使用的关节类型（　　　）。

  A. 转动关节   B. 移动关节

  C. 球面关节   D. 虎克铰关节

2. 动作级编程语言又可以分为（　　　）。

  A. 自主编程   B. 复杂编程

  C. 末端执行器级编程   D. 关节级编程

3. 经过专门培训的人员操作使用工业机器人时需要注意以下哪些事项（　　　）。

  A. 作为防止发生危险的手段，操作工业机器人时需带好工具箱

  B. 在工厂内，为了确保安全，需注意"严禁烟火""高电压""危险"等标示。当电气设备起火时，使用泡沫灭火器，切勿使用二氧化碳灭火器

  C. 避免在工业机器人周围做出危险行为，接触工业机器人或周边机械有可能造成人身伤害

  D. 工业机器人安装的场所除操作人员以外，其他人员不能靠近

4. 阅读工作站图纸应达到以下哪些基本要求（　　　）。

  A. 了解个零部件的材料、结构形状、尺寸以及零部件间的装配关系，装拆顺序

  B. 根据设备中各零部件的主要形状、结构和作用，进而了解整个设备的结构特征和工作原理

  C. 了解设备上气动元件的原理和数量

  D. 了解设备在设计、制造、检验和安装等方面的技术要求

5. 以下哪些故障属于工业机器人软件故障（　　　）。

  A. 集成电路芯片发生故障

  B. 系统参数改变（或丢失）

  C. 工业机器人外部扩展通信模块插接不牢固

  D. 加工程序出错

模块10

工业机器人抛光打磨工作站

模块导读

抛光打磨工作站是以一台工业机器人、一台抛光机（自动位置补偿功能、砂带断裂报警功能、自动抛光离线编程软件）全自动控制、可重复编辑、能在三维空间里完成各种抛光作业。在进行复杂曲面工件抛光加工时比普通机械式抛光加工和手工抛光更能保证加工工件表面质量，加工出来的产品具备高度的质量一致性，而且加工效率大大提高。

适用范围：汽车零部件、高铁车厢、轮船船身、卫浴洁具产品、五金件、手机金属壳、平板电脑金属壳……等各种冲压件、压铸件打磨抛光。

思维导图

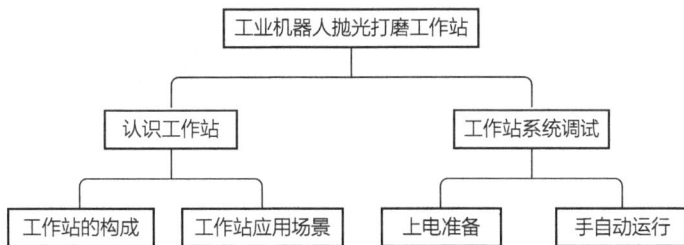

思政课堂

金属表面的精神图腾：抛光打磨工作站中的破壁者传奇

单元1　抛光打磨工作站机械安装与电气连接

学习目标

知识目标

（1）掌握抛光打磨工作站相关工作原理；

（2）掌握识读机械图纸、电气原理图、气动原理图的知识。

技能目标

（1）能安装工业机器人抛光打磨末端执行器；

（2）能依据技术文件，选用和安装抛光打磨工作站供气供电单元等模块；

（3）能进行抛光打磨机器人程序的编写；

（4）能进行抛光打磨 PLC 程序的编写；

（5）能进行触摸屏的编程。

素质目标

培养学生形成爱岗敬业、争创一流、艰苦奋斗、勇于创新、淡泊名利、甘于奉献的劳模精神，崇尚劳动、热爱劳动、辛勤劳动、诚实劳动的劳动精神，执着专注、精益求精、一丝不苟、追求卓越的工匠精神。

一、抛光打磨工作站的构成

抛光打磨工作站（图 10-1-1）是现代工业机器人众多应用中的一种，用于替代传统人工进行工件的打磨抛光工作，主要用于工件的表面打磨、棱角去毛刺、焊缝打磨、内腔内孔、去毛刺、孔口螺纹口加工等工作。抛光打磨工作站可以在计算机的控制下实现连续轨迹控制和点位控制。通过集成力觉、视觉等传感器可以进一步提高抛光打磨的质量与一致性。

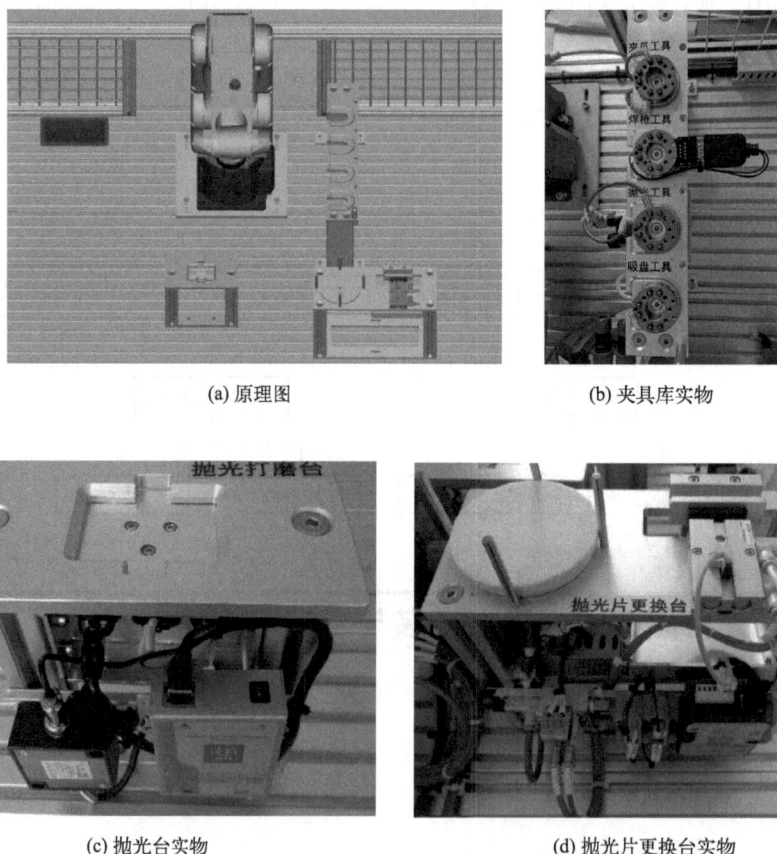

(a) 原理图　　　　　　　　　　　　(b) 夹具库实物

(c) 抛光台实物　　　　　　　　　　(d) 抛光片更换台实物

图 10-1-1　抛光打磨工作站原理及实物图

1. 外围控制单元

外围控制单元主要由 PLC，触摸屏等外围控制元件组成。PLC 负责外围逻辑指令的处理以及与机器人的通信；触摸屏负责人机交互。

2. 抛光打磨模块

抛光打磨模块（图 10-1-2）由原料台、翻料机构、装配台组成。翻料机构将工件翻转180°，机器人从原料台吸取物料放置在翻转台工件上，然后再将工件吸取到装配台上。

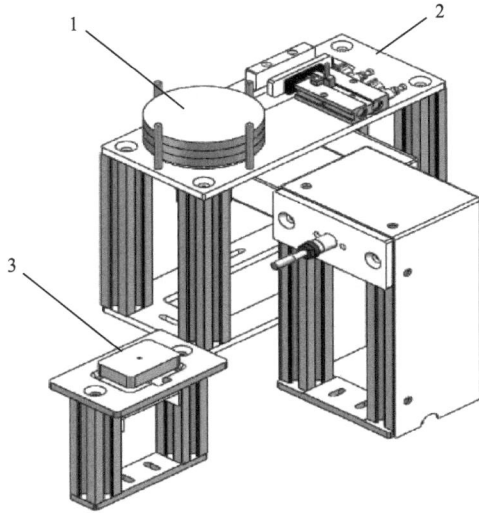

图 10-1-2　抛光打磨模块

1—抛光片；2—抛光片更换装置；3—抛光台

3. 气动系统

抛光打磨工作站采用气动磨光机对工件进行抛光打磨作业，抛光片更换台的气动系统如图 10-1-3 所示，由顶出气缸组成。

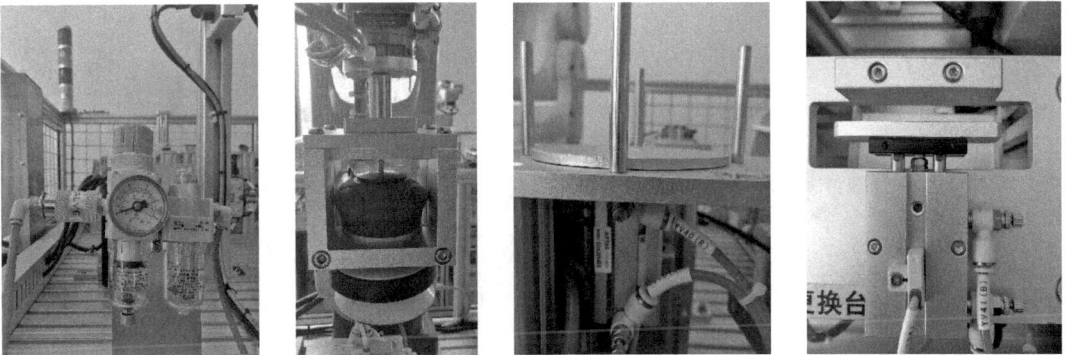

图 10-1-3　气动系统

4. 安全系统

抛光打磨工作站的安全系统由围栏、安全锁等安全器件提供安全保护，使抛光打磨工作站在运行。

二、抛光打磨工作站的应用场景

随着工业机器人的发展及抛光打磨车间恶劣的环境，抛光打磨机器人可以让生产工人远离有害的工作环境，同时也有利于工厂提高抛光打磨工序的生产效率、降低工人工作强度、提升工厂的竞争力、提高产品的质量、促进产业转型和升级，更有助于提高整个社会生产的自动化水平。目前抛光打磨机器人在各大行业都有广泛的应用，如汽车制造业、卫浴用品、厨房用品、五金家具、3C 产业等。抛光打磨工作站的一些应用场景如图 10-1-4 所示。

图 10-1-4　抛光打磨工作站应用场景

三、机械安装流程

① 识读机械图纸，抛光打磨机械图纸如图 10-1-5 所示。

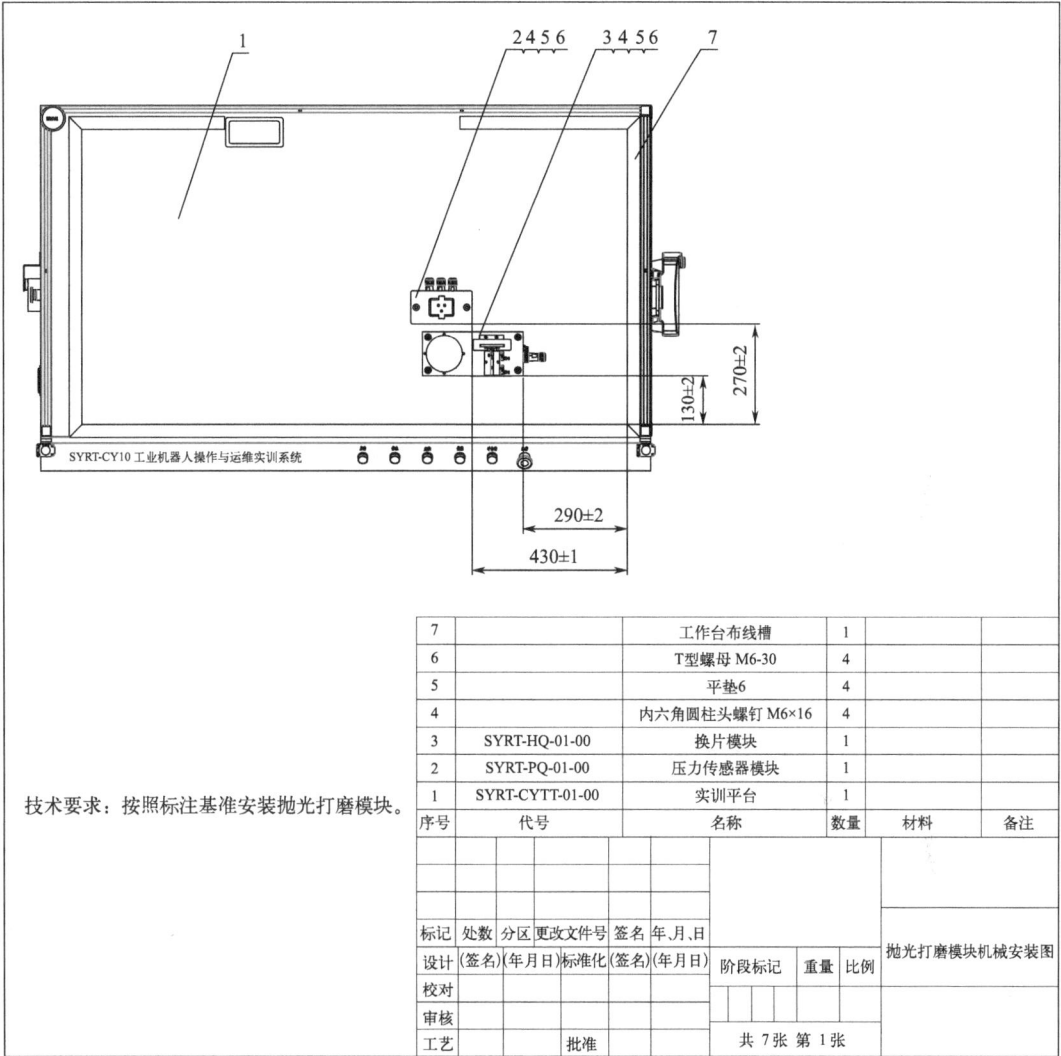

图纸中标注：2 4 5 6 / 3 4 5 6 / 7 / 1

尺寸标注：270±2、130±2、290±2、430±1

SYRT-CY10 工业机器人操作与运维实训系统

技术要求：按照标注基准安装抛光打磨模块。

7		工作台布线槽	1		
6		T型螺母 M6-30	4		
5		平垫6	4		
4		内六角圆柱头螺钉 M6×16	4		
3	SYRT-HQ-01-00	换片模块	1		
2	SYRT-PQ-01-00	压力传感器模块	1		
1	SYRT-CYTT-01-00	实训平台	1		
序号	代号	名称	数量	材料	备注

标记	处数	分区	更改文件号	签名	年、月、日			抛光打磨模块机械安装图
设计	(签名)	(年月日)	标准化	(签名)	(年月日)	阶段标记	重量	比例
校对								
审核								
工艺			批准			共 7 张 第 1 张		

图 10-1-5　抛光打磨模块机械安装图纸（附录 11）

② 准备模块及工具，抛光打磨模块安装部件包括装配模块、电源/气路模块。
③ 实施安装。

四、电气连接流程

① 识读电气原理图，如图 10-1-6 与图 10-1-7 所示。
② 准备模块及工具，连接电缆与网线。
③ 实施安装。

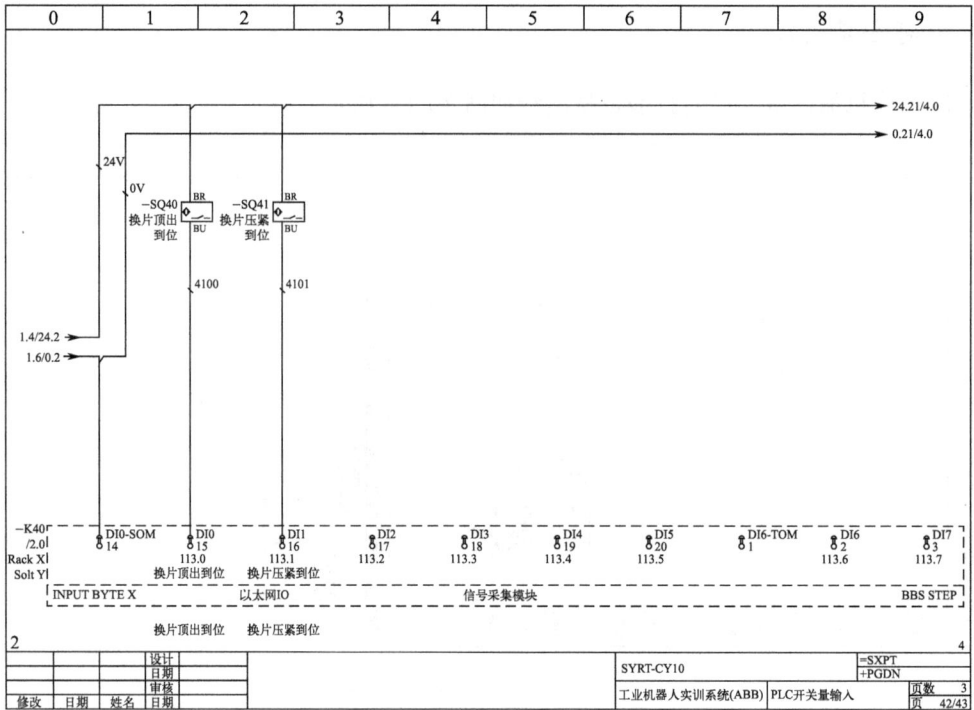

图 10-1-6　电气原理图（一）

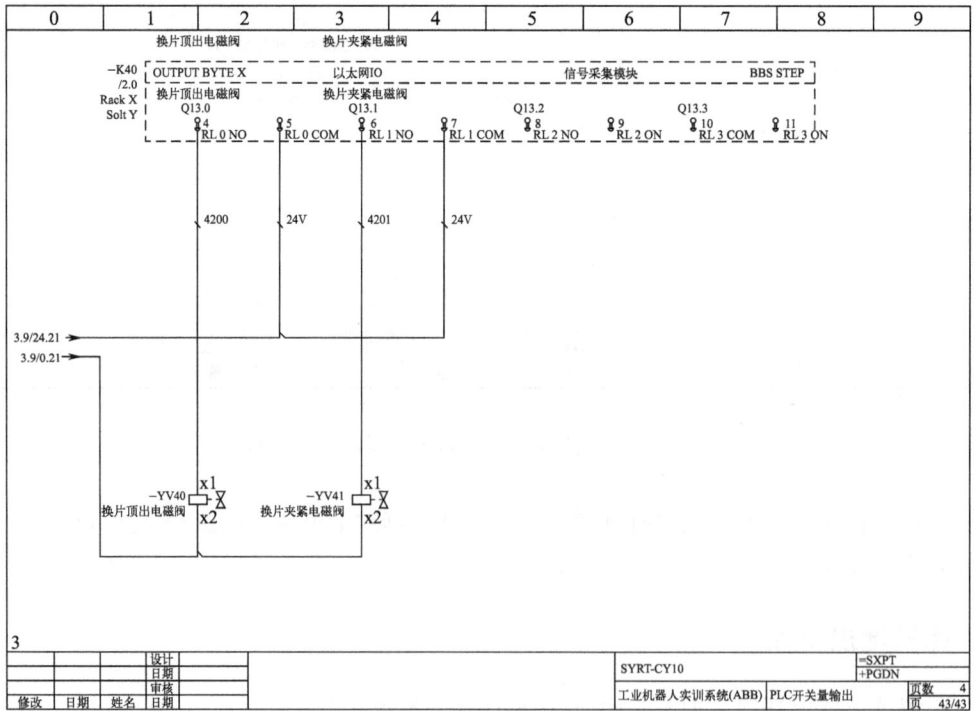

图 10-1-7　电气原理图（二）

五、气路连接流程

① 识读气动图纸，抛光打磨工作站气动图纸如图 10-1-8。

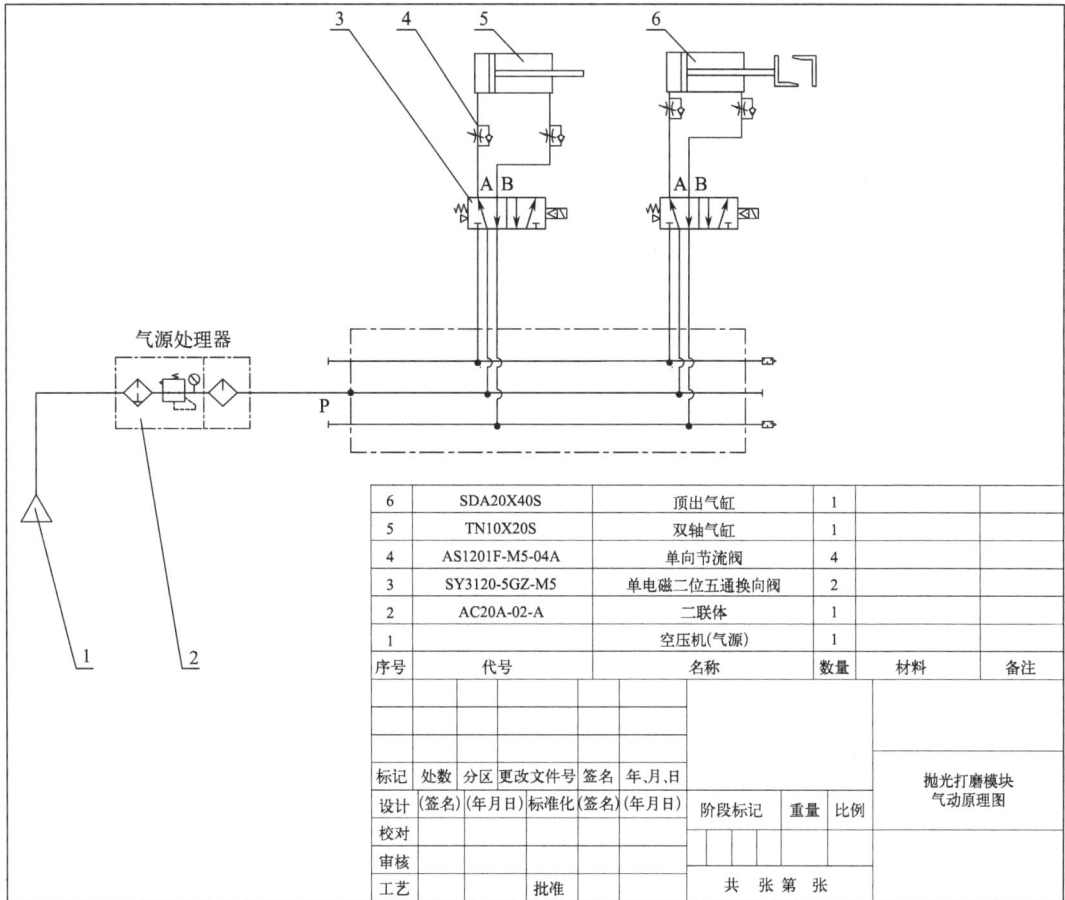

图 10-1-8 抛光打磨模块气动原理图（附录 12）

② 准备消耗材料实施安装。

单元 2　抛光打磨工作站系统调试

🎯 **学习目标** ···

知识目标

（1）掌握抛光打磨工作站的上电流程；

（2）掌握工作站 I/O 模块配置方法；

（3）熟悉工作站 PLC 程序、机器人程序架构；

（4）掌握工作站触摸屏设计方法。

技能目标

（1）能够正确上电；

（2）能够正确编写工作站 PLC 程序、机器人程序、触摸屏程序并掌握其下载方法；

（3）能够实现搬运码垛工作站的手动、自动运行。

素质目标

学生要理解工匠精神首先就是热爱劳动、专注劳动、以劳动为荣的精神。在劳动中体验和升华人生意义与价值，是工匠精神的题中应有之义。

一、抛光打磨工作站机器人程序编写

主程序流程如图 10-2-1 所示。

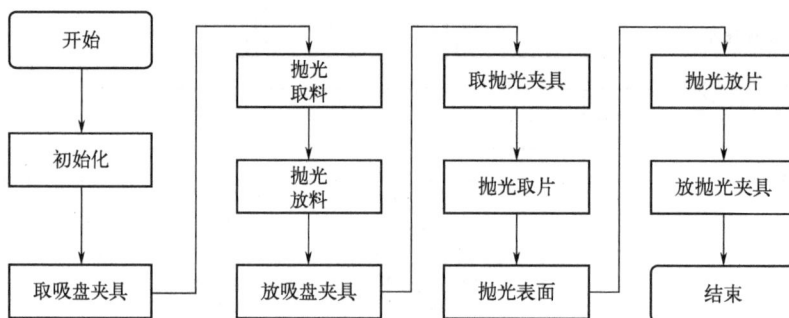

图 10-2-1　抛光打磨工作站主程序流程图

二、PLC 程序编写

① I/O 地址输入分配如表 10-2-1 所示。

表 10-2-1　I/O 地址输入分配

序号	功能名称	I/O 模块地址	PLC 地址	机器人地址
1	换片顶出到位	I14.0	Q24.0	DI44
2	换片夹紧到位	I14.1	Q24.1	DI45

② I/O 地址输出分配如表 10-2-2 所示。

表 10-2-2　I/O 地址输出分配

序号	功能名称	机器人地址	PLC 地址	I/O 模块地址
1	换片顶出电磁阀	DO44	I24.0	Q14.0
2	换片夹紧电磁阀	DO45	I24.1	Q14.1

③ 打开 PLC 编程软件编写程序。

三、PLC 程序下载

① 设置电脑 IP 地址；

② 使用网线，连接电脑与 PLC；

③ 下载 PLC 程序。

四、配置 I/O 模块

① 背面的开关拨到 Init，面板指示变为红色；

② 扫描通信端口；

③ 扫描 I/O 模块；

④ 设置 IP 地址，通信 ID；

⑤ 单击更新，配置完之后，点击更新按键，然后将模块开关拨到 Normal 模式并重新
上电；

⑥ 设置触摸屏 IP 地址：192.168.1.12；

⑦ 下载触摸屏程序。

五、抛光打磨工作站运行

根据机器人程序示教机器人点位，保证机器人安全快速完成抛光打磨流程动作，如
图 10-2-2。

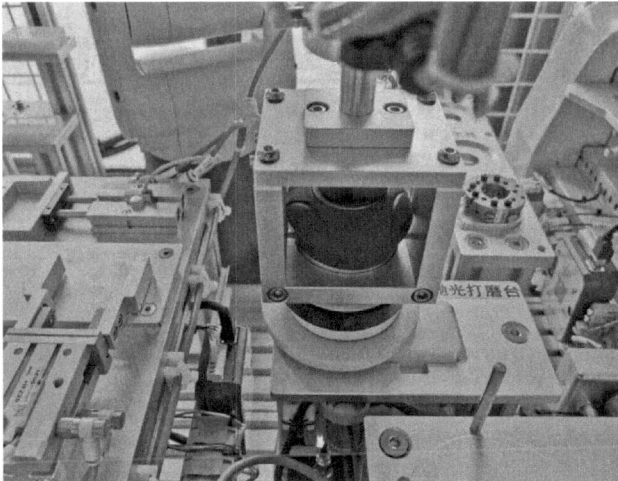

图 10-2-2 示教机器人点位，准备运行

（1）手动运行

① 在夹具库 1 层 1 列放置一块大物料，检查二连件压力表的气压在 0.4～0.6MPa；

② 在打磨抛光台放置一块抛光片；

③ 将控制柜模式选择旋钮转到手动模式；

④ 调整运行速度，然后点击"程序编辑器"，进入程序编辑界面；

⑤ 点击程序编辑界面下方的"调试"（调试：用于打开或收起调试菜单）；

⑥ 点击"PP 移至例行程序…"；

⑦ 在程序列表中选择待运行程序，点击"确定"；

⑧ 按下使能按钮并保持在第一挡，使得工业机器人处于"电机开启状态"；

⑨ 按压"前进一步"按钮，逐步运行抛光打磨程序，每按压一次，只执行一行。完成程序的单步调试后，可保持按下使能按钮第一档，按压"启动"按钮，进行程序的连续运行。

（2）自动运行

① 进行程序自动运行之前程序一定经过手动运行验证，注意程序中设定的速度，最好设定在 V100 以下，自动状态是按照程序中的设置全速运行；

② 在控制柜面板上通过钥匙将旋钮打到自动状态；

③ 按一下控制柜面板上的白色电机启动按钮，按钮常亮；

④ 单击 PP 移至 Main；

⑤ 按一下示教器启动按钮，机器人自动运行。

模块综合测试

一、单项选择题

1. 示教器使用完毕后，务必（　　）。

    A. 放在系统夹具上　　　　　　　　B. 放回工业机器人上

    C. 放回示教器支架上　　　　　　　D. 放在地面上

2. （　　）是工业机器人其他坐标系的参照基础，是工业机器人示教与编程时经常使用的坐标系之一，它的位置没有硬性的规定，一般定义在工业机器人安装面与第一转动轴的交点处。

    A. 工件坐标系　　　　　　　　　　B. 基坐标系

    C. 关节坐标系　　　　　　　　　　D. 工具坐标系

3. （　　）是用于测量设备移动状态参数的功能元件。

    A. 多维力传感器　　　　　　　　　B. 智能传感器

    C. 位置传感器　　　　　　　　　　D. 微处理器

4. 一般情况下，尖嘴钳的绝缘套管可承受的电压（　　）。

    A. 小于 36V　　　B. 小于 110V　　　C. 小于 220V　　　D. 小于 500V

5. 下列不属于末端执行器的分类包括（　　）。

    A. 手爪类　　　B. 工具类　　　C. 物料类　　　D. 以上都是

6. 直径的符号是（　　）。

    A. φ　　　　　B. R　　　　　C. M　　　　　D. C

7. 公制螺纹的符号是（　　）。

    A. φ　　　　　B. R　　　　　C. M　　　　　D. C

8. 下列属于工业机器人结构的是（　　）。

    A. 串联机器人结构　　　　　　　　B. 平面关节机器人结构

    C. 并联机器人结构　　　　　　　　D. 以上都是

9. 国标内六角扳手的规格不包括（　　）mm。
   　A. 1. 5　　　　　　　B. 2. 5　　　　　　　C. 3. 5　　　　　　　D. 4

10. 下列不属于末端执行器手爪类的是（　　）。
   　A. 夹持式手爪　　　B. 吸附式手爪　　　C. 仿人式手爪　　　D. 加紧式手爪

二、判断题

1. 工业机器人抛光打磨工作站适用的工作范围有：汽车零部件、高铁车厢、轮船船身、卫浴洁具产品、五金件、手机金属壳等压铸件的抛光打磨。　　　　　　　　（　　）

2. 抛光打磨工作站可以在计算机的控制下实现连续点位控制。　　　　　　　（　　）

3. 通过集成力觉、视觉等传感器可以进一步提高抛光打磨的质量与一致性。（　　）

4. 抛光打磨工作站是现代工业机器人众多应用中的一种，用于替代传统人工进行工件的抛光打磨工作。　　　　　　　　　　　　　　　　　　　　　　　　　　（　　）

5. 在抛光打磨工作站安装完成后可以不用检查各气管接口，等发现问题后再处理。
　　　　　　　　　　　　　　　　　　　　　　　　　　　　　　　　　　（　　）

模块11

工业机器人视觉分拣工作站

模块导读

视觉系统是指通过机器视觉设备，即图像摄取装置，将被拍摄的目标转换为图像信息。视觉检测就是用机器来代替人的眼睛做一些判断和测量的工作。视觉检测在工业生产中的应用越来越广泛，尤其是在许多工业产品的装配过程中，视觉检测已成为必不可少的关键环节。机器视觉系统与工业机器人结合，赋予工业机器人更强的智能性，极大地拓展了工业机器人的应用广度与深度，也使得自动化生产更加灵活、柔性，产品质量更加稳定、高效。

思维导图

工业机器人视觉分拣工作站

视觉分拣工作站认知

视觉分拣工作站系统调试

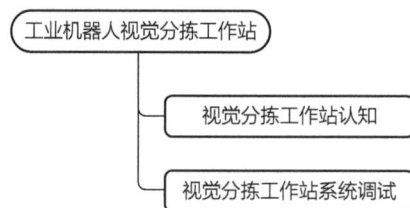

单元1 视觉分拣工作站机械安装与电气连接

学习目标

知识目标

（1）熟悉视觉分拣工作站；

（2）掌握识读机械图纸、电气原理图的方法。

技能目标

（1）能安装工业机器人视觉末端执行器；

（2）能依据技术文件，选用和安装视觉分拣工作站供气供电单元等模块；

（3）能进行视觉分拣机器人程序的编写；

（4）能进行视觉分拣 PLC 程序的编写；

（5）能进行触摸屏的编程。

素质目标

学生要学习劳动模范身上体现的"爱岗敬业、争创一流，艰苦奋斗、勇于创新，淡泊名利、甘于奉献"的劳模精神，学会以大国工匠和劳动模范为榜样，做一个品德高尚而追求卓越的人，积极投身于中华民族伟大复兴的宏伟事业中。

一、视觉分拣工作站的构成

1. 安装部件

包括：视觉分拣模块、视觉分拣台、电源气路模块、交换机模块、机器人、仓库模块、夹具库，如图 11-1-1 所示。

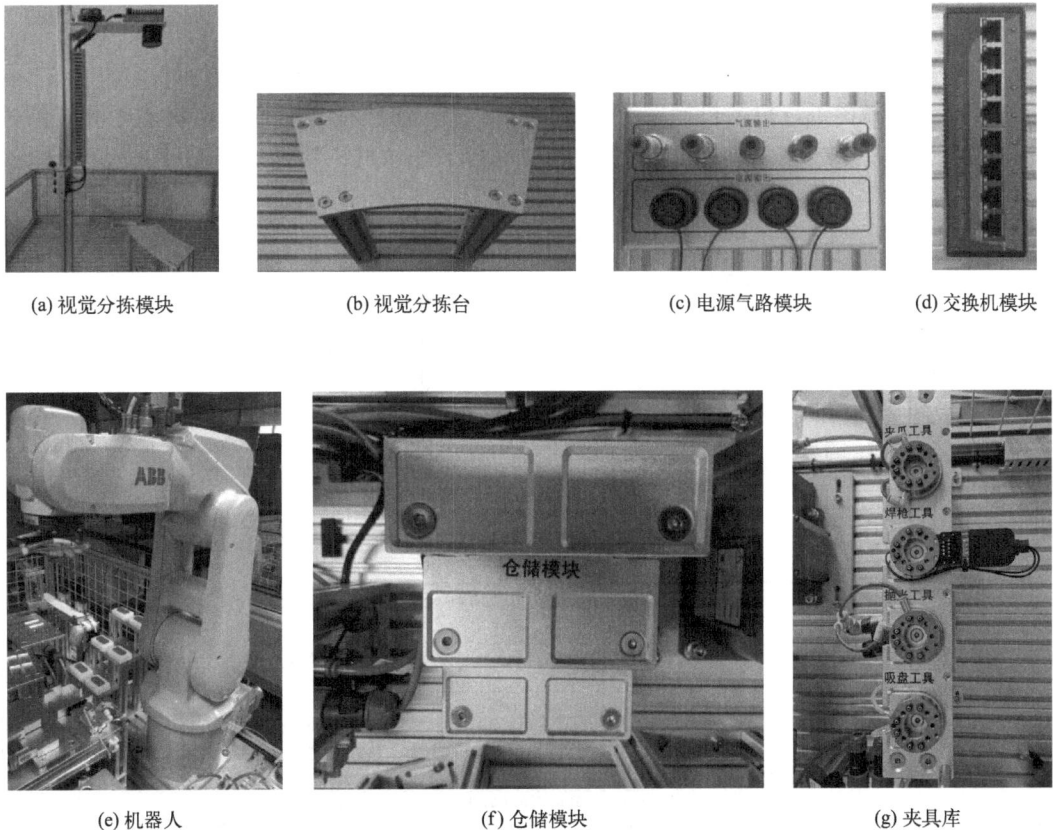

(a) 视觉分拣模块　　　　(b) 视觉分拣台　　　　(c) 电源气路模块　　　　(d) 交换机模块

(e) 机器人　　　　　　　(f) 仓储模块　　　　　　(g) 夹具库

图 11-1-1　视觉分拣工作站部件

2. 智能工业相机

智能工业相机由相机镜头与相机处理单元组成，动作时机器人控制相机拍照，识别工件坐标位置，引导机器人抓取工件。相机将物料位置信息传输给 PLC 进而传输给工业机器人；视觉分拣台由 U 形固定座与扇形铝面组成，动作时，工件随机放于扇形铝板上面，配合智能工业相机，完成工件位置识别，与机器人完成工件分拣装配任务。智能工业相机及视觉分拣台如图 11-1-2 组成。

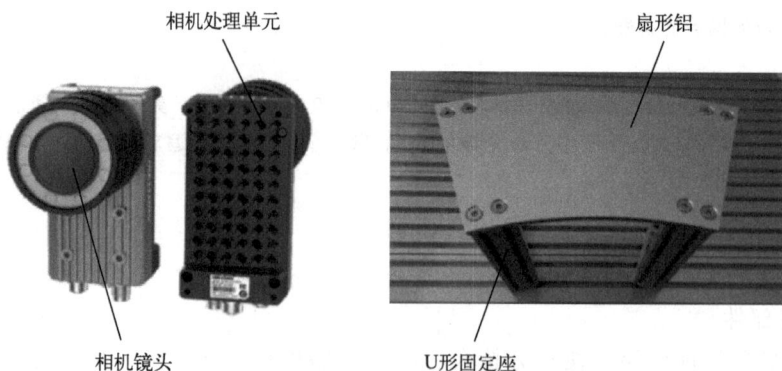

图 11-1-2　智能工业相机及视觉分拣台

二、机械安装流程

① 识读机械图纸，根据机械安装图纸安装尺寸，依次将抛光打磨模块、电源气路模块、交换机模块安装到工作台相应位置。视觉分拣工作站机械图纸如图 11-1-3 所示。

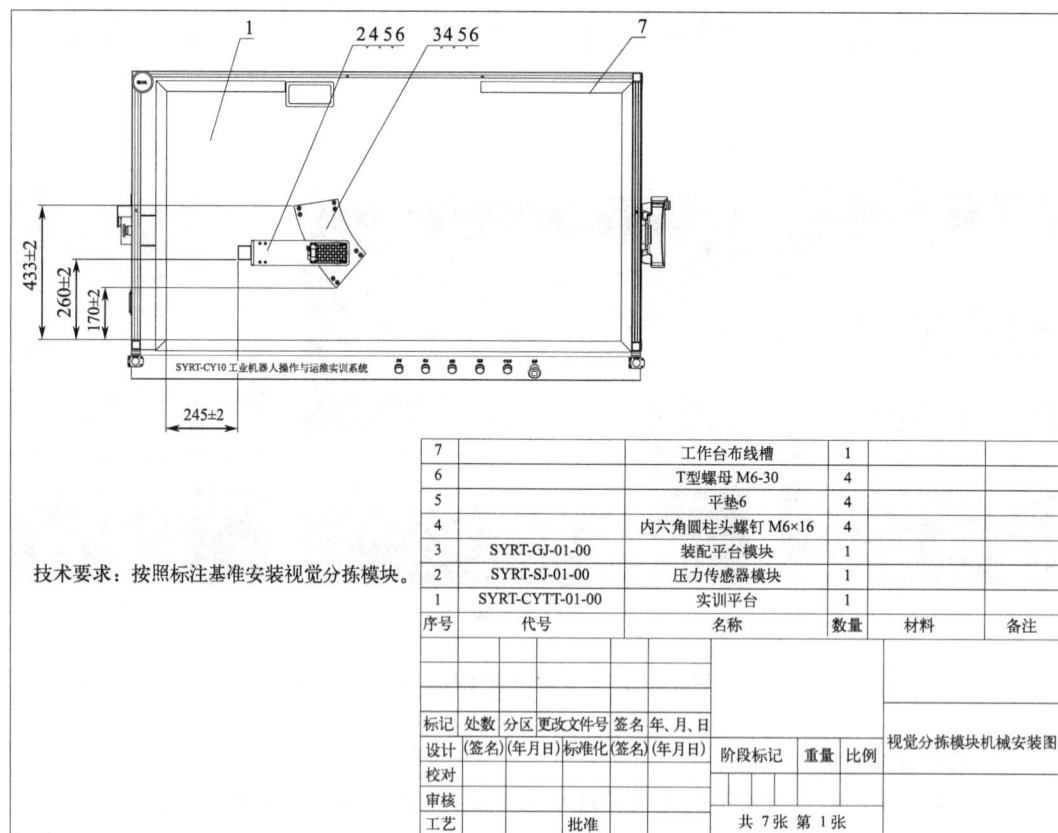

技术要求：按照标注基准安装视觉分拣模块。

7		工作台布线槽	1		
6		T型螺母 M6-30	4		
5		平垫6	4		
4		内六角圆柱头螺钉 M6×16	4		
3	SYRT-GJ-01-00	装配平台模块	1		
2	SYRT-SJ-01-00	压力传感器模块	1		
1	SYRT-CYTT-01-00	实训平台	1		
序号	代号	名称	数量	材料	备注

标记	处数	分区	更改文件号	签名	年、月、日			视觉分拣模块机械安装图
设计		(签名)	(年月日)	标准化	(签名)	(年月日)	阶段标记	重量	比例	
校对										
审核										
工艺			批准				共 7张　第 1张	

图 11-1-3　视觉分拣模块机械安装图纸（附录 13）

② 准备模块及工具。

③ 实施安装。

三、电气连接流程

① 识读电气原理图（图 11-1-4、图 11-1-5）。

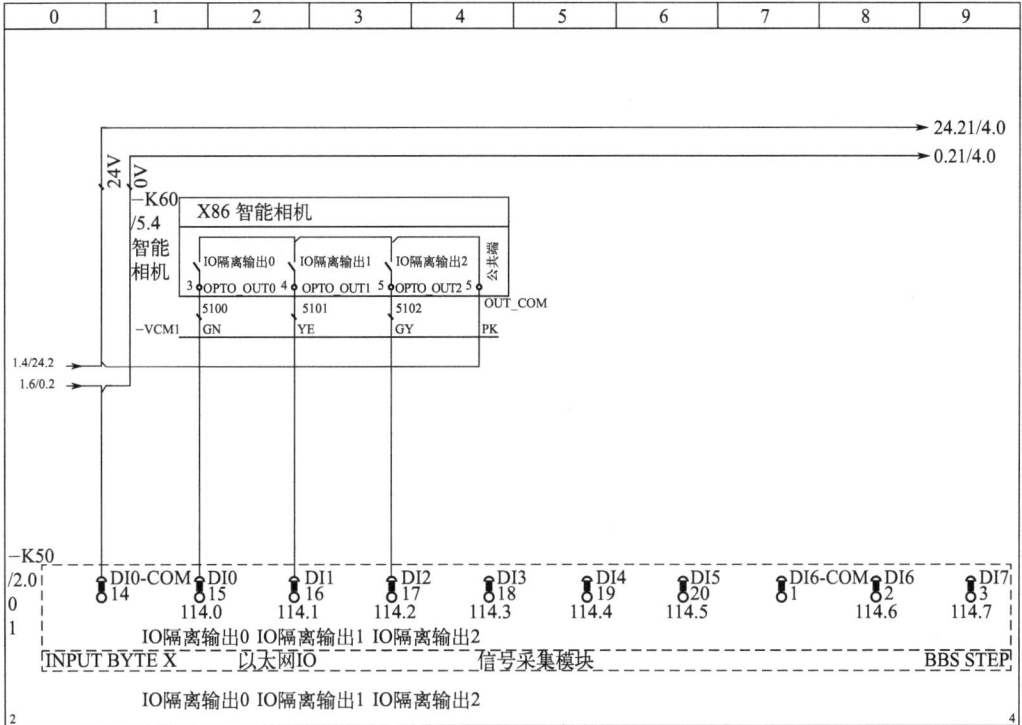

| 0 | 1 | 2 | 3 | 4 | 5 | 6 | 7 | 8 | 9 |

24V 0V

24.21/4.0
0.21/4.0

−K60
/5.4
智能相机

X86 智能相机

IO隔离输出0	IO隔离输出1	IO隔离输出2	公共端
3 OPTO_OUT0 4	4 OPTO_OUT1 5	5 OPTO_OUT2 5	OUT_COM
5100	5101	5102	
−VCM1 GN	YE	GY	PK

1.4/24.2
1.6/0.2

−K50
/2.0
0
1

DI0-COM	DI0	DI1	DI2	DI3	DI4	DI5	DI6-COM	DI6	DI7
14	15	16	17	18	19	20	1		3
	114.0	114.1	114.2	114.3	114.4	114.5		114.6	114.7

IO隔离输出0 IO隔离输出1 IO隔离输出2

INPUT BYTE X　　　以太网IO　　　　　　信号采集模块　　　　　BBS STEP

IO隔离输出0 IO隔离输出1 IO隔离输出2

图 11-1-4　电气原理图（一）

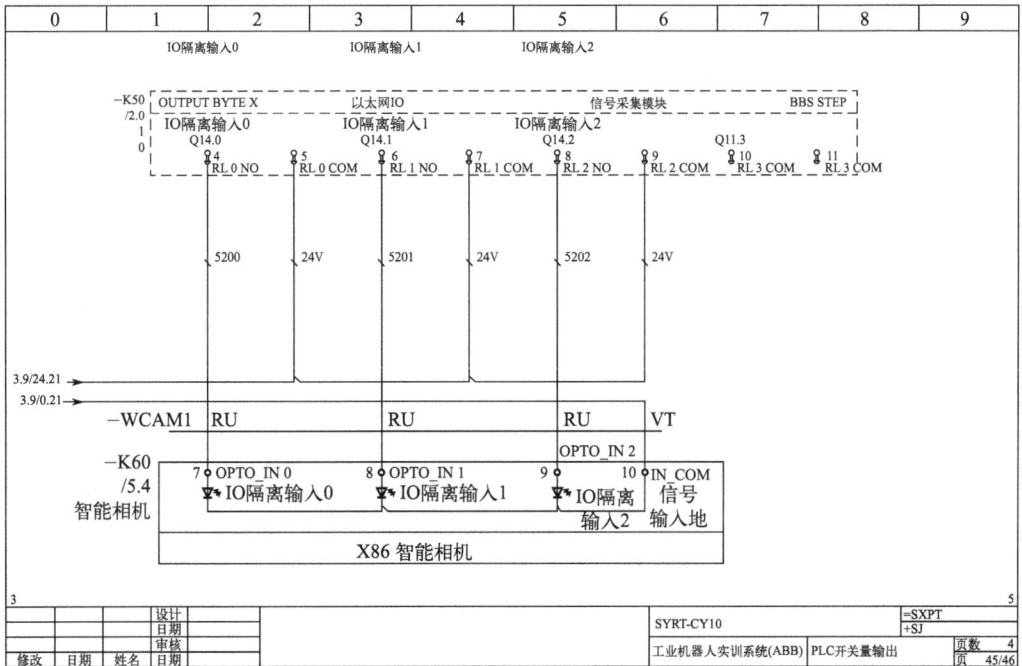

| 0 | 1 | 2 | 3 | 4 | 5 | 6 | 7 | 8 | 9 |

IO隔离输入0　　　IO隔离输入1　　　IO隔离输入2

−K50
/2.0
1
0

OUTPUT BYTE X　　　以太网IO　　　　信号采集模块　　　　BBS STEP

IO隔离输入0		IO隔离输入1		IO隔离输入2			
Q14.0		Q14.1		Q14.2		Q11.3	
4	5	6	7	8	9	10	11
RL 0 NO	RL 0 COM	RL 1 NO	RL 1 COM	RL 2 NO	RL 2 COM	RL 3 COM	RL 3 COM

| 5200 | 24V | 5201 | 24V | 5202 | 24V |

3.9/24.21
3.9/0.21

−WCAM1　RU　　　　RU　　　　RU　　VT

−K60
/5.4
智能相机

OPTO_IN 2

| 7 OPTO_IN 0 | 8 OPTO_IN 1 | 9 | 10 IN_COM |
| IO隔离输入0 | IO隔离输入1 | IO隔离输入2 | 信号输入地 |

X86 智能相机

设计					
日期			SYRT-CY10	=SXPT	
审核				+SJ	
修改	日期	姓名	日期		工业机器人实训系统(ABB) PLC开关量输出	页数 4 页 45/46

图 11-1-5　电气原理图（二）

② 准备模块及工具

a. 视觉分拣模块内部电气连接已连接完毕，现只需要将网线与台体上的交换机连接；电源连接线和台体上的电源模块连接；

b. 视觉模块电气连接所需耗材有：连接电缆、连接网线。

③ 实施安装。

四、系统上电准备

① 检查视觉分拣模块是否安装牢固，固定螺栓有无松动现象；

② 使用万用表检查视觉分拣模块控制系统电气连接是否存在断路、短路、错接现象；

③ 打开气源，调整气压，手动控制电磁阀，检测气管搭建的正确性；

④ 按下工作站急停按钮顺时针旋转工作站控制柜开关为垂直于地面方向；

⑤ 将控制盘断路器依次全部闭合，观察视觉分拣工作站上电是否正常，视觉分拣工作站上电完成。

单元2　视觉分拣工作站系统调试

🌐 **学习目标** ···

知识目标

（1）熟悉视觉相机与 PC 通信方法；

（2）熟悉机器人 TCP 设定；

（3）掌握视觉程序的编写方法。

技能目标

（1）对视觉软件的熟练操作能力；

（2）能够正确上电操作；

（3）能够应对调试出现的各类问题。

素质目标

学生要把中国建设成为引领世界制造业发展的制造强国为目标，不断传承、发展和弘扬工匠精神，培养更多的大国工匠。

一、配置视觉相机

① 安装 MVS 软件。MVS 软件是用于设置相机参数的软件，软件可从海康机器人官方网站中进行下载（https：//www.hikrobotics.com/cn），进入官网后"服务支持"＞"下载中心"＞"软件"＞"客户端"中下载。

② 设置视觉相机 IP 地址。

③ PC 远程桌面连接。

④ 进入视觉编程软件 VisionMaster，对设备进行视觉程序编写并进行标定。

二、PLC 程序编写流程

① 双击 TIA Portal V15，打开 PLC 编程软件；

② 单击左下角的项目视图，打开项目视图；

③ 单击菜单栏中的项目，选择恢复，查找归档项目所在的路径，单击打开；

④ 设置 PLC 的 IP 地址；

⑤ 双击程序块，然后双击 main，打开程序块；

⑥ 拖拽 FB100，到主程序中，背景数据块为 DB104，单击确定，完成调用；

⑦ 编写 I/O 模块通信程序；

⑧ 编写机器人与 I/O 模块地址对应程序。

三、触摸屏程序编写流程

① 双击 UtilityManager，打开触摸屏编程软件；

② 选择简单工程，打开新建工程界面；

③ 选择开新文件，选择 MT8070IE，单击确认，完成项目的新建；

④ 添加相应画面，下载画面到 HMI 中（在 HMI 中设定 IP 地址）。

四、视觉分拣工作站编程与运行

① 完整程序流程：机器人拿取吸盘夹具-相机启动、获取物块坐标信息-机器人根据物块坐标信息进行物块抓取-物块抓取完成后将物块放置到预先设计好的放置位置-机器人放回吸盘夹具-机器人回到安全位置、程序结束。在此流程中，机器人抓取物块的点位（X/Y 方向，如图 11-2-1）是根据相机发送的物块坐标值决定的（Z 方向坐标位置需要示教），其他点位例如工业机器人初始位置、物块放置位置等是需要编程示教的。为保证机器人安全快速完成视觉分拣流程动作，需要完成工业机器人程序编写及点位示教。

图 11-2-1　示教机器人点位

② 完成程序编写后首先进行手动运行测试，验证点位及程序逻辑是否正确。

③ 手动程序运行无误后，自动运行程序，根据程序运行情况可进行程序速度、转弯区数据修改设置以优化程序，在程序运行过程中如出现意外情况第一时间按下急停按钮，操控台如图 11-2-2。

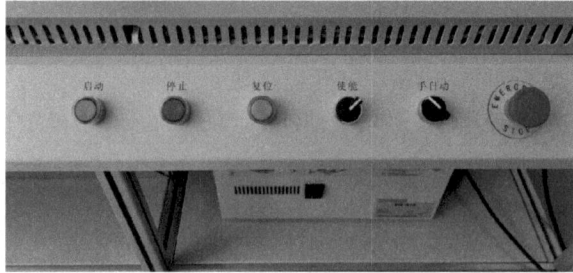

图 11-2-2　机器人按钮操控台

模块综合测试

一、单项选择题

1. 不属于工业机器人对象级编程语言的是（　　）。

    A. JAVA　　　　　　B. AUTOPASS　　　　C. VB 语言　　　　　　　D. C 语言

2. 下列选项中关于机械装置的拆卸规则和要求正确的是（　　）。

    A. 机械装置的拆卸要按顺序进行，不要盲目乱拆。等到装配时第一时间把最先拆的部分装好

    B. 严禁猛敲狠打零件的表面，若需敲击时，应使用胶锤、木锤、铅锤、铜锤等

    C. 对于进行过特殊校准或拆卸后会影响精度的部件，一般不拆卸

    D. 拆卸装置过程中对不清楚的结构，无须依赖有关图样资料，直接拆就好

二、判断题

1. 定位精度和重复定位精度是工业机器人的两个精度指标。　　　　　　　　（　　）

2. 工业机器人安装的场所除操作人员以外，其他人员可以靠近辅助安装。　　（　　）

3. 工业机器人上所有的电缆在维修前应进行严格检查，看其屏蔽、隔离是否良好，按工业机器人技术手册对接地进行严格测试。　　　　　　　　　　　　　　（　　）

4. 机械装置拆卸的目的是对装置进行维修、检查、保养、清洗和回收。　　　（　　）

5. 用数字万用表测量电压时，若使用 mA 挡进行测量，须把万用表黑表笔插在 COM 孔上，把红表笔插在 mA 挡。　　　　　　　　　　　　　　　　　　　　　（　　）

附录1 工业机器人英汉词汇一览

A

abrasive wheel　砂轮

absolute accuracy　绝对精度

AC inverter drive　交流变频器驱动

acceleration performance　加速性能

acceleration time　加速时间

accurate positioning　准确定位

adaptive robot　适应机器人

additional axis　附加轴

additional load　附加负载

additional mass　附加质量

additional operation　附加操作

air robot　空中机器人

alignment pose　校准位姿

anthropomorphic robot　拟人机器人

application program　应用程序

arc teaching　圆弧示教

arc welding　点焊

arc welding purpose robot　弧焊机器人

arc welding robot　电弧焊机器人

arch motion　圆弧运动

arm　手臂

arm configuration　手臂配置

articulated model　关节模型

articulated structure　关节结构

assembly line　流水线，装配线

assembly robot　装配机器人

attained pose　实到位姿

automated palletizing　自动码垛

automated production　自动化生产

automatic control　自动控制

automatic mode　自动模式

automatic operation　自动操作

automatic tool changer　自动换刀

automotive industry　汽车行业

axis　轴

axis movement　轴运动

B

base　机座

base coordinate system　机座坐标系

base mounting surface　机座安装面

bend motion　弯曲运动

bio-inspired robotics　仿生机器人

built-in collision detection feature
内置碰撞检测功能

built-in controller　内置控制器

C

camera sensor　相机传感器

Cartesian coordinate　笛卡儿坐标系

cartesian robot　直角坐标机器人

collaborative robot　协作机器人

color touch screen　彩色触摸屏

communication feature　通信功能

communication protocol　通信协议

compact six-axis robot　紧凑六臂机器人

compressed air　压缩空气

computing control　计算控制

configuration　构形

connect seamlessly　无缝连接

continuous path　连续路径

continuous-path controlled　轨迹控制

control movement　控制运动

control program　控制程序

control system　控制系统

controller cabinet　控制柜

coordinate transformation　坐标变换

corresponding joint　对应关节

curve teaching　曲线示教

cycle　循环

cycle time　循环时间

cylindrical coordinate system　圆柱坐标系

cylindrical joint　圆柱关节

cylindrical robot　圆柱坐标机器人

D

degree of protection　防护等级

die-casting machine　压铸机

disability auxiliary robot　残障机器人

distributed joint　分布关节

drawing machine　拉丝机

drive mechanism　驱动机构

drive unit　驱动单元

degrees of freedom　自由度

direct drive　直接驱动

displacement machine　变位机

double-arm SCARA robot　双臂机器人

drive controller　伺服驱动器

drive ratio　驱动比

dual arm　双臂

E

electric parallel gripper　电动平行夹具

emergency stop button　急停按钮

end effector　末端执行器

energy consumption　能耗

energy saving　节能

engraving panel　雕刻面板

ethernet　以太网

expert system　专家系统

explosion proof arm　防爆手臂

extreme precision　极度精准

F

facial recognition　面部识别

feeding system　进料系统

flexible automation　柔性自动化

fly-by point　路经点

force detection　力检测

force sensor　力传感器

force sensor controller　力传感器控制器

four-bar linkage　四杆联动

function package　函数包

functional package　功能包

G

gas welding　气焊

goal directed programming　目标编程

graphical user interface　图形用户界面

gripper　夹持器

H

hand cabling　手工布线

hand held operator unit　手持式操作装置

hard automation　刚性自动化

high accuracy　高准确率

high performance　高性能

high quality　高质量

high speed picking　高速搬运

hollow axis　空心轴

horizontal joint robot　水平关节机器人

horizontal reach　水平距离

human chemical plant　人性化工厂

human machine interface　人机界面

humanoid robot　类人机器人

human-computer interaction　人机交互

human-robot collaboration　人机协作

hydraulic actuator　液压执行机构

I

individual axis acceleration　单轴加速度

individual axis velocity　单轴速度

individual joint velocity　单关节速度

industrial internet　工业互联网

industrial robot　工业机器人

industry 4.0　工业 4.0

injection molding machine　注塑机
installation　安装
installation position　安装位置
integrated vision system　综合视觉系统
intelligent manufacturing　智能制造
intelligent robot　智能机器人
intelligent system　智能系统
internal sensor　内部传感器

J

joint coordinate system　关节坐标系
joystick　操作杆

K

kinematic chain　运动链
kinematic pair　运动对偶，运动副

L

labor intensity　劳动强度
laboratory automation　实验室自动化
language recognition　语言识别
learning control　学习控制

M

medical robot　医疗机器人
mini robot　迷你机器人
minimum cycle time　最短循环时间
minimum posing time　最小定位姿时间
mobile pedestal　移动底座
mobile robot　移动机器人
motion control　运动控制
motion optimization　动作优化
motion planning　运动规划
multi degrees of freedom　多自由度

N

network communication　网络通信
nominal payload　额定负载
normal operating state　正常操作状态
numerical control　数字控制

O

off-line programming　离线编程
operating mode　操作方式
operational space　操作空间
pen industry standard　开放式工业标准
operation panel　操作面板

P

painting application　喷涂应用
painting automation　喷涂自动化
painting robot　喷涂机器人
Palletizing robot　码垛机器人
parallel manipulator　并联机械臂
parallel robot　并联机器人
parts feeder　上料机
path　路径
path planning　路径规划
path velocity　路径速度
pendant　示教盒
pendularr robot　摆动机器人
peripheral equipment　外围设备
pick and place　拾取和放置
playback robot　示教再现机器人
pneumatic enclosure　气动外壳
pneumatic hose　气动软管
polar coordinate system　极坐标系
polar robot　极坐标机器人
polishing power head　打磨头
polishing robot　打磨机器人
portable display　便携式显示器
pose　位姿
pose accuracy　位姿准确度
pose-to-pose control　点位控制
position repeatability　重复定位精度
primacy axes　主关节轴
prismatic joint　棱柱关节
production line　生产线
programmed pose　编程位姿
programming pendant　示教器

programming 编程

protection against dust 防尘

protection against humidity 防潮

Q

quantum leap 飞跃

R

rated load 额定负载

rectangular robot 直角坐标机器人

recycling system 回收系统

reduce power 降低功耗

relative movement 相对运动

remote control 遥控装置；远程控制

remote monitoring 远程监控

reprogrammable 可重复编程

resolution 分辨率

restricted space 限定空间

revolute joint 旋转关节

robot 机器人

rigid body 刚体

robot base 机器人底座

robot structure 机器人结构

robot system 机器人系统

robotic hand 机器手

rotary joint 旋转关节，回转关节

rotational motion 旋转运动

running program 运行程序

S

safety hazard 安全隐患

safety interface board 安全接口面板

secondary axes 副关节轴

security fence 安全栅栏

sensing system 传感系统

sensor cable 传感器电缆

sensory control 传感控制

Sequenced robot 顺序控制机器人

serial architecture 串行架构

serial manipulator 串联机械臂

service robot 服务用机器人

servo control 伺服控制

servo system 伺服系统

single arm robot 单臂机器人

six degrees of freedom 六自由度

sliding joint 滑动关节

soldering 焊接

solenoid valve 电磁阀

speed of the delta design 速度增量设计

spherical robot 球形机器人

spine robot 脊柱式机器人

spray painting 喷漆

stop-point 停止点

straight teaching 直线示教

T

tactile sensor tactile sensor 触觉传感器

tandem joint robot 串联关节机器人

task program 任务程序

teach programming 示教编程

teach window 示教窗口

technical parameter 技术参数

tool centerpoint 工具中心点

tool coordinate system 工具坐标系

touch screen 触摸屏

track teaching 轨迹示教

trajectory 轨迹

translational（linear）displacement 平移

transmission device 传动装置

two-link arm 联合双链臂

U

underwater robot 水下机器人

uniaxial rotation 单轴旋转

upper arm 上臂

upside-down mounting 顶吊安装

user environment 用户环境

utmost precision 最高精度

V

vacuum cup gripper　真空夹具

virtual simulation　虚拟仿真

visual inspection　视觉分拣

vision sensor　视觉传感器

vision technology　视觉技术

voice recognition　语音识别

W

weld trajectory　焊接轨迹

welding robot　焊接机器人

wire feeder　送丝机

working range　工作范围

working volume　工作量

world coordinate system　绝对坐标系

wrist reference point　手腕参考点

welding gun　焊枪

welding tong　焊钳

work piece　工件

working space　工作空间

work piece coordinate system　工件坐标系

wrist　手腕

附录2 工业机器人操作与运维—实操样题一

任务描述:

现公司新进一套工业机器人工作站,你作为工程师,需要完成工业机器人本体安装位置的调整;工业机器人控制柜与本体电缆连接;完成电磁阀接线插头的连接,完成工业机器人语言时间设置;建立吸盘工具坐标系;完成工业机器人程序手自动运行;运行完成后,备份机器人程序到外部 USB 存储设备中。

一、安全操作规范(10分)

1. 操作机器人时,佩戴安全帽;
2. 工作服的袖口要求束紧,无明显身份标示;
3. 穿戴绝缘鞋;
4. 安装完成后,及时清理台体表面和周边卫生,摆放安装工具在装配桌上。

二、工业机器人本体安装(10分)

1. 根据机器人安装图 2-1 的尺寸要求,完成工业机器人本体位置调整,精度要求±5mm;

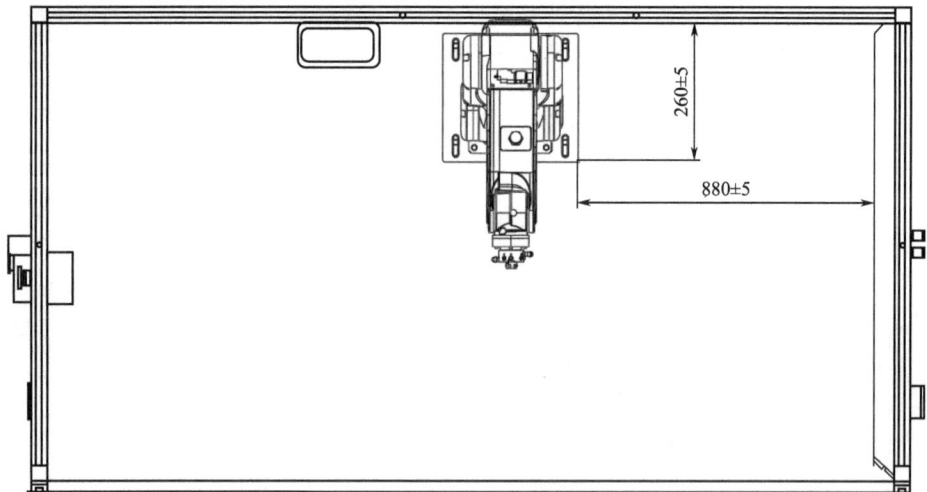

图 2-1 机器人安装示意图

2. 安装尺寸完全符合图纸尺寸要求;
3. 安装螺栓紧固,无松动。

三、工业机器人电气安装(10分)

1. 完成工业机器人控制柜与本体连接,锁紧动力插头卡扣;

2. 安装完成后，检查接线的正确性。

四、工业机器人气动安装（10分）

1. 根据气动原理图 2-2 图，工业机器人吸盘气路连接，绑扎气管并对气路合理布置，要求第一根绑扎扎带与接头处距离为 60mm±5mm，其余两个绑扎扎带之间的距离不超过 50mm±5mm，绑扎扎带需进行适当切割、不能留余太长，留余长度必须小于 1mm。要求气路绑扎美观安全，不影响工业机器人正常动作，且不会与周边设备发生刮擦勾连。调整气路压力为 0.5MPa。

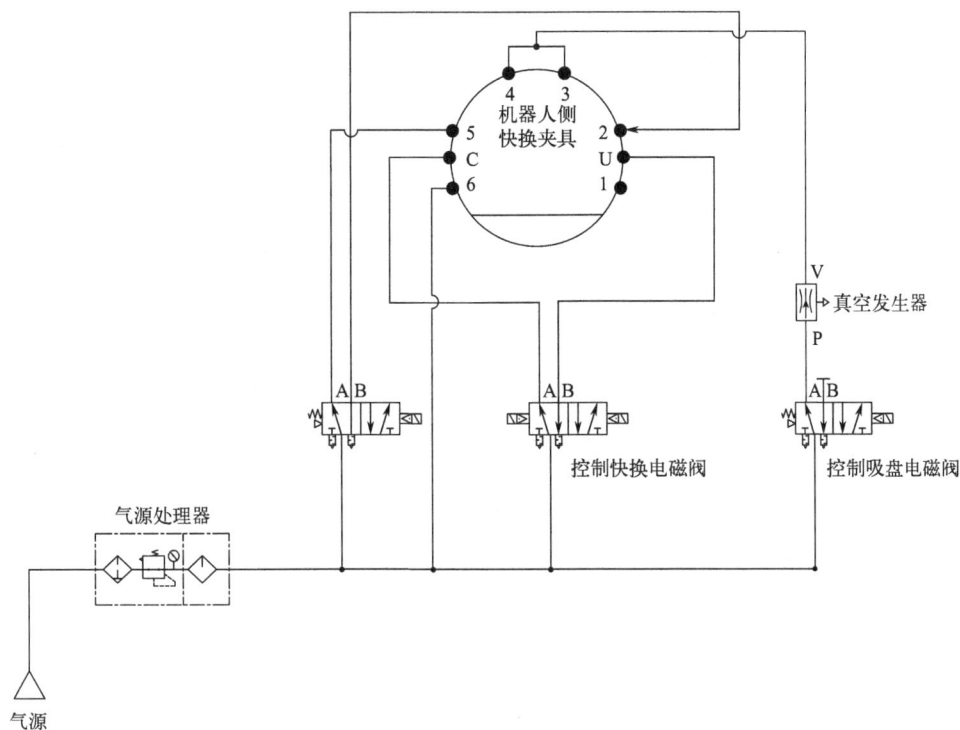

图 2-2　气动原理图

2. 根据电气原理图 2-3 安装机器人电磁阀接线插头，要求插头连接牢固。

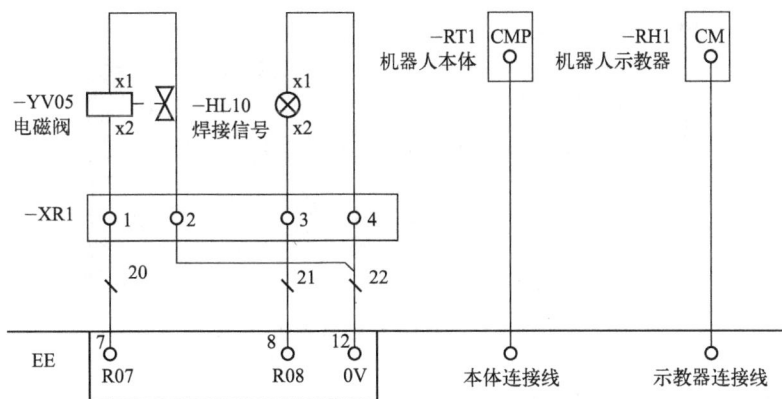

图 2-3　电气原理图

3. 气管和线绑扎整齐。

五、工业机器人系统调试（60分）

1. 设置机器人示教器的语言为中文。

2. 设置示教器的系统时间为当地时间。

3. 使用三点法，建立吸盘工具坐标系，坐标系编号 2。示意如图 2-4。

图 2-4　工具坐标系标定示意图

4. 工业机器人例行程序手自动运行。搬运码垛前物料位置如图 2-5，搬运顺序 1-2-3-4。

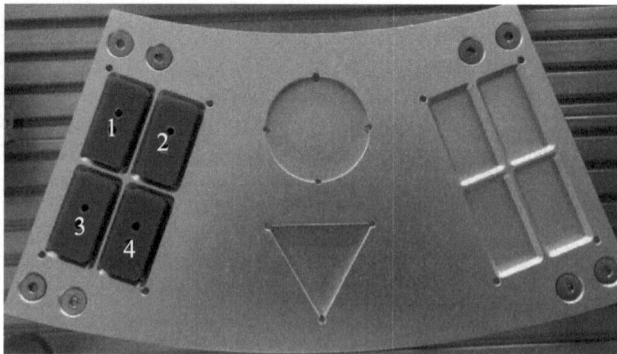

图 2-5　搬运顺序示意图

搬运码垛后物料位置如图 2-6，码垛顺序 1-2-3-4。

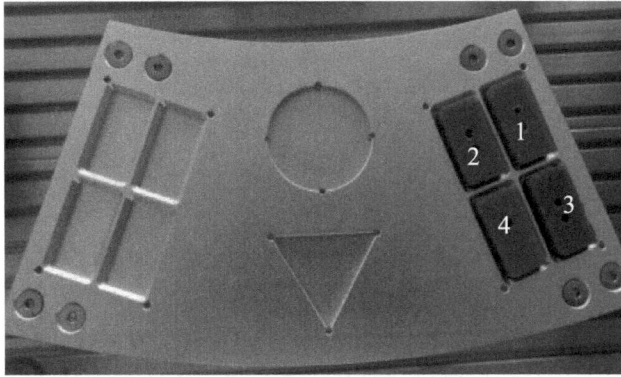

图 2-6 码垛顺序示意图

（1）手动调试工业机器人搬运码垛例行程序，查看工业机器人例行程序运行轨迹是否正确，手动运行速率设置为 10%。

（2）将控制柜打到 AUTO 挡，自动运行工业机器人搬运码垛例行程序，切换工业机器人示教器为自动运行模式，完成搬运码垛程序自动运行，自动运行机器人速率设置为 20%。

5. 运行完成后，备份机器人程序到所提供的 U 盘中。

附录3 工业机器人操作与运维—实操样题二

一、工业机器人系统安装（20分）

1. 根据机械装配图的尺寸要求，调整推料气缸和皮带机的安装位置，尺寸精度要求±1cm。

2. 根据气动原理图完成搬运码垛工作站的气路连接，从而实现调节对应气路电磁阀上的手动调试按钮时，推料气缸可以正常伸出和缩回。完成气路的连接后，将气路压力调整到0.4MPa，打开过滤器末端开关，测试气路连接的正确性。

3. 根据电气原理图，安装推料气缸的位置传感器，线号的方向从下到上，安装完成后，检查接线的正确性。

二、工业机器人校对与调试（20分）

1. 对齐同步标记

（1）切换工业机器人模式至手动模式档，将示教器中工业机器人的速率调节为20%。

（2）手动操纵工业机器人进行单轴运动，使工业机器人6个关节轴依次运动回机械原点，对齐同步标记。

2. 零点复归

（1）手动操作将工业机器人六个关节轴移动至零点位置。

（2）完成工业机器人6个关节轴零点标定的操作。

（3）使用程序控制机器人回到零点位置。

三、工业机器人操作与编程（30分）

工业机器人码垛程序示教编程：

（1）在示教器中展示机器人数字I/O配置界面。

（2）设置机器人IP为192.168.1.13。

（3）在示教器中编写工业机器人码垛程序，程序要求如下：现机器人的I/O分配如下表：

端口号	功能	端口号	功能
DI81	推料伸出	DO81	推料电磁阀
DI82	推料缩回	DO90	皮带电机
DI85	料仓有料	DO1	夹具放松
DI87	皮带有料	DO2	夹具夹紧
		DO3	吸盘夹具

① 编写取吸盘工具程序，实现工业机器人从 Home 点安全位姿出发拾取工具，将程序命名为 QXP，其中 Home 点姿态为本体的 1 轴、2 轴、3 轴、4 轴、6 轴的关节转角为 0°，5 轴转角为−90°。

② 编写工业机器人搬运码垛程序，实现工业机器人检测料仓有料后，控制供料模块推出物料，气缸到达缩回位，控制皮带机运转，转运物料到光纤处，皮带机停止，机器人吸取物料放置到码垛平台上，码垛块的放置位置及顺序要求如图 3-1 所示，取料程序命名为 BYQL，物料放置到码垛台上程序命名为 BYFL。

图 3-1　码垛物料块放置位置示意图

③ 编写放回吸盘工具程序，实现工业机器人从 Home 点安全位姿出发，将吸盘工具放回工具架上，并返回 Home 点姿态，将程序命名为 FXP。

④ 编写主程序 BYMain，在主程序中调用完成编写的各例行程序，实现取工具—取料—放料—放回工具的整个码垛工艺流程。

四、工业机器人周边设备编程（20分）

工作站中触摸屏与 PLC 已经完成通信硬件接线，触摸屏的 IP 地址为：192.168.1.100。

请完成以下操作：

1. PLC 的 IP 已设置为 192.168.1.88，修改触摸屏程序，完成触摸屏与 PLC 的通信，并下载触摸屏程序。

2. 按下急停按钮，操作触摸屏，完成推料气缸的伸出与缩回。

附录4 工业机器人操作与运维—实操样题三

任务描述：

公司新进一台抛光打磨工作站，设备台体已安装完毕，现需要根据机械图纸完成抛光打磨模块的安装；根据现场故障现象排除工作站故障；完成工业机器人抛光打磨程序编写；完成 PLC 与智能 IO 模块的通信程序编写；完成抛光打磨工作站的联动。

一、工业机器人系统安装（10分）

1. 根据抛光打磨模块机械安装图 4-1 的尺寸要求，安装抛光打磨模块，尺寸精度要求 ±5mm。

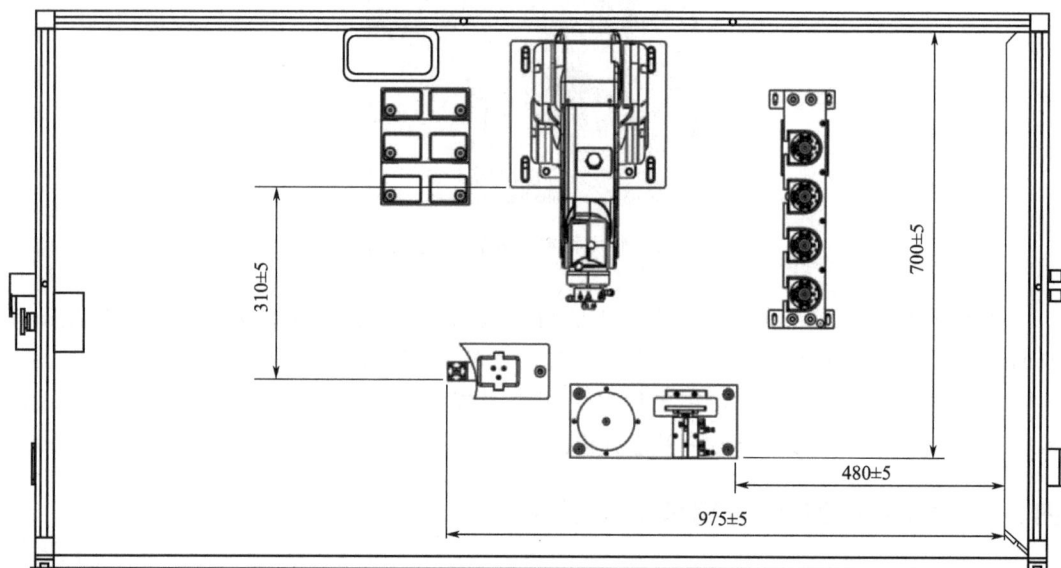

图 4-1　抛光打磨模块安装示意图

2. 完成抛光打磨模块和气路模块的气路连接，将气路压力调整到 0.5MPa，打开气动手阀，测试气路连接的正确性。

3. 根据电气原理图 4-2，完成抛光打磨模块的电源连接和网线连接，并检查线路的正确性。

4. 所有线和气管放入线槽中，外露部分走线整齐。

二、工业机器人本体及控制柜故障诊断与处理（20分）

1. 抛光打磨工作站已经搭建完成，通过上电测试，发现机器人存在故障，作为现场

抛光打磨单元网线

+TM−WM14 +TM/3.4

抛光打磨电源+

抛光打磨电源−

力觉单元电源+

力觉单元电源−

−WD14
TRVV
3m
2×0.5
电源线

+TM−24.5 +TM/1.3

+TM−0.5 +TM/1.7

24.51

0.51

−X20.50
网线输入接口

RD　　　BU −X20.52
电源输出接口

−X20.51
电源输入接口　1　　2　　　　　1　　2

−WM14.1
0.5m

−X20.14　1　2　　　3　4

24.1
24.2

0.1
0.2

−K40
/2.0

IO信号采集
模块

IP：192.168.1.24
端口号：502

2.1
3.0

2.2
3.0

接口供电电源+
输入输出电源+

接口供电电源−
输入输出电源−

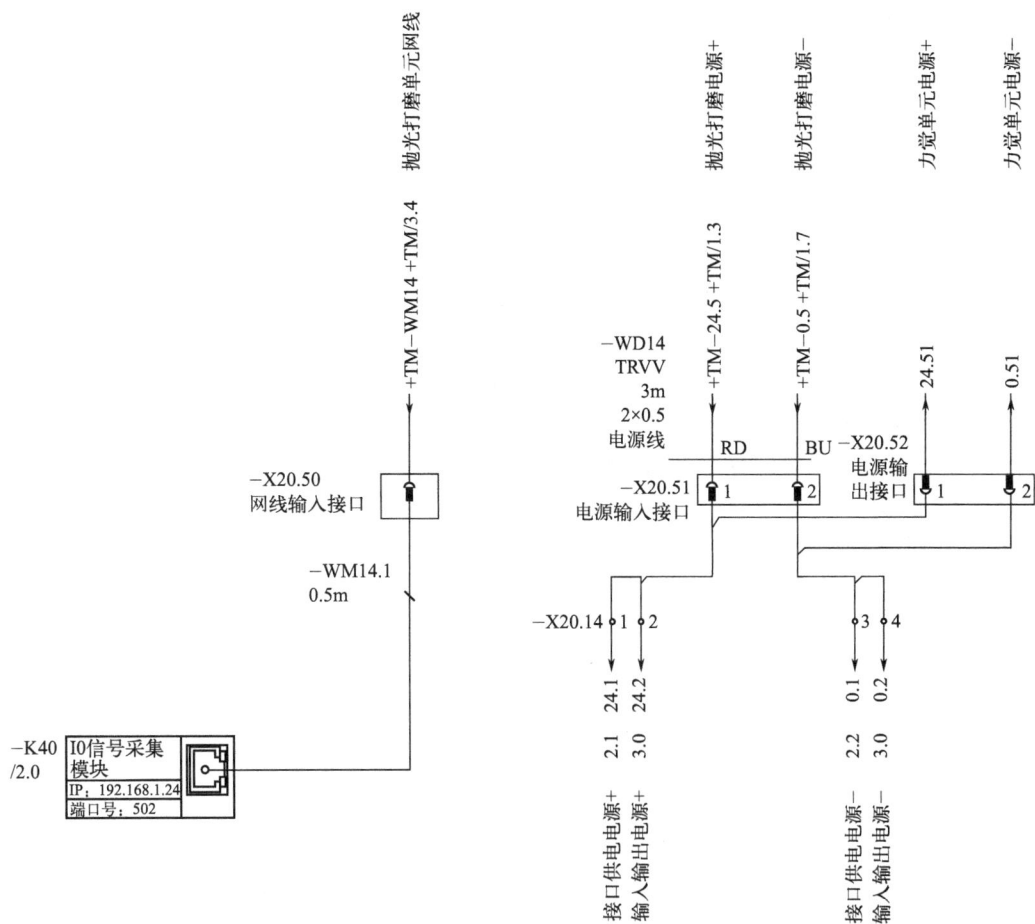

图 4-2　电气原理图

工程师，请根据示教器故障代码，对工业机器人进行控制柜各单元故障诊断与处理，恢复工业机器人功能。

2. 请将故障现象和解决方法记录到《维修记录卡片》中，并签字确认。

维修记录卡片

序号	故障现象	故障解决方法	签字/日期
1			
2			
3			
4			
5			

三、工业机器人操作与编程（40分）

工业机器人抛光打磨程序示教编程：

（1）手动调试工业机器人取夹具程序（QXPJJ），对机器人运行轨迹路径点进行示教，实现工业机器人从 HOME 点（J5 轴为 −90°，其余轴为 0°）安全位姿出发从夹具库拾取合适夹具，手动运行速率设置为 10%。

（2）在示教器中编写工业机器人取料程序和放料程序，程序要求工业机器人从 HOME 点（J5 轴为 −90°，其余轴为 0°）出发，吸取仓库中的物料并将物料放置到抛光台上。

（3）手动调试工业机器人放夹具程序（FXPJJ），对机器人运行轨迹路径点进行示教，实现工业机器人将夹具放回夹具库，并返回 HOME 点位置。

（4）手动调试工业机器人取抛光夹具程序（QPGJJ）、抛光取片程序（PGQP）、抛光表面程序（PGBM），对机器人运行轨迹路径点进行示教。要求完成物料的表面抛光工艺为从 A 点到 B 点，完成物料的表面抛光工作，如图 4-3 所示。

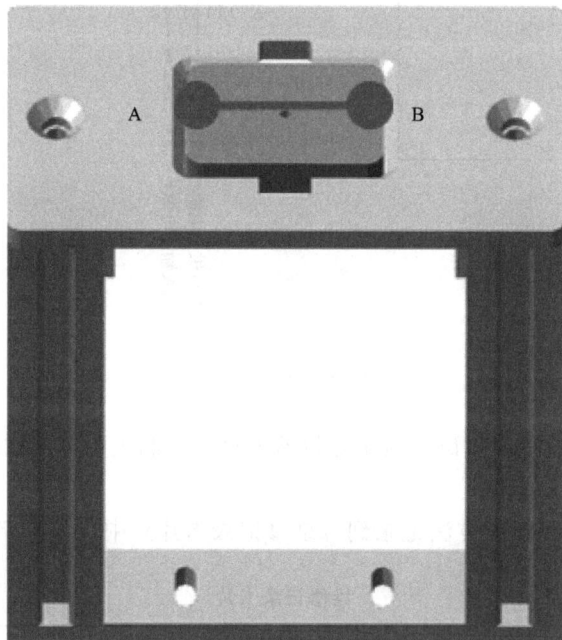

图 4-3　抛光工艺示意图

（5）手动调试工业机器人放抛光夹具程序（FPGJJ），对机器人运行轨迹路径点进行示教，实现工业机器人将抛光夹具放回夹具库，并返回 HOME 点位置。

（6）编写主程序 PGMAIN，在主程序中调用完成示教和编写的各例行程序，实现取夹具—取料—放料—放夹具—取抛光夹具—取抛光片—抛光表面—放回抛光夹具的整个抛光打磨工艺流程。

四、工业机器人周边设备编程（10分）

工作站中机器人与PLC已经完成通信硬件接线和通信程序的编写，机器人的IP地址为：192.168.1.20，PLC的IP已设置为192.168.1.10，抛光打磨工作站智能I/O模块参数已配置好，IP地址为192.168.1.24，根据抛光打磨工作站电气原理图4-4和图4-5，请完成以下工作：

恢复电脑桌面的PLC项目程序，请编写PLC与抛光打磨工作站智能I/O模块通信程序，下载程序，实现PLC与智能I/O模块的通信。

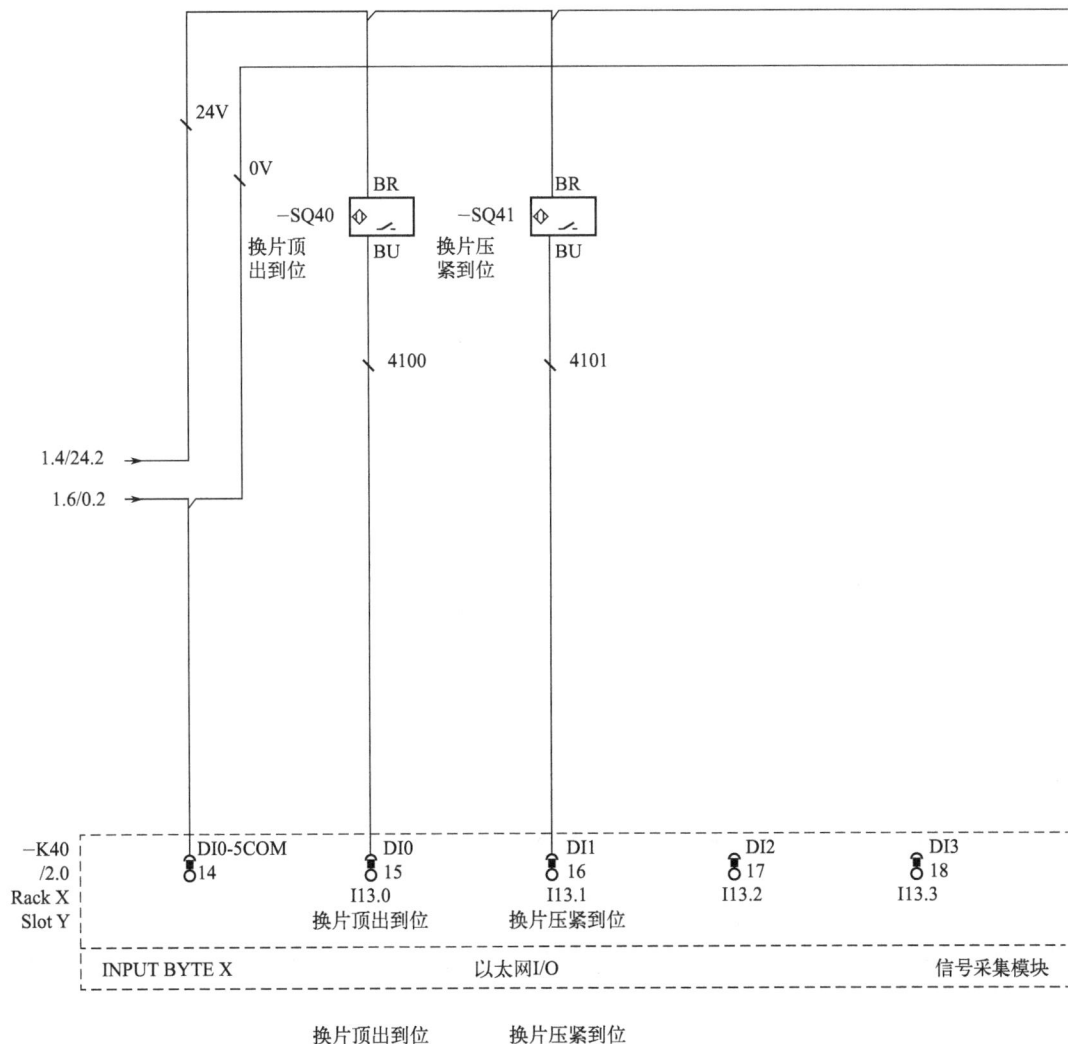

图 4-4　电气原理图（输入信号）

换片顶出电磁阀   换片夹紧电磁阀

−K40 /2.0	OUTPUT BYTE X		以太网I/O		

Rack X
Slot Y

换片顶出电磁阀
Q13.0

换片夹紧电磁阀
Q13.1

Q13.2

4
RL 0 NO

5
RL 0 COM

6
RL 1 NO

7
RL 1 COM

8
RL

4200   24V   4201   24V

3.9/24.21

3.9/0.21

−YV40   x1
         x2
换片顶出电磁阀

−YV41   x1
         x2
换片夹紧电磁阀

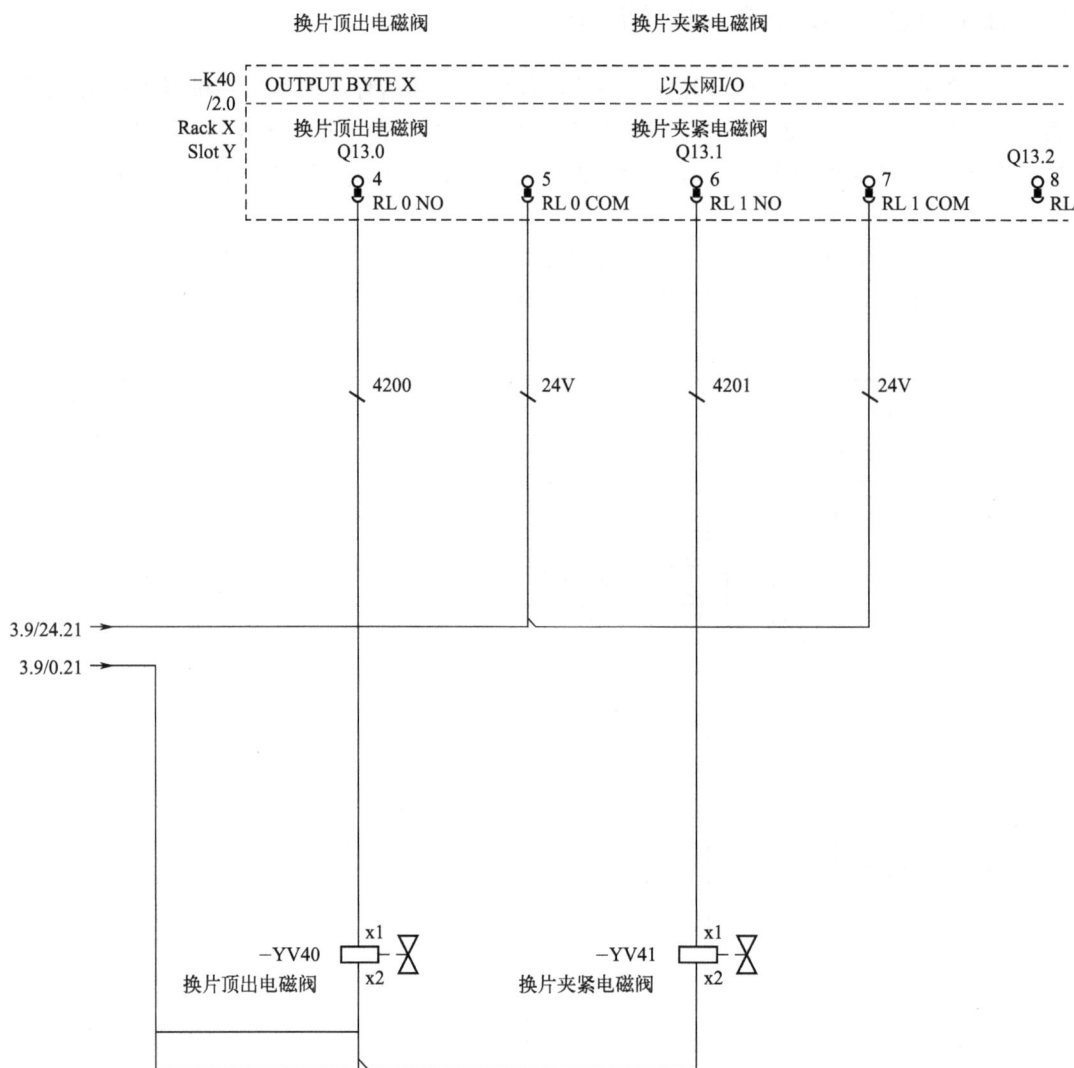

图 4-5 电气原理图（输出信号）

五、工业机器人系统调试与联动（10分）

自动运行程序，通过工作台操作面板启动按钮，一键启动抛光打磨工作站主程序，实现取夹具—取料—放料—放夹具—取抛光夹具—取抛光片—抛光表面—放回夹具的整个抛光打磨工艺流程。自动运行速率设置为 30%。

附录5 搬运码垛模块机械安装图

6			T型螺母 M6-30		2		
5			平垫6		2		
4			内六角圆柱头螺钉 M6×16		2		
3			工作台布线槽		1		
2	SYRT-MD-01-00		搬运码垛模块		1		
1	SYRT-CYTT-01-00		实训平台		1		
序号	代号		名称		数量	材料	备注
标记	处数	分区	更改文件号	签名	年.月.日		
设计	(签名)	(年月日)	标准化	(签名)	(年月日)	阶段标记	重量	比例	
校对							搬运码垛模块机械安装图
审核						共 1 张 第 1 张	
工艺			批准				

技术要求：按照标注基准装配搬运码垛模块。

SYRT-CY10 工业机器人操作与运维实训系统

242±2

50

45±2

附录6 搬运码垛模块气动原理图

序号	代号	名称	数量	材料	备注
5	MA16X75SCM	推料气缸	1		
4	AS1201F-M5-04A	单向节流阀	2		
3	SY3120-5GZ-M5	单电磁二位五通换向阀	1		
2	AC20A-02-A	二联体	1		
1		空压机(气源)	1		

搬运码垛模块
气动原理图

标记	处数	分区	更改文件号	签名	年.月.日				
设计	(签名)	(年月日)	标准化	(签名)	(年月日)	阶段标记	重量	比例	
校对									
审核							共 1 张 第 1 张		
工艺			批准						

附录7 装配模块机械安装图

6		T型螺母 M6-30	4		
5		平垫6	4		
4		内六角圆柱头螺钉 M6×16	4		
3		工作台布线槽	1		
2	SYRT-XZ-01-00	装配模块	1		
1	SYRT-CYTT-01-00	实训平台	1		
序号	代号	名称	数量	材料	备注

技术要求：按照标注基准安装装配模块。

SYRT-CY10 工业机器人操作与运维实训系统

装配模块机械安装图

附录8 装配模块气动原理图

序号	代号	名称	数量	材料	备注
7	TN10X20S	双轴气缸	1		
6	HFZ20	手指气缸	1		
5	CDRBU2W30-180SZ	摆缸	1		
4	AS1201F-M5-04A	单向节流阀	6		
3	SY3120-5GZ-M5	单电磁二位五通换向阀	3		
2	AC20A-02-A	二联体	1		
1		空压机(气源)	1		

标记	处数	分区	更改文件号	签名	年.月.日			
设计			(签名)	(年月日)		标准化	(签名)	(年月日)
校对						阶段标记	重量	比例
审核								
工艺			批准			共 1 张 第 1 张		

装配模块气动原理图

附录9 焊接模块机械安装图

SYRT-CY10 工业机器人操作与运维实训系统

技术要求：按照标注基准安装焊接模块。

325±2
120±2

2 4 5 6
3
1

序号	代号	名称	数量	材料	备注
6		T型螺母 M6-30	4		
5		平垫6	4		
4		内六角圆柱头螺钉 M0×10	4		
3		工作台布线槽	1		
2	SYRT-HJ-01-00	焊接模块	1		
1	SYRT-CYTT-01-00	实训平台	1		

标记	处数	分区	更改文件号	签名	年.月.日			焊接模块机械安装图
设计	(签名)	(年月日)	标准化	(签名)	(年月日)	阶段标记	重量	比例
校对								
审核					共 1 张	第 1 张		
工艺		批准						

附录10 焊接模块气动原理图

序号	代号	名称	数量	材料	备注
6	MKB12-10LZ	旋转夹紧气缸	1		
5	TN10X20S	双轴气缸	1		
4	ASI201F-M5-04A	单向节流阀	6		
3	SY3120-5GZ-M5	单电磁二位五通换向阀	3		
2	AC20A-02-A	二联体	1		
1		空压机(气源)	1		

标记 处数 分区 更改文件号 签名 年,月,日

设计	(签名)	(年月日)	标准化	(签名)	(年月日)	阶段标记	重量	比例	焊接模块气动原理图
校对									
审核						共 1 张	第 1 张		
工艺			批准						

气源处理器

技术要求：按照标注基准安装抛光打磨模块。

SYRT-CY10 工业机器人操作与运维实训系统

序号	代号	名称	数量	材料	备注
7		工作台布线槽	1		
6		T型螺母 M6-30	4		
5		平垫6	4		
4		内六角圆柱头螺钉 M6×16	4		
3	SYRT-HQ-01-00	换片模块	1		
2	SYRT-PQ-01-00	压力传感器模块	1		
1	SYRT-CYTT-01-00	实训平台	1		

抛光打磨模块机械安装图

标记	处数	分区	更改文件号	签名	年.月.日			
设计		(签名)(年.月.日)	标准化	(签名)(年.月.日)		阶段标记	重量	比例
校对								
审核						共 1 张　第 1 张		
工艺			批准					

尺寸：270±2　130±2　290±2　430±1

6	SDA20X40S	顶出气缸	1		
5	TN10X20S	双轴气缸	1		
4	AS1201F-M5-04A	单向节流阀	4		
3	SY3120-5GZ-M5	单电磁二位五通换向阀	2		
2	AC20A-02-A	二联体	1		
1		空压机(气源)	1		
序号	代号	名称	数量	材料	备注

标记	处数	分区	更改文件号	签名	年.月.日		抛光打磨
设计	(签名)	(年月日)	标准化	(签名)	(年月日)	阶段标记	重量	比例
校对							模块气动原理图
审核						共 1 张	第 1 张
工艺			批准				

气源处理器

P　　A B　　1　2　3　4　5　6

附录13 视觉分拣模块机械安装图

序号	代号	名称	数量	材料	备注
7		工作台布线槽	1		
6		T型螺母 M6-30	4		
5		平垫6	4		
4		内六角圆柱头螺钉 M6×16	4		
3	SYRT-GJ-01-00	装配平台模块	1		
2	SYRT-SJ-01-00	压力传感器模块	1		
1	SYRT-CYTT-01-00	实训平台	1		

标记	处数	分区	更改文件号	签名	年.月.日				
设计	(签名)	(年月日)	标准化	(签名)	(年.月.日)	阶段标记	重量	比例
校对								
审核						视觉分拣模块机械安装图		
工艺			批准			共 1 张 第 1 张		

SYRT-CY10 工业机器人操作与运维实训系统

技术要求：按照标注基准安装视觉分拣模块。

附录13 视觉分拣模块机械安装图 **159**

高等职业教育新形态一体化教材

工业机器人
操作与运维
项目式教程

（技能手册）

孙红英　主编

化学工业出版社

·北京·

前言

本教材立足于高等职业教育人才培养目标，遵循主动适应社会发展需要，突出应用性、针对性和实用性，内容安排引入新技术、新标准，理论联系实际，加强实践能力培养和动手能力训练，注重工程应用能力和解决现场实际问题能力的培养。

为满足新时期教育教学改革的需求，立足高等职业教育的应用特色和能力本位，本教材精心设计了工业机器人技术、电气工程及自动化、机电设备技术、过程自动化技术等专业教学过程中的工业机器人操作与运维及取证考试的主要环节，全书分为知识手册与技能手册，知识手册主要以模块导读及思维导图作为学习指引，兼顾了相关理论知识的融入；技能手册则由不同项目组成，主要以技能训练工单的形式呈现，每个工单的内容细分为不同任务，保留了核心教学过程的操作步骤，确保实训课程的精炼性与实用性。

本教材由兰州石化职业技术大学孙红英主编，兰州石化职业技术大学宋博仕、魏孔贞、严健、马丽红、靳锐宁，甘肃畜牧工程职业技术学院李先山参编。具体分工如下：知识手册模块5～6、模块9～11，技能手册技能训练工单7～12由孙红英编写；知识手册模块1～4，技能手册技能训练工单13～14由宋博仕编写；知识手册模块7～8，技能手册技能训练工单1～4，附录2～4由严健编写；技能手册技能训练工单6由李先山编写；附录1由魏孔贞编写；附录5～13由马丽红编写；技能手册技能训练工单5、模块综合测试、思政课堂由靳锐宁编写。镇海石化建安工程股份有限公司王虎，山东蟠龙信息科技有限公司教研主任、原山东双元教育管理有限公司工程师曹义负责全书审稿工作，孙红英老师负责全书统稿及定稿工作。此外，兰州石化职业技术大学张鑫、童克波、张铭，山东双元教育管理有限公司张建波对本教材的编写给予了大力支持。

由于工业机器人技术发展迅速，教材内容仍可能存在一些疏漏和不足之处，敬请读者批评指正。

编　者

技能手册目录

技能训练工单 1

项目名称	工业机器人本体安装		班级		姓名	
隶属组			组长		指导教师	
伙伴成员			岗位分工			
能力目标	1. 能识别工业机器人安全风险； 2. 能识别工业机器人本体安全姿态； 3. 能正确穿戴工业机器人安全作业服与装备； 4. 能识别工业机器人示教操作的安全状态					
重点、难点	重点：识读技术文件。 难点：安装的操作方法					
材料准备	机械装配图、电气线路图、螺母、内六角螺栓、钢直尺、内六角扳手、扭矩扳手、记号笔					
设备准备	1. 检查机器人本体部件是否齐全； 2. 检查机器人本体是否有损坏					
任务 1：工业机器人本体安装						
知识基础	1. 工业机器人本体认识； 2. 识读技术文件； 3. 识读安装工艺					
任务要求	现有工业机器人到货接收，根据所掌握的知识完成本体安装					
机器人本体安装耗材						
序号	安装部件及耗材		图片示例			
1	工业机器人本体					
2	本体安装板					
3	快换工具					

序号	安装部件及耗材	图片示例
4	T形螺母	
5	内六角螺栓	
6	弹簧垫片	

机器人本体及快换工具安装		
序号	快换工具安装	图片示例
1	根据安装尺寸，依照基准对安装板安装尺寸进行画线，以右侧围栏内侧为基准线，在815cm处画线	
2	根据安装尺寸，依照基准对安装板安装尺寸进行画线，以正面围栏内侧为基准线，在10cm处画第二条线	
3	根据画线位置，进行安装板固定；使用M8×30螺栓对安装板进行固定；首先将螺栓插入第一个螺栓孔	
4	插入对角螺栓，之后插入第三个和第四个螺栓，使用内六角扳手旋转螺栓，进行预紧，预紧时，注意对角预紧	

序号	快换工具安装	图片示例
5	待四个螺栓预紧完成，调整扭矩扳手的扭矩为 10Nm，进行锁紧，锁紧时，当锁紧力矩到达预设力矩时，扭矩扳手会咔咔响。所有螺丝锁紧后，进行检查，做好防松标记，安装板安装完成	
6	使用吊装工具按照吊装方法，将机器人本体吊装或两人合作将工业机器人本体放置到安装板上，调整机器人底座固定孔与机器人安装板孔对齐，将 M10 螺栓插入第一个螺栓孔	
7	插入对角螺栓，之后插入第三个和第四个螺栓，使用内六方旋转螺栓，进行预紧，预紧时，注意对角预紧	
8	使用内六角扳手旋转螺栓，进行预紧，预紧时，注意对角预紧	
9	待四个螺栓预紧完成，调整扭矩扳手的扭矩为 25Nm，进行锁紧。所有螺栓锁紧完成后，使用扭矩扳手进行检查。检查完成后，做好防松标记，机器人本体安装完成	
10	调整快换工具方向，将快换工具安装孔与末端法兰安装孔对齐；根据机器人安装板安装经验，使用内六方扳手将快换工具固定在机器人末端法兰上，并将螺栓预紧	
11	调整扭矩扳手的扭矩为 5Nm，使用扭矩扳手，仍然按照对角进行锁紧。当锁紧力矩到达预设力矩时，扭矩扳手会咔咔响。所有螺丝锁紧完成后，使用扭矩扳手进行检查。检查完成后，做好防松标记；机器人快换工具安装完成	

任务 2：工业机器人控制柜连接	
知识基础	1. 识读技术文件； 2. 机器人控制柜连接认识； 3. 机器人开关机操作认识
任务要求	根据文件正确连接控制柜

机器人电气连接

序号	操作步骤	图片示例
1	使用剥线钳剥除 2×0.5 电缆外皮，露出电缆内部电线；长度约 30～50mm	
2	将电线放入剥线孔，挤压剥线钳。挤压后电线外皮将被切断，用手或虎口钳将切断的电线外皮剥下；完成剥线，长度约 10mm	
3	将 21、22 线号管分别套入 2×0.5 电缆蓝色、红色电线中（线号管套入时注意线号方向）	
4	将剥好的蓝色导线插入管型预绝缘端子中，导线线芯不能在管型预绝缘端子头部位置露出	
5	将管型预绝缘端子移至压线钳中（注意管型预绝缘端子绝缘层处露在压线钳口的外侧），挤压压线钳，管型预绝缘端子变形锁紧导线，将管型预绝缘端子旋转 90°，再次挤压压线钳，管型预绝缘端子与导线压接完成	

序号	操作步骤	图片示例
6	依次将红色导线与管型预绝缘端子压接完成	

机器人控制柜与本体连接

序号	操作步骤	图片示例
1	准备好工业机器人控制柜	
2	手持电缆的航空插头，插入到机器人本体电缆接口中，并紧固安装螺栓	
3	紧固本体接口的安装螺栓	

控制柜与示教器电缆连接

序号	操作步骤	图片示例
1	示教器的连接电缆连接到控制柜	

序号	操作步骤	图片示例
2	控制柜上的示教器电缆接口	
3	手持示教器电缆，对准控制柜电缆接口插入，顺时针紧固电缆接头	

机器人控制柜开机操作		
序号	操作步骤	图片示例
1	控制器关机状态	
2	控制器开机状态	

工业机器人气路安装		
序号	操作步骤	图片示例
1	备好气管	

序号	操作步骤	图片示例
2	备好真空发生器	
3	备好 Y 型减径三通	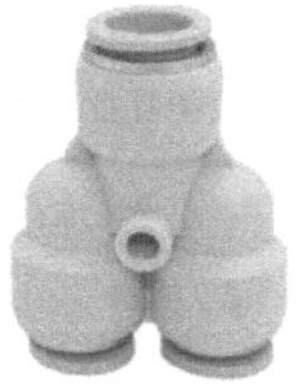
4	按图示位置安装电磁阀到机器人四轴上方，在安装电磁阀之前先将 3 根没有标签的 Φ4 进气管接入到电磁阀进气口	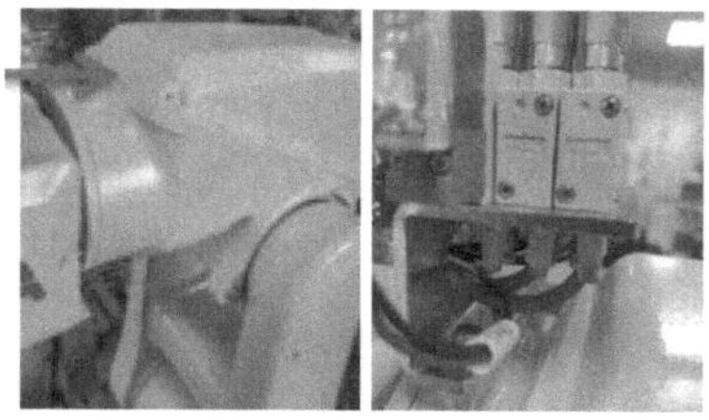
5	将 3 根没有标签的 Φ4 进气管另一端插入工业机器人四轴上面的出气孔	
6	找到连接电磁阀与快换公头的 Φ4 气管。按照快换公头上的数字标识（U/C/1/2/3/4/5/6）与气管上的标签（U/C/1/2/3/4/5/6）一一对应，把气管安装在快换公头上	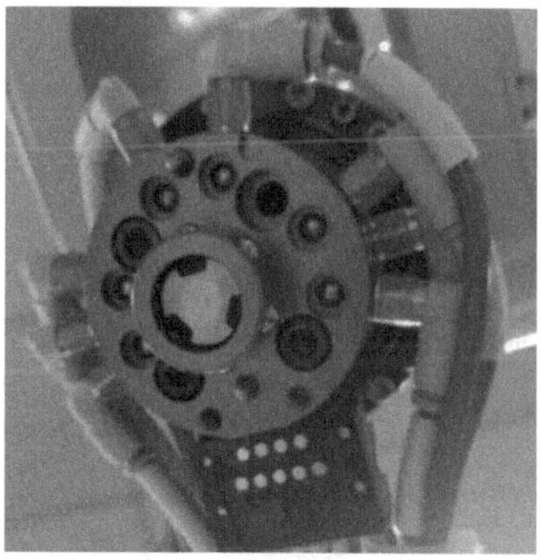

序号	操作步骤	图片示例
7	连接电磁阀气管。电磁阀左右两个插孔为一组。面向机器人按照从前向后从右到左的顺序分别插入标号为 U、C、5、2 的 Φ4 蓝色气管。剩余插孔插入 Φ6 的蓝色气管	
8	将刚才使用的 Φ6 蓝色气管另一端插入真空发生器出气口 V，使用 Φ6 短管连接真空发生器另一端与 Y 形减径三通的 Φ6 快速接口；将标号为 3、4 的两根 Φ4 蓝色气管插入 Y 形减径三通的两个 Φ4 快速接口中	
9	将标号为 6 的 Φ4 气管插入机器人四轴上方剩余的一个出气孔	
10	根据安装工艺卡，在离电磁阀模块气管接头连接处 60mm 处。使用白色尼龙扎带对气管进行绑扎	
11	第二根扎带绑扎在离第一根扎带 50mm 处，在绑扎的过程中，避免气管发生缠绕、打结等现象，依次将气路绑扎完毕；再使用斜口钳切割扎带，剩余长度不得大于 1mm	

项目验收

姓名		实训日期	
项目名称		工业机器人本体安装	

任务验收	验收内容		完成情况	
	1. 机器人本体安装		□完成	□未完成
	2. 机器人控制柜连接		□完成	□未完成

	考核内容	考核标准	分值	得分
小组成绩 （30%）	实操准备	工作服、鞋整洁穿戴	5	
		发型、指甲等符合工作要求	5	
		不佩戴首饰、钥匙、手表等	5	
		分工明确、合理分配时间	5	
		器材、耗材准备充分	5	
	任务安排	工具、零件不落地	5	
		操作过程注意不损坏零件	5	
		操作过程注意不损坏工具	5	
		注意人身安全	10	
	工作过程	了解机器人的组成部分	5	
		了解机器人本体的组成部分	5	
		了解机器人主要参数	5	
		根据图纸正确选择材料	5	
		根据图纸正确安装位置	5	
		正确安装底座	5	
		正确安装机器人本体	5	
		正确安装机器人末端执行器	5	
	实操清场	整理工位，保持整洁	5	
		清场时，会切断电源、气源，关闭门窗	5	
		合计	100	
	备注：如有人员受伤或设备损坏情况则为 0 分			

	考核内容	考核标准	分值	得分
个人成绩 （30%）	考勤	按时出勤，无迟到、早退和旷课	10	
	实操能力	操作规范、有序	30	
	任务完成	工作记录填写正确	10	
	课堂表现	遵守课堂纪律，积极回答课堂问题	10	
	课后作业	按时提交作业，态度认真，准确率高	10	
	自我管理	服从安排，能够按计划完成相应任务	10	
	团队合作	能与小组成员分工协作，完成任务实施与清场工作	10	
	创新能力	任务实施具有探索性和前景价值	10	
		合计	100	

| 延伸思考
（10%） | 1. 简述机器人本体安装时需要的工具有哪些？ |
| | 2. 简述工业机器人本体安装的步骤 |

实训总结 （30%）	实训 过程	
	遇到 问题	
	解决 办法	
	心得 体会	

| 总体评价 | 教师评价： | |
| | 总分 | |

技能训练工单 2

项目名称	工业机器人运动操作		班级		姓名	
隶属组			组长		指导教师	
伙伴成员			岗位分工			
能力目标	1. 能够正确使用机器人示教器； 2. 能操作机器人单轴运动； 3. 能操作机器人关节运动					
重点、难点	重点：示教器各按键功能。 难点：示教器操纵机器人动作					
材料准备	无					
设备准备	实训台					

任务 1：工业机器人示教器使用

知识基础	1. 示教器语言、时间设置； 2. 机器人日志查看； 3. 机器人零点复归； 4. 机器人文件备份及恢复
任务要求	根据所学机器人知识，正确设置机器人语音、时间，进行日志查看、零点复归及文件备份与恢复操作

示教器语言设置

序号	操作步骤	图片示例
1	在主菜单下单击控制面板	
2	找到设置当前语言，单击	

序号	操作步骤	图片示例
3	当前语言为中文，如果需要修改为其他语言则单击选择语言后单击确定	

示教器时间设置

序号	操作步骤	图片示例
1	在主菜单下单击控制面板	
2	找到日期和时间	
3	可根据实际时间对机器人时间进行设置	

机器人查看事件日志		
序号	操作步骤	图片示例
1	在示教器的主菜单下找到事件日志	
2	单击打开可看到机器人运行的事件日志信息	

零点复归		
序号	操作步骤	图片示例
1	动作机器人,使机器人各轴移动到校准标记位置。然后操作示教器,在主菜单下选择校准	
2	选择机器人	
3	选择手动方法(高级)	

序号	操作步骤	图片示例
4	选择校准参数，编辑电机校准偏移，选择是，将机器人本体上的电动机偏移记录下来	
5	输入刚才从机器人本体记录的电动机校准偏移数据，然后单击"确定"。如果示教器中显示的数值与机器人本体上的数值一致，则无需修改，直接单击"取消"，退出	
6	重启后选择校准，选择手动方法（高级）	
7	选择重新启动控制器，选择是	
8	选择确定	
9	如果六轴都要校准选择全选，如果只校准个别轴选择相应轴	

序号	操作步骤	图片示例
10	选择更新，零点复归完成	
11	A～F 为 1～6 轴的校准标记位置	

文件备份-系统备份

序号	操作步骤	图片示例
1	在主菜单下找到备份与恢复	
2	选择备份当前系统	
3	选择备份的路径，点击备份	

	文件备份-程序备份	
序号	操作步骤	图片示例
1	在主菜单中找到程序编辑器点击进入	
2	选择一个模块，点击左下角的文件，选择另存模块为	
3	通过找到 U 盘，点击确定	
4	在控制面板下选择配置系统参数	

	文件备份-参数备份	
序号	操作步骤	图片示例
1	找到 Signal	

序号	操作步骤	图片示例
2	点击左下角的文件，选择'EIO'另存为	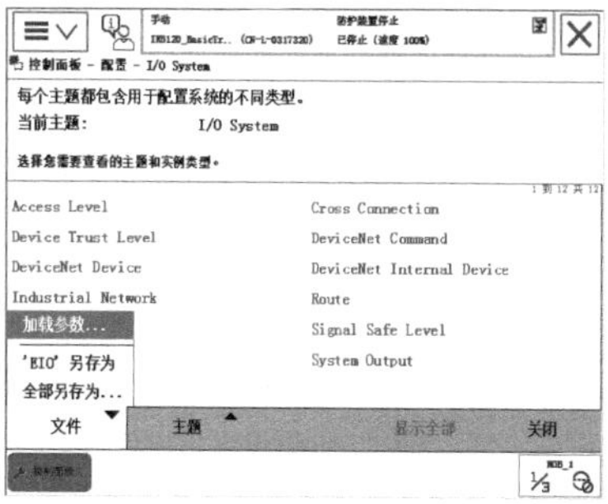
3	通过右图箭头指向按钮找到 U 盘，点击确定	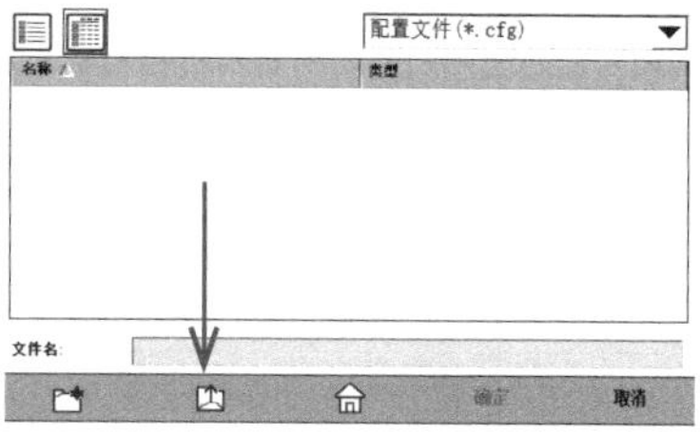

文件备份-系统恢复

序号	操作步骤	图片示例
1	在主菜单下找到备份与恢复	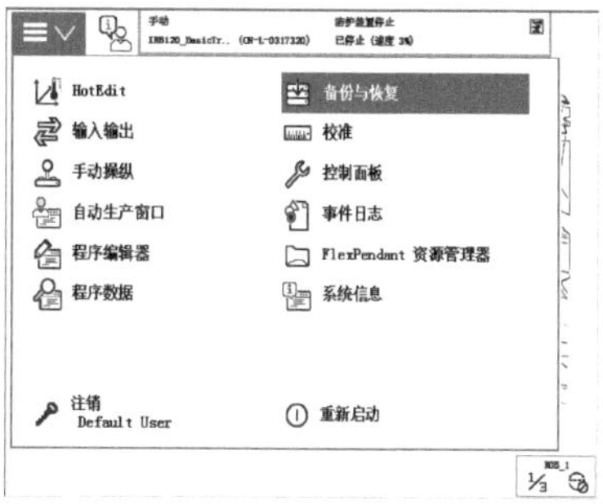
2	选择恢复系统	
3	选择恢复文件所在的路径，点击恢复	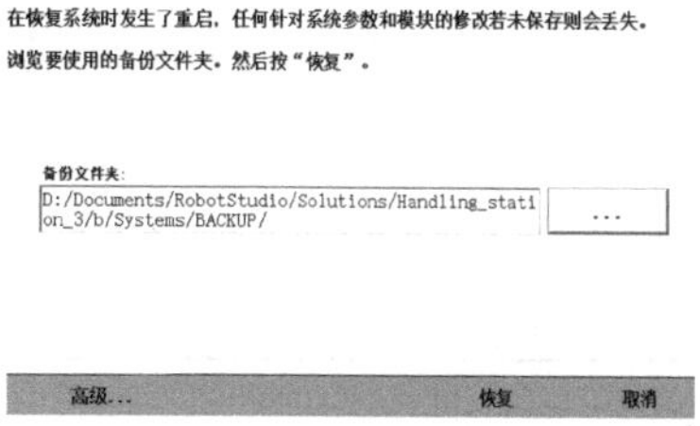

	文件恢复-程序恢复	
序号	操作步骤	图片示例
1	在主菜单中找到程序编辑器点击进入（ABB的以加载模块的方式导入程序）	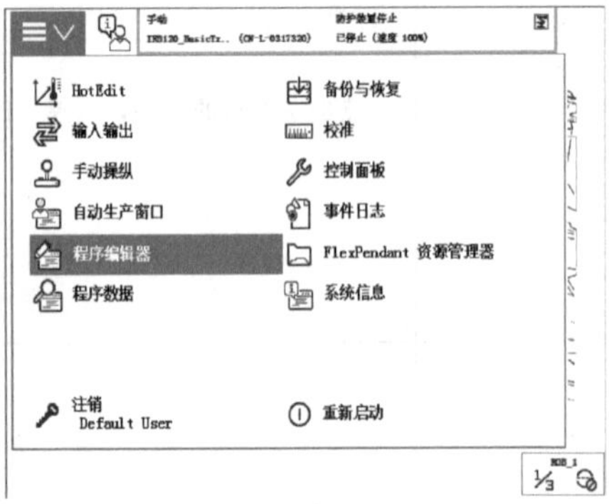
2	选择一个模块，点击左下角的文件，选择加载模块	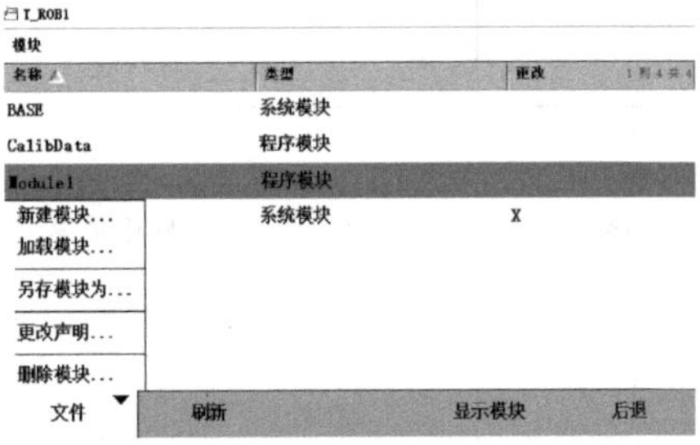
3	选择是	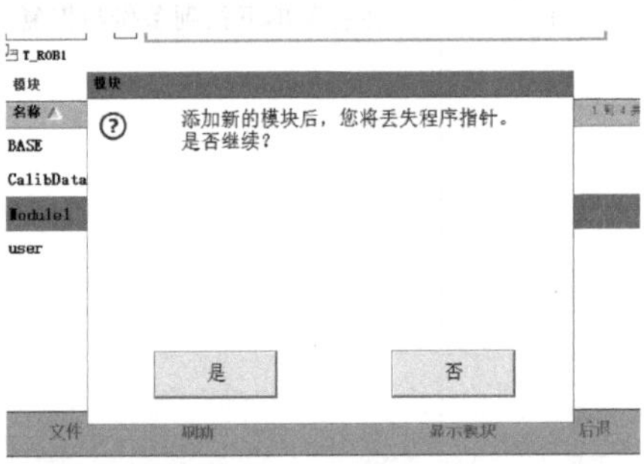
4	通过右图箭头指向按钮找到 U 盘，导入需要的模块，点击确定。提示重启则重启机器人	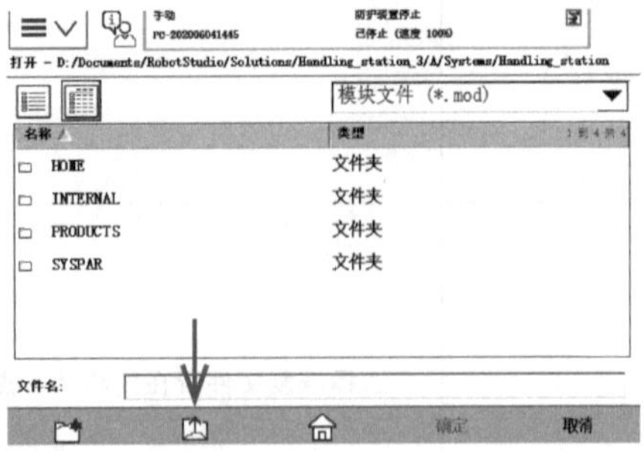

文件恢复-参数恢复		
序号	操作步骤	图片示例
1	在控制面板下选择配置系统参数	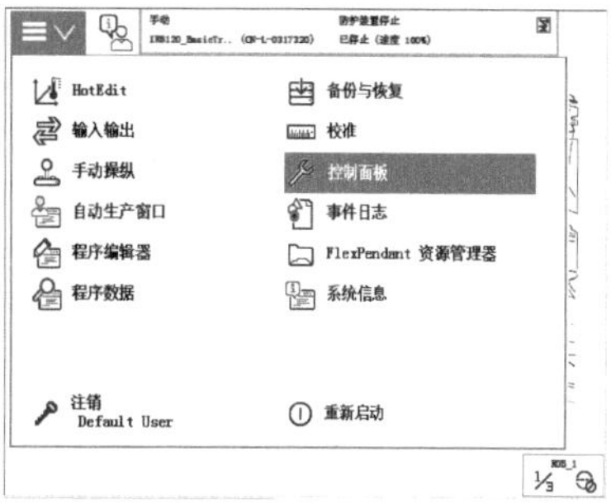
2	找到 Signal	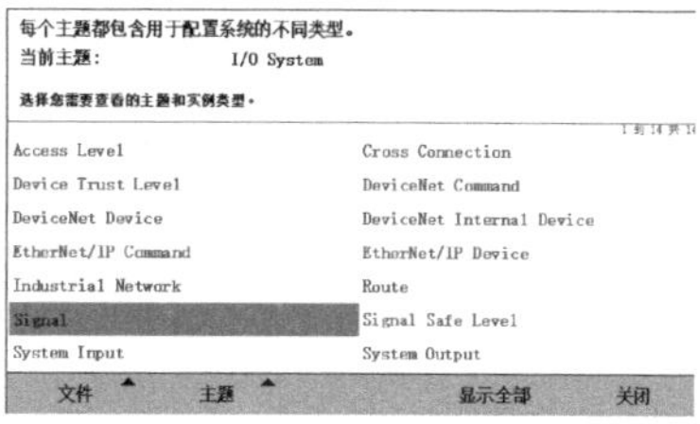
3	点击左下角的文件，选择加载参数	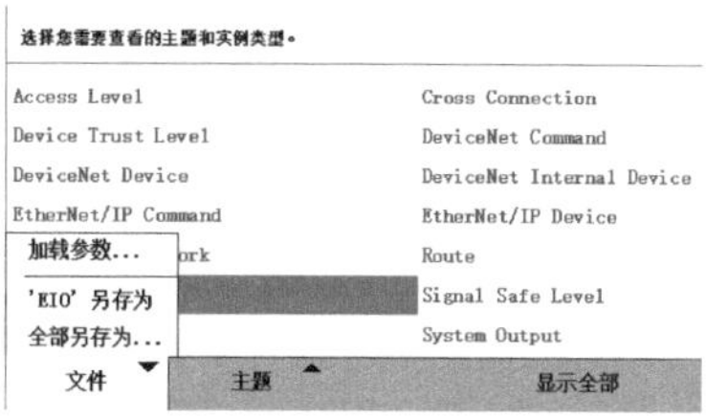
4	通过实际情况选择加载模式，确定后点击加载	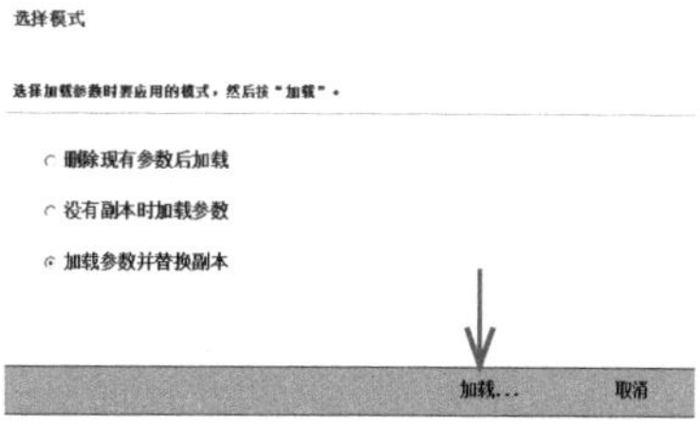
5	通过右图箭头指向按钮找到 U 盘，导入需要的参数数据，点击确定。提示重启则重启机器人	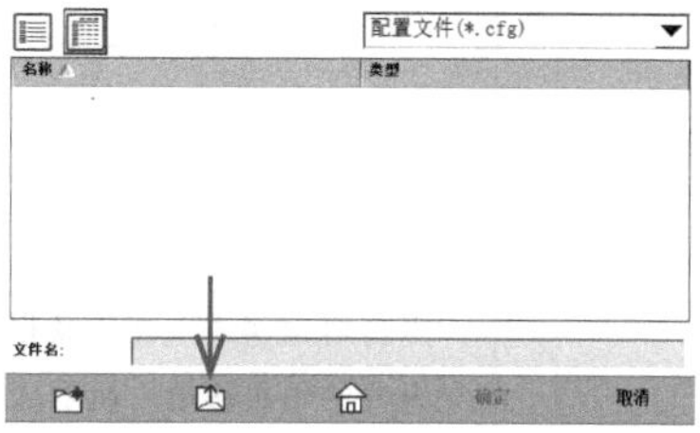
任务 2：使用示教器操作工业机器人运动		
知识基础	1. 机器人直线运动； 2. 机器人重定位运动	
任务要求	现有工业机器人，根据所学内容操作机器人动作	

机器人手动速度更改		
序号	操作步骤	图片示例
1	点击示教器右下角，如箭头所示，会出现速度设置界面，可以选择 0%、25%、50%、100%，也可以使用加减 1% 或 5% 调节速度	
2	点击相应的速度可直接选择	
3	点击增量模式（在手动操纵机器人时，通过操纵杆的每次移动，机器人就会相应地移动一小步），通过设置不同的增量级别来调整机器人运动的精细度	

	机器人关节运动	
序号	操作步骤	图片示例
1	通过图示示教器按键将机器人运动模式调整为关节运动（1～3 轴），右下角显示所示	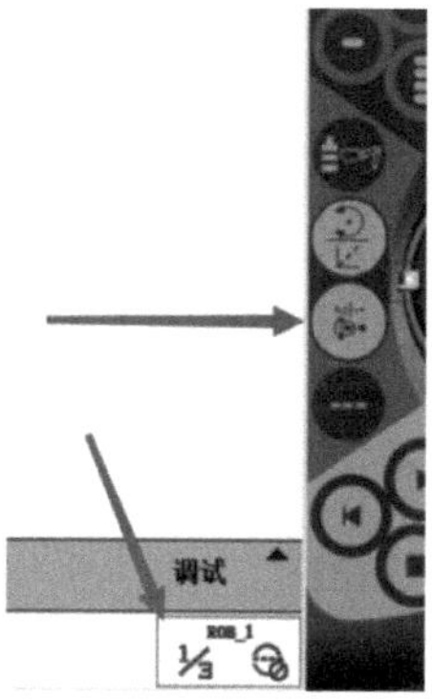
2	速度设为 25%。通过上下移动摇杆，观察 2 轴正、负向运动方向	
3	通过左右移动摇杆，观察 1 轴正、负向运动方向	
4	通过顺时针、逆时针转动摇杆，观察 3 轴正、负向运动方向	
5	通过图示示教器按键将机器人运动模式调整为关节运动（4～6 轴），右下角显示如图所示	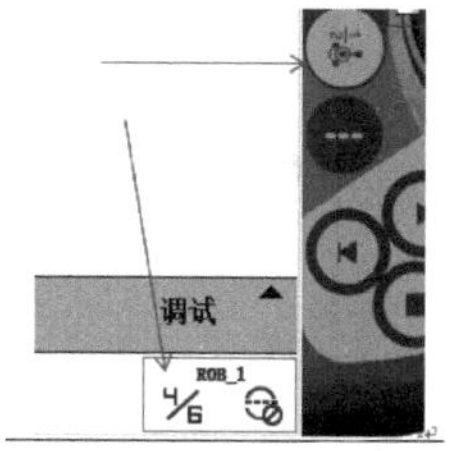
6	通过左右移动摇杆，观察 4 轴正、负向运动方向；上下移动摇杆，观察 5 轴正、负向运动方向；顺时针、逆时针转动摇杆，观察 6 轴正、负向运动方向	
	机器人直线运动	
序号	操作步骤	图片示例
1	单击手动操纵，出现动作模式、坐标系等的设置界面，单击坐标系，把坐标系设置为大地坐标	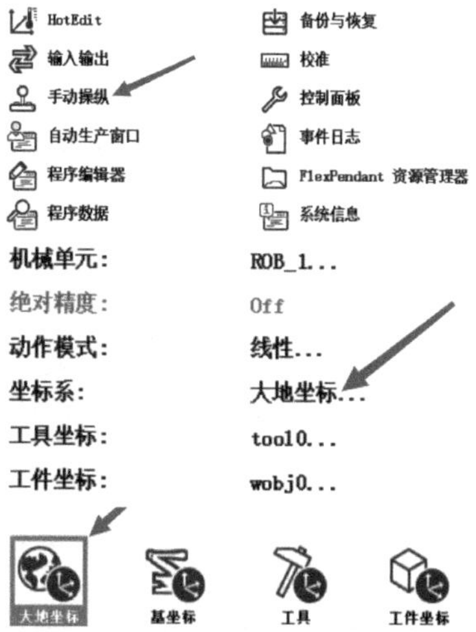

序号	操作步骤	图片示例
2	通过图示示教器按键将机器人运动模式调整为线性，右下角显示如图所示	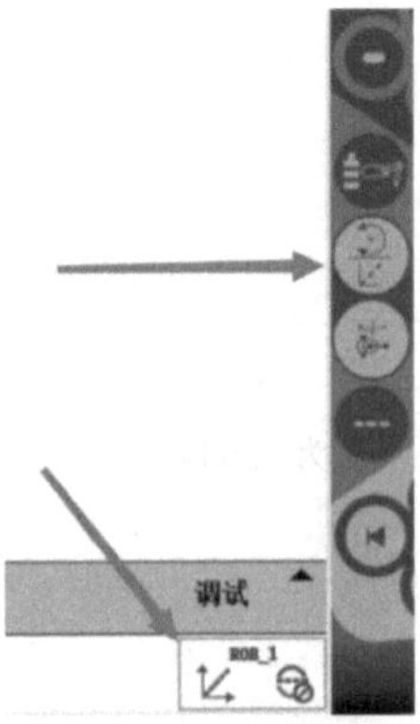
3	速度设为 25%。通过前后移动摇杆，观察 X 轴运动方向；通过左右移动摇杆，观察 Y 轴运动方向；通过顺时针、逆时针转动摇杆，观察 Z 轴运动方向	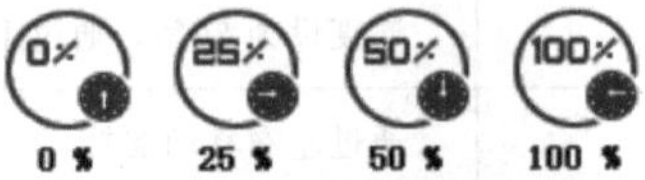 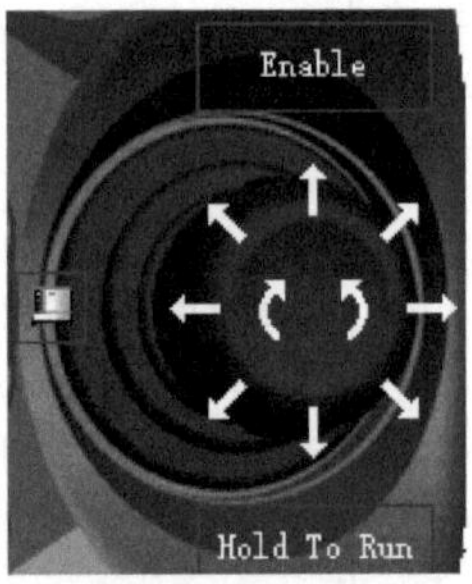
4	把坐标系依次设置为基坐标、工具坐标和工件坐标，动作机器人观察机器人运动方向	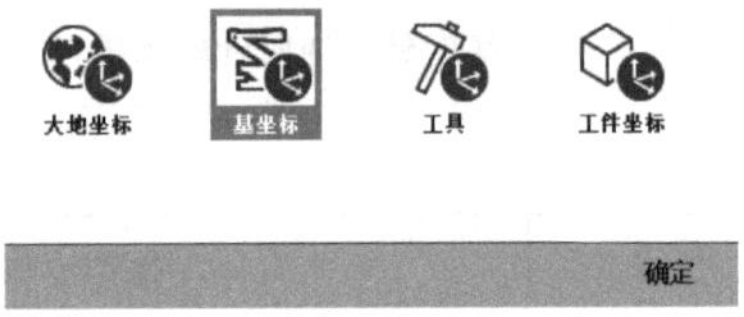

机器人重定位运动

序号	操作步骤	图片示例
1	单击手动操纵，出现动作模式、坐标系等的设置界面，单击坐标系，把坐标系设置为大地坐标	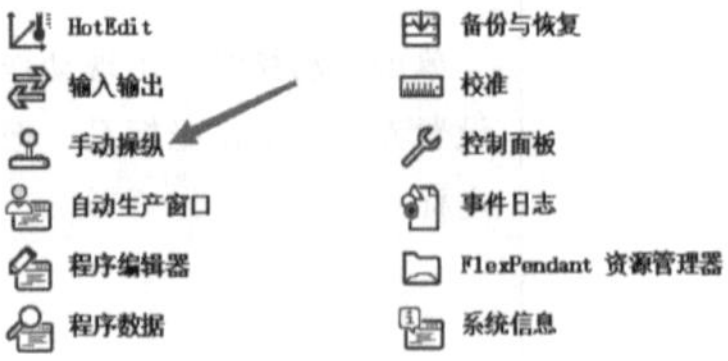 

序号	操作步骤	图片示例
2	通过图示示教器按键将机器人运动模式调整为重定位,右下角显示如图所示	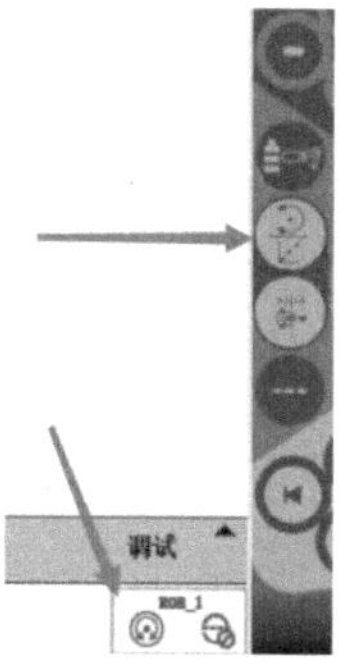
3	速度设为25%。通过前后移动摇杆,观察机器人动作;通过左右移动摇杆,观察机器人动作;通过顺时针、逆时针转动摇杆,观察机器人动作	
4	把坐标系依次设置为基坐标、工具坐标和工件坐标,观察机器人动作	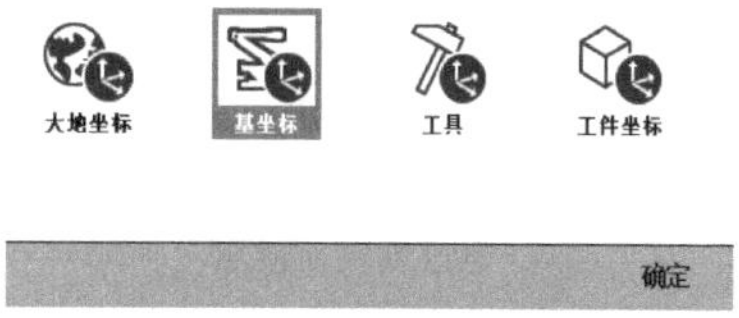

机器人走轨迹		
序号	操作步骤	图片示例
1	安装吸盘工具。在示教器找到输入输出单击,出现添加数字输出信号。把DO00设置为0,DO01设置为1。拿起吸盘工具安装到快换公头,会听到有出气的声音,保持不动,把DO00设置为1,DO01设置为0,吸盘工具安装到机器人上	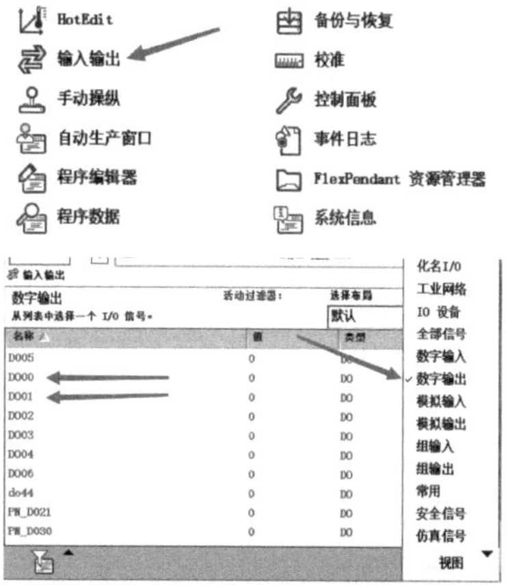
2	把吸盘工具上附带的指针工具安装到吸盘下方	

序号	操作步骤	图片示例
3	在手动操纵界面把动作模式设置为线性，坐标系选择为大地坐标。动作机器人，熟悉摇杆上下、左右、顺时针逆时针对应的机器人动作方向。把速度设置为 25%	
4	动作机器人，使机器人指针工具接近轨迹模块上三角形形状的第一个点，注意指针不要与轨迹模块面接触	
5	动作机器人，使机器人指针工具接近轨迹模块上三角形形状的第二个点	
6	逆时针转动示教器摇杆，使机器人上升一定距离。卸下指针工具，安装到刚才的相反方向，使指针工具尖端向上	

项目验收

姓名		实训日期	
项目名称		工业机器人运动操作	

<table>
<tr><td rowspan="3">任务验收</td><td colspan="2">验收内容</td><td colspan="2">完成情况</td></tr>
<tr><td colspan="2">1. 机器人直线、重定位与关节运动操作</td><td>□完成</td><td>□未完成</td></tr>
<tr><td colspan="2">2. 事件日志查看</td><td>□完成</td><td>□未完成</td></tr>
<tr><td></td><td colspan="2">3. 机器人走轨迹操作</td><td>□完成</td><td>□未完成</td></tr>
</table>

小组成绩（30%）	考核内容	考核标准	分值	得分
	实操准备	工作服、鞋整洁穿戴	5	
		发型、指甲等符合工作要求	5	
		不佩戴首饰、钥匙、手表等	5	
		分工明确、合理分配时间	5	
		器材、耗材准备充分	5	
	任务安排	工具、零件不落地	5	
		操作过程注意不损坏零件	5	
		操作过程注意不损坏工具	5	
		注意人身安全	10	
	工作过程	正确认识示教器的组成	5	
		正确操作示教器	5	
		简单操作机器人运动	10	
		操作机器人直线运动和关节运动	10	
		手动更改机器人速度	10	
	实操清场	整理工位，保持整洁	5	
		清场时，会切断电源、气源，关闭门窗	5	
	合计		100	
	备注：如有人员受伤或设备损坏情况则为0分			

个人成绩（30%）	考核内容	考核标准	分值	得分
	考勤	按时出勤，无迟到、早退和旷课	10	
	实操能力	操作规范、有序	30	
	任务完成	工作记录填写正确	10	
	课堂表现	遵守课堂纪律，积极回答课堂问题	10	
	课后作业	按时提交作业，态度认真，准确率高	10	
	自我管理	服从安排，能够按计划完成相应任务	10	
	团队合作	能与小组成员分工协作，完成任务实施与清场工作	10	
	创新能力	任务实施具有探索性和前景价值	10	
	合计		100	

延伸思考 （10%）	1. 简述工业机器人直线运动、重定位运动及关节运动如何切换	
	2. 简述查看事件日志的步骤	
实训总结 （30%）	实训 过程	
	遇到 问题	
	解决 办法	
	心得 体会	
总体评价	教师评价：	
	总分	

技能训练工单 3

项目名称	工业机器人坐标系标定	班级		姓名	
隶属组		组长		指导教师	
伙伴成员			岗位分工		
能力目标	1. 能明白坐标系分类； 2. 能知道坐标系的应用； 3. 能操作机器人完成坐标系标定				
重点、难点	机器人在做焊接、抛光、打磨等复杂生产工艺时用坐标系是最方便工作的。 重点：机器人坐标系分类与坐标系认识。 难点：机器人坐标系标定				
材料准备	无				
设备准备	1. 检查机器人是否能够正常上电； 2. 末端执行器与夹具库				

任务 1：工业机器人工具坐标系标定

知识基础	1. 工具坐标系标定方法； 2. 工具坐标系标定的操作步骤
任务要求	现有工业机器人操作与运维实训系统已调试完毕，根据课堂所学知识，建立新的工具坐标系

工具坐标系标定		
序号	操作步骤	图片示例
1	单击主菜单按钮，选择手动操纵	
2	选择工具坐标	

序号	操作步骤	图片示例
3	单击新建	
4	对工具属性进行设定后单击确定	
5	选中新建工具坐标后单击编辑菜单中的定义选型	
6	选择 TCP 和 Z、X，使用 6 点法设定 TCP。 4 点法：不改变 Tool0 的坐标方向； 5 点法：改变 Tool 的 Z 方向；6 点法：改变 Tool 的 Z 和 X 方向。前 3 个点的姿态相差尽量大些，这样有利于提高 TCP 的精度	
7	选择合适的手动操纵模式，按下使能键，动作机器人使指针工具靠近固定点，作为第一个点，单击修改位置，将点 1 的位置记录下来	
8	以同样的方法对其余 5 点进行设置，其中第 2、3 点以不同的姿态靠近固定点，4 点在固定点正上方，5 点沿 X 方向，6 点沿 Z 方向	

序号	操作步骤	图片示例
9	将6个点设定好以后选中新建工具坐标，打开编辑菜单选择更改值，根据实际情况设置工具的质量（mass）和重心位置数据（cog），点击确定	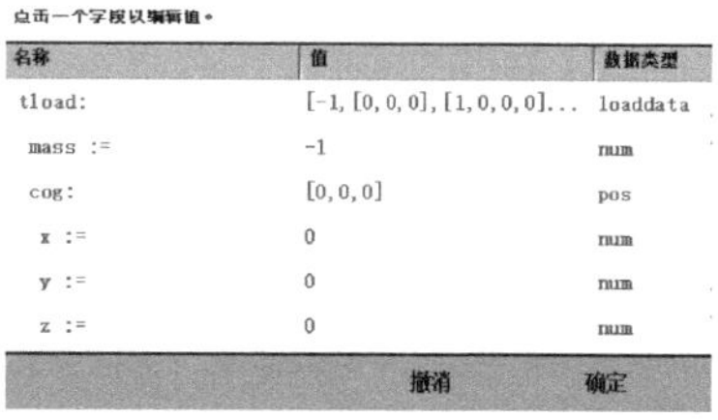

任务2：工业机器人工件坐标系标定

知识基础	1. 工件坐标系标定方法； 2. 工件坐标系标定的操作步骤； 3. 工件坐标系启用
任务要求	现有工业机器人操作与运维实训系统已调试完毕，根据课堂所学知识，建立新的工件坐标系

工件坐标系标定

序号	操作步骤	图片示例
1	在手动操纵界面中选择工件坐标	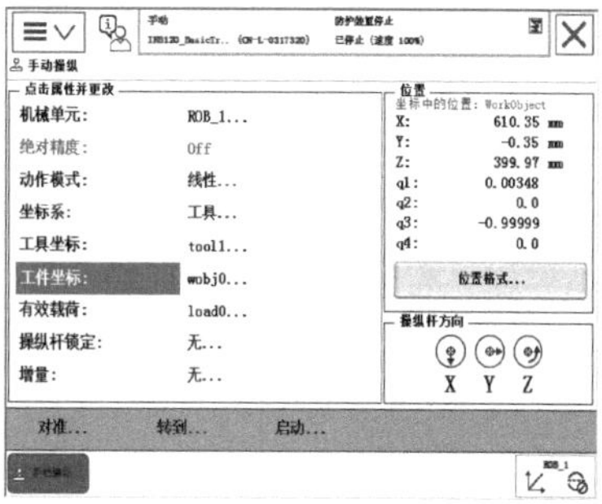
2	单击新建	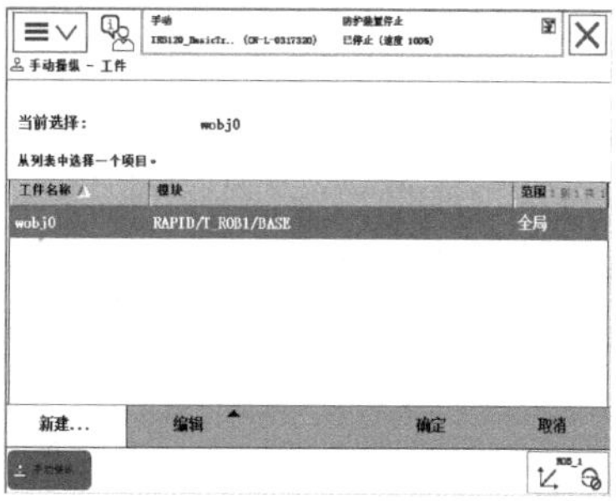
3	对工件坐标数据属性进行设定后，单击确定	

序号	操作步骤	图片示例
4	打开编辑菜单,选择定义	
5	将用户方法设定为 3 点	
6	手动操纵机器人,使末端执行器尖端靠近定义工件坐标的 X1 点。 点击修改位置,将 X1 点记录下来。同理将 X2 点、Y1 点记录下来	
7	对自动生成的工件坐标数据进行确认后,单击确定。选中 wobj1 后,单击确定。动作模式选线性,坐标系选工件,观察机器人动作情况	

项目验收

姓名		实训日期	
项目名称		工业机器人坐标系标定	

任务验收	验收内容		完成情况	
	1. 建立工具坐标系的步骤		□完成	□未完成
	2. 工件坐标系的建立		□完成	□未完成

	考核内容	考核标准	分值	得分
小组成绩 （30%）	实操准备	工作服、鞋整洁穿戴	5	
		发型、指甲等符合工作要求	5	
		不佩戴首饰、钥匙、手表等	5	
		分工明确、合理分配时间	5	
		器材、耗材准备充分	5	
	任务安排	工具、零件不落地	5	
		操作过程注意不损坏零件	5	
		操作过程注意不损坏工具	5	
		注意人身安全	10	
	工作过程	正确选择工具坐标系标定方法	6	
		正确进行工具坐标系标定	8	
		正确进行工具坐标系激活	6	
		正确描述出工件坐标系标定方法	6	
		正确操作机器人工件坐标系标定	8	
		正确激活工件坐标系	6	
	实操清场	整理工位，保持整洁	5	
		清场时，会切断电源、气源，关闭门窗	5	
	合计		100	
	备注：如有人员受伤或设备损坏情况则为 0 分			

	考核内容	考核标准	分值	得分
个人成绩 （30%）	考勤	按时出勤，无迟到、早退和旷课	10	
	实操能力	操作规范、有序	30	
	任务完成	工作记录填写正确	10	
	课堂表现	遵守课堂纪律，积极回答课堂问题	10	
	课后作业	按时提交作业，态度认真，准确率高	10	
	自我管理	服从安排，能够按计划完成相应任务	10	
	团队合作	能与小组成员分工协作，完成任务实施与清场工作	10	
	创新能力	任务实施具有探索性和前景价值	10	
	合计		100	

延伸思考 （10%）	1. 简述 4 点法、5 点法与 6 点法建立工具坐标系的区别	
	2. 简述新建工件坐标系的操作步骤	
实训总结 （30%）	实训 过程	
	遇到 问题	
	解决 办法	
	心得 体会	
总体评价	教师评价：	
	总分	

技能训练工单4

项目名称	运行工业机器人程序		班级		姓名	
隶属组			组长		指导教师	
伙伴成员				岗位分工		
能力目标	1. 能操作机器人进行点位示教； 2. 能在手动模式下运行程序； 3. 能做好自动运行准备； 4. 能在自动模式下运行程序					
重点、难点	机器人程序恢复到示教器以后是不能直接运行的，运行之前必须操作机器人对每个点位进行示教，为保证安全，点位示教完成以后先对程序进行手动运行，确保手动运行没有问题以后再自动运行程序。 重点：程序的运动轨迹与点位示教。 难点：自动运行程序操作步骤					
材料准备	物料					
设备准备	1. 检查机器人是否可以安全通电； 2. 检查示教器里面是否有程序					
任务1：手动运行工业机器人程序						
知识基础	1. 手动运行的认识； 2. 点位示教知识； 3. 手动运行的操作方法					
任务要求	现有工业机器人，根据手动操作进行点位示教					
点位示教						

序号	操作步骤	图片示例
1	建立新程序（以搬运为例），手动安装吸盘工具	
2	单击打开程序编辑器，单击文件，单击新建模块。出现新建模块界面，模块名字可以默认，也可以单击"ABC"进行修改。这里默认。单击确定	
2	单击打开程序编辑器，单击文件，单击新建模块。出现新建模块界面，模块名字可以默认，也可以单击"ABC"进行修改。这里默认。单击确定	HotEdit　　　　　　备份与恢复 输入输出　　　　　　校准 手动操纵　　　　　　控制面板 自动生产窗口　　　　事件日志 程序编辑器 ←　　　　FlexPendant 资源管理器 程序数据　　　　　　系统信息

序号	操作步骤	图片示例
2	单击打开程序编辑器，单击文件，单击新建模块。出现新建模块界面，模块名字可以默认，也可以单击"ABC"进行修改。这里默认。单击确定	
3	这时出现所有模块，选中 Module1，单击显示模块	
4	在 Module1 模块中建立新的例行程序。在打开的 Module1 模块中单击例行程序，单击文件，单击新建例行程序。将例行程序的名字修改为 banyun。单击确定，选中 banyun，单击显示例行程序，出现例行程序的编程界面	

序号	操作步骤	图片示例
4	在 Module1 模块中建立新的例行程序。在打开的 Module1 模块中单击例行程序，单击文件，单击新建例行程序。将例行程序的名字修改为 banyun。单击确定，选中 banyun，单击显示例行程序，出现例行程序的编程界面	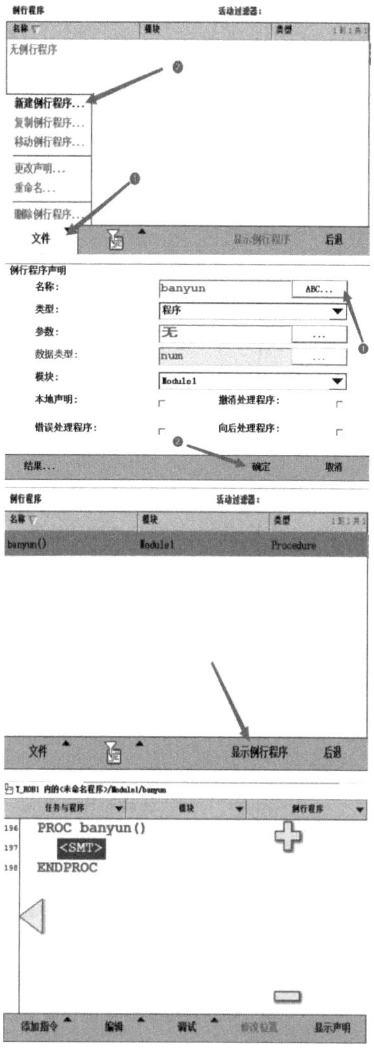
5	用关节动作把机器人第 5 轴设为 90°，其余轴设为 0°，根据吸盘工具是否水平微调 5 轴。在 banyun 例行程序界面单击添加指令，选择 MoveAbsJ，出现如右图第一条程序	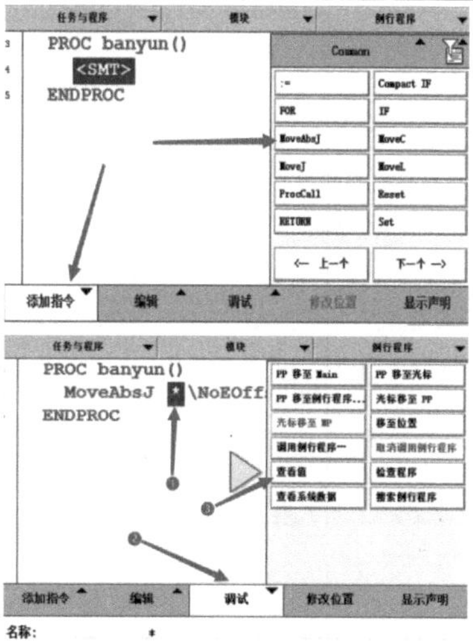

序号	操作步骤	图片示例
5	用关节动作把机器人第 5 轴设为 90°，其余轴设为 0°，根据吸盘工具是否水平微调 5 轴。在 banyun 例行程序界面单击添加指令，选择 MoveAbsJ，出现如右图第一条程序	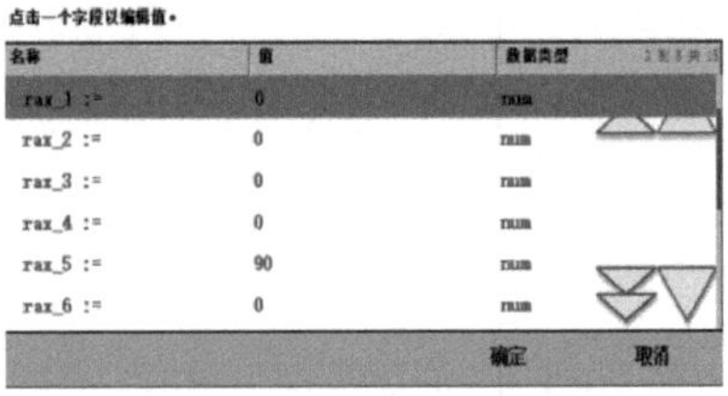
6	"＊"为未命名的点位，单击两次＊号位置，出现设置界面。单击新建，单击名称后面的"…"符号，可以修改名称，这里修改为 phome，为程序的起始位置。如果点位已经命名但位置不合适，此时先将机器人移动到合适位置，然后单击修改位置，在弹出的界面单击修改，可修改点位位置	

序号	操作步骤	图片示例
7	MoveJ 关节运动：MoveJ 用于将机械臂迅速地从一点移动至另一点，机械臂和外轴沿非线性路径运动至目的位置，工具在两个指定的点之间任意运动； MoveL 直线运动：MoveL 用于将工具中心点沿直线移动至给定目的；V1000 为运行速度，Z50 为转弯半径，这两个参数修改方式和点位修改一致，这里将 V1000 修改为 V200，Z50 修改为 fine	
8	在手动操纵界面把动作模式设置为线性，坐标系选择为大地坐标。速度设置为 25%	
9	动作机器人，使机器人吸盘工具到达搬运码垛模块中间物块的正上方。（注：为使机器人位置准确，在操作时，先将机器人吸盘工具与物块接触，再抬升机器人），单击添加指令，添加一个 MoveJ，点位命名为 jjd	 PROC banyun() 　MoveJ phome, v200, fine, tool0; 　MoveJ jjd, v200, fine , tool0; ENDPROC
10	顺时针转动摇杆，使机器人下落到吸盘工具与物块接触。添加一个 MoveL，点位命名为 zqd	PROC banyun() 　MoveAbsJ phome\NoEOffs, v200, fine, to 　MoveJ jjd, v200, fine, tool0; 　MoveL zqd, v200, fine, tool0; ENDPROC
11	逆时针转动摇杆抬升机器人一定距离，添加 MoveL 指令，点位名称可默认也可修改	

序号	操作步骤	图片示例
12	动作机器人，使机器人吸盘工具到达轨迹模块放料处的正上方。（注：为使机器人位置准确，在操作时，先将机器人吸盘工具携带物块与轨迹模块接触，再抬升机器人），添加 MoveJ 指令，点位名称可默认也可修改	
13	顺时针转动摇杆，使机器人吸盘工具处物块到达轨迹模块，添加 MoveJ 指令，点位名称可默认也可修改	
14	按添加 Set 的方式添加 Reset 指令，同样选择 DO03。添加 WaitTime 指令，输入 0.5。逆时针转动摇杆抬升机器人一定距离，添加 MoveL，点位名称可默认也可修改	
15	重复此过程，将搬运码垛模块的其他 3 个物块搬到轨迹模块	

已有程序点位需要重新示教		
序号	操作步骤	图片示例
1	已有程序但点位需要重新示教在主菜单下找到程序编辑器，点击进入	
2	找到相应模块中的例行程序	
3	示教器上选择需要修改位置的行，动作将机器人移动到合适位置，点击修改位置，点击修改，该点示教完成	

手动运行		
序号	操作步骤	图片示例
1	在程序编辑器中找到合适的模块与例行程序，显示例行程序	
2	单击调试，选择 PP 移至例行程序，选择需要执行的例行程序或选择 PP 移至 Main，执行主程序。在例行程序执行过程中若要跳到某一句，先选择该语句，再单击 PP 移至光标	
3	1 键为步进按钮。按下此按钮，可使程序前进到下一条指令，单步执行；2 键为启动按钮。开始执行程序，连续执行；3 键为停止按钮。停止程序执行；4 键为步退按钮。按下此按钮，可使程序后退至上一条指令，单步执行	

任务 2：自动运行工业机器人程序		
知识基础	1. 程序自动运行操作方法； 2. 控制柜选择模式	
任务要求	现有工业机器人，根据任务一实训内容对手动程序转换成自动运行模式	
自动运行程序		
序号	操作步骤	图片示例
1	进行程序自动运行之前程序一定经过手动运行验证，注意程序中设定的速度，最好设定在 V100 以下，自动状态是全速运行	
2	在控制柜面板上通过钥匙将旋钮打到自动状态，确定示教器上出现的信息	
3	按一下控制柜面板上的白色电机启动按钮，按钮常亮	
4	单击 PP 移至 Main	18　　　　Set DO_sucker; 19　　　　MoveL Target_40,v200,fine,Suct: 20　　　　MoveJ Target_50,v200,fine,Suct: 21　　　　MoveJ Target_60,v200,fine,Suct: 22　　　　MoveL Target_70,v200,fine,Suct: 23　　　　Reset DO_sucker; 24　　　　MoveL Target_80,v200,fine,Suct: 25　　　　MoveJ Target_90,v200,fine,Suct: 26　　ENDPROC 27　　PROC PROC_Main() 加载程序...　　PP 移至 Main
5	按一下示教器启动按钮，机器人自动运行	

项目验收

姓名		实训日期	
项目名称		运行工业机器人程序	

任务验收	验收内容		完成情况	
	1. 机器人点位示教与程序编写		□完成　　□未完成	
	2. 机器人程序的手动与自动运行		□完成　　□未完成	

	考核内容	考核标准	分值	得分
小组成绩 （30%）	实操准备	工作服、鞋整洁穿戴	5	
		发型、指甲等符合工作要求	5	
		不佩戴首饰、钥匙、手表等	5	
		分工明确、合理分配时间	5	
		器材、耗材准备充分	5	
	任务安排	工具、零件不落地	5	
		操作过程注意不损坏零件	5	
		操作过程注意不损坏工具	5	
		注意人身安全	10	
	工作过程	正确示教各个点位	5	
		手动运行程序	5	
		手动运行程序且点位精准	10	
		正确选择控制柜模式	5	
		正确选择示教器模式	5	
		程序正常运行	10	
	实操清场	整理工位，保持整洁	5	
		清场时，会切断电源、气源，关闭门窗	5	
	合计		100	
	备注：如有人员受伤或设备损坏情况则为 0 分			

	考核内容	考核标准	分值	得分
个人成绩 （30%）	考勤	按时出勤，无迟到、早退和旷课	10	
	实操能力	操作规范、有序	30	
	任务完成	工作记录填写正确	10	
	课堂表现	遵守课堂纪律，积极回答课堂问题	10	
	课后作业	按时提交作业，态度认真，准确率高	10	
	自我管理	服从安排，能够按计划完成相应任务	10	
	团队合作	能与小组成员分工协作，完成任务实施与清场工作	10	
	创新能力	任务实施具有探索性和前景价值	10	
	合计		100	

延伸思考 （10%）	1. 简述 MoveJ、MoveL 运动指令的特点	
	2. 小组讨论回答机器人编程过程的注意事项	
实训总结 （30%）	实训 过程	
	遇到 问题	
	解决 办法	
	心得 体会	
总体评价	教师评价：	
	总分	

技能训练工单 5

项目名称	搬运码垛工作站的安装与连接		班级		姓名	
隶属组			组长		指导教师	
伙伴成员				岗位分工		
能力目标	1. 能正确识读机械图纸，电气原理图并识别安装位置； 2. 能正确识读气动原理图； 3. 能根据机械装配图及工艺卡，使用正确工具安装					
重点、难点	重点：图纸的识读。 难点：安装工艺的过程					
材料准备	钢直尺，内六角扳手，铅笔，内六角螺栓，T形螺母，平垫，螺丝刀，数字万用表，扎带，气管，扎带扣，斜口钳					
设备准备	1. 检查机器人是否能够正常上电； 2. 工具是否齐全					
任务1：工业机器人搬运码垛模块机械安装						
知识基础	1. 推料机构的认识； 2. 运输机构的认识； 3. 码垛模块的认识； 4. 识读机械图纸					
任务要求	现有工业机器人操作与运维系统添加搬运码垛工作站模块，已调试完毕，要求根据机械图纸，电气图纸，气动原理图，安装工艺图纸来完成搬运码垛工作站模块的安装					
工业机器人搬运码垛模块认知						
序号	操作步骤		图片示例			
1	推料机构		 推料机构			
2	运输机构		 运输机构			

序号	操作步骤	图片示例
3	码垛机构	 工件凹槽 码垛台

搬运码垛模块机械安装		
序号	操作步骤	图片示例
1	在主菜单下单击控制面板	
2	根据安装尺寸，依照基准对安装板安装尺寸进行画线，以正面线槽内侧为基准线，在45mm处画第二条线	
3	将M6×16带有平垫螺栓插入搬运码垛模块安装孔内，将T形螺母拧入M6×16螺栓中；根据画线位置，进行搬运码垛模块固定；使用M6×16螺栓对搬运码垛模块进行固定	

序号	操作步骤	图片示例
4	使用内六角扳手旋转螺栓，进行紧固，固定螺栓时，注意 T 型螺母垂直于基板铝型材线槽，搬运码垛模块安装完毕	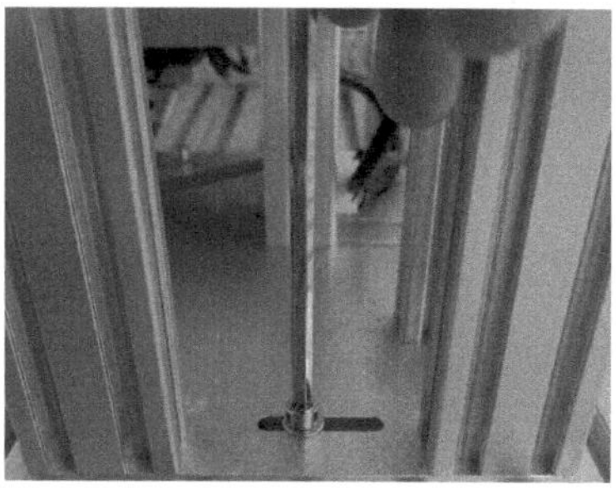

任务 2：工业机器人搬运码垛模块电气连接

知识基础	1. 识读电气原理图； 2. 电气连接安装工艺
任务要求	现有工业机器人操作与运维系统添加搬运码垛模块，根据课堂所学电气图纸知识，完成模块的电气连接

搬运码垛模块电气连接

序号	操作步骤	图片示例
1	搬运码垛模块内部电气连接已连接完毕，现只需要将网线与台体上的交换机连接；电源连接线和台体上的电源模块连接	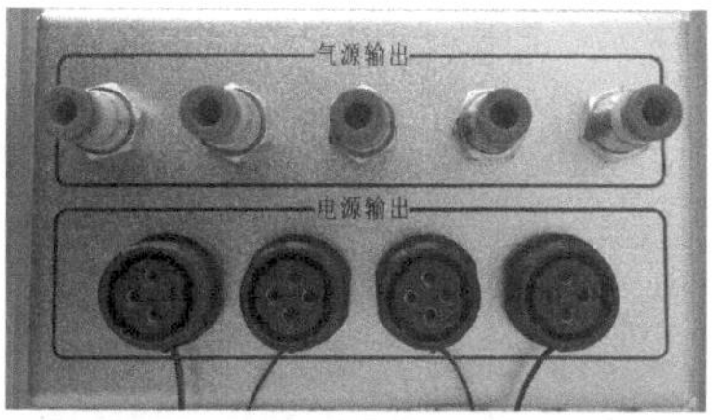 
2	搬运码垛模块电气连接所需耗材有：模块连接电缆、模块连接网线	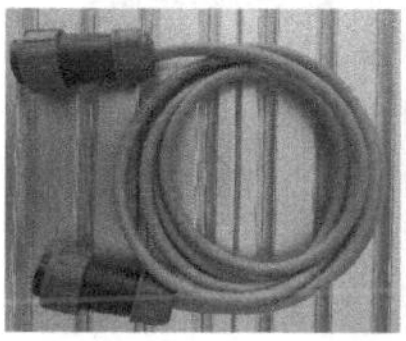 
3	将连接电缆的航空插头的母头插入搬运码垛模块航空插头连接器的公头	 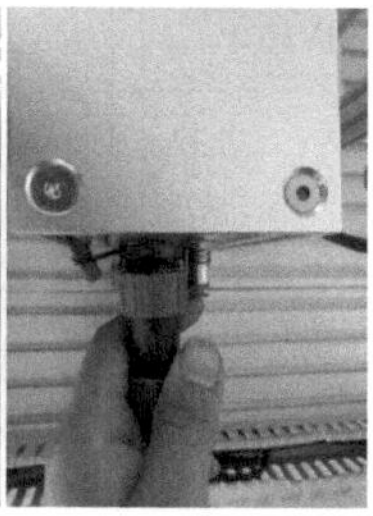

序号	操作步骤	图片示例
4	将连接电缆的航空插头的另一头（公头）插入电源模块航空插头连接器的母头	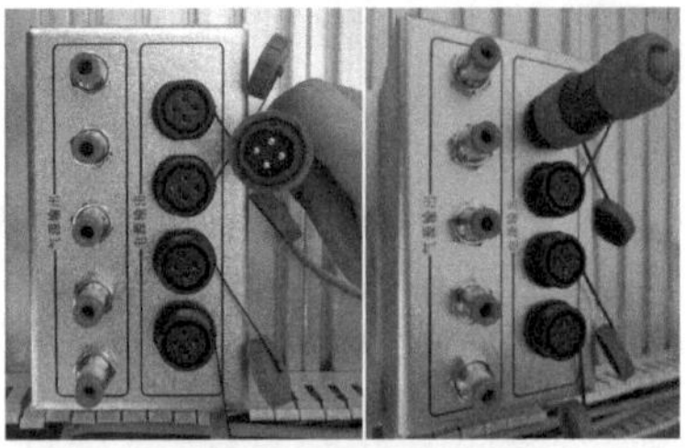
5	将网线水晶头一端插入搬运码垛模块网线口处	
6	将网线水晶头另一端插入工交换机网线口中，搬运码垛模块电气连接完毕	

任务 3：工业机器人搬运码垛模块气路连接

知识基础	1. 识读气动原理图； 2. 气路连接安装工艺
任务要求	现有工业机器人操作与运维系统添加搬运码垛模块，根据课堂所学气动知识，完成模块的气路连接

搬运码垛模块气路连接

序号	操作步骤	图片示例
1	搬运码垛模块内部气路连接已连接完毕，现只需要将气管与台体上的气路模块连接	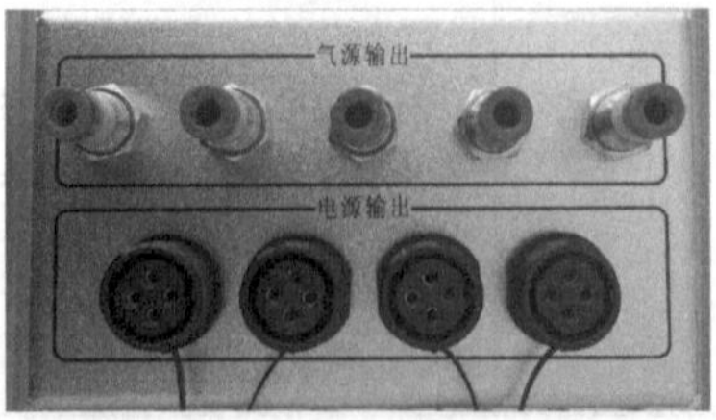

序号	操作步骤	图片示例
1	搬运码垛模块内部气路连接已连接完毕，现只需要将气管与台体上的气路模块连接	
2	将Φ6的蓝色气管一端插入搬运码垛气管接口中	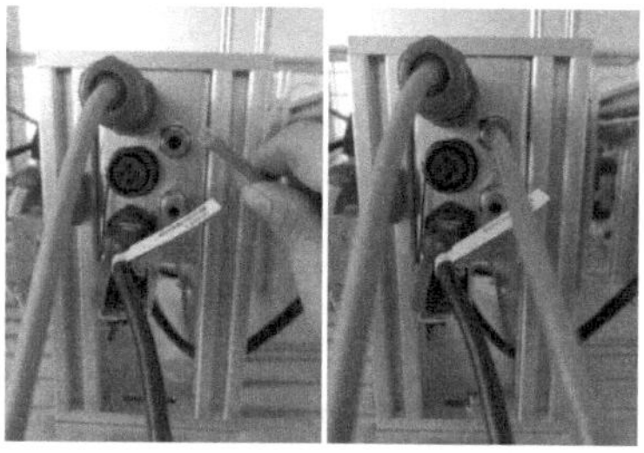
3	将Φ6的蓝色气管另一端插入气源模块气管接口中，搬运码垛模块气路连接完毕	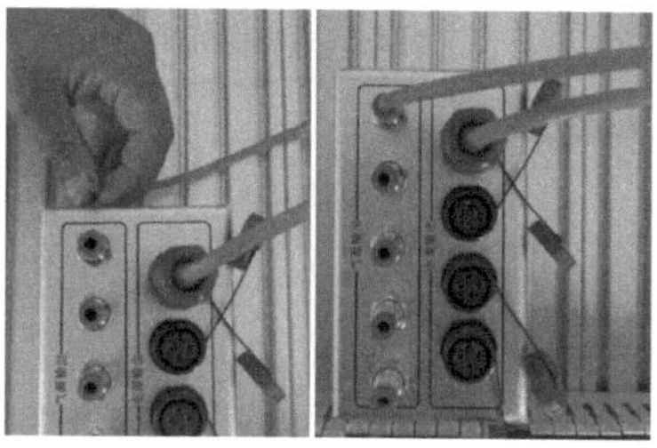

任务4：工业机器人搬运码垛系统上电

知识基础	1. 搬运码垛工作站上电准备； 2. 系统上电
任务要求	现有工业机器人操作与运维添加搬运码垛模块，根据课堂所学电气知识，对搬运码垛工作站上电

系统上电

序号	操作步骤	图片示例
1	检查搬运码垛模块是否安装牢固，固定螺栓有无松动现象	

序号	操作步骤	图片示例
1	检查搬运码垛模块是否安装牢固，固定螺栓有无松动现象	
2	检查搬运码垛模块控制电缆连接是否正确，有无错接、松动现象；使用万用表检查控制系统电气连接是否存在断路、短路、错接现象	
3	打开气源，调整气压，手动控制电磁阀，检测气管搭建的正确性	

序号	操作步骤	图片示例
4	按下工作站急停按钮，顺时针旋转工作站控制柜开关为垂直于地面方向	
5	将控制盘断路器依次全部闭合，观察搬运码垛工作站上电是否正常，搬运码垛工作站上电完成	

项目验收

姓名		实训日期		
项目名称		搬运码垛工作站的安装与连接		
项目验收	验收内容		完成情况	
	1. 搬运码垛工作站机械安装、电气与气路连接		□完成	□未完成
	2. 搬运码垛工作站上电操作		□完成	□未完成

	考核内容	考核标准	分值	得分
小组成绩 （30%）	实操准备	工作服、鞋整洁穿戴	5	
		发型、指甲等符合工作要求	5	
		不佩戴首饰、钥匙、手表等	5	
		分工明确、合理分配时间	5	
		器材、耗材准备充分	5	
	任务安排	工具、零件不落地	5	
		操作过程注意不损坏零件	5	
		操作过程注意不损坏工具	5	
		注意人身安全	10	
	工作过程	模块正常通电	10	
		模块电源线与网线插头安装牢固	10	
		手动按电磁阀按钮气缸正确工作	10	
		无漏气现象	10	
	实操清场	整理工位，保持整洁	5	
		清场时，会切断电源、气源，关闭门窗	5	
	合计		100	
	备注：如有人员受伤或设备损坏情况则为0分			
个人成绩 （30%）	考核内容	考核标准	分值	得分
	考勤	按时出勤，无迟到、早退和旷课	10	
	实操能力	操作规范、有序	30	
	任务完成	工作记录填写正确	10	
	课堂表现	遵守课堂纪律，积极回答课堂问题	10	
	课后作业	按时提交作业，态度认真，准确率高	10	
	自我管理	服从安排，能够按计划完成相应任务	10	
	团队合作	能与小组成员分工协作，完成任务实施与清场工作	10	
	创新能力	任务实施具有探索性和前景价值	10	
	合计		100	

延伸思考 （10%）	1. 搬运码垛工作站安装包括几方面的内容？	
	2. 简述搬运码垛工作站的上电过程	
实训总结 （30%）	实训 过程	
	遇到 问题	
	解决 办法	
	心得 体会	
总体评价	教师评价：	
	总分	

技能训练工单 6

项目名称	搬运码垛工作站编程与调试		班级		姓名	
隶属组			组长		指导教师	
伙伴成员			岗位分工			
能力目标	1. 能梳理程序的编写流程； 2. 能应对调试出现的各项问题； 3. 对示教器的熟练操作能力					
重点、难点	设备台体已安装完毕，需要编写工作站程序，实现物料的搬运工作。 重点：程序编写。 难点：工作站的调试					
材料准备	无					
设备准备	检查机器人是否能够正常上电					
任务1：搬运码垛程序编写						
知识基础	1. 程序编写知识； 2. 程序编写过程中出现的问题及调试出现的问题					
任务要求	现有工业机器人操作与运维实训系统已调试完毕，安装了搬运码垛工作站，需要编写工作站程序，根据所学完成程序编写					

序号	操作步骤	图片示例
1	程序框架	
2	示教取吸盘位置点 (1) 安装吸盘夹具到机器人末端； (2) 移动机器人到达夹具库位置点； (3) 示教当前点位	
3	示教取料位置点 (1) 安装吸盘夹具到机器人末端； (2) 移动机器人到达取料位置点； (3) 示教当前点位	

序号	操作步骤	图片示例			
4	示教码垛第一个放置点				
5	取吸盘夹具 I/O 分配	类型	I/O 名称	状态	功能
		输出	DO00	0	初始状态
		输出	DO01	1	
		输出	DO00	1	夹紧状态
		输出	DO01	0	
6	放吸盘夹具 I/O 分配	类型	I/O 名称	状态	功能
		输出	DO00	0	初始状态
		输出	DO01	1	
7	搬运码垛供料程序 I/O 分配	类型	I/O 名称	功能	
		输入	PN-DI20	推料伸出到位	
		输入	PN-DI20	推料缩回到位	
		输入	PN-DI20	料仓有料检测	
		输入	PN-DI20	皮带有料检测	
		输出	PN-DO20	推料电磁阀	
		输出	PN-DO20	传送带电机	
8	搬运码垛取料程序 I/O 分配	类型	I/O 名称	功能	
		输出	DO03	吸盘	
9	搬运码垛主程序框架				

任务2：PLC程序编写		
知识基础	1. 程序编写知识； 2. I/O地址分配知识	 PLC程序建立 与组态
任务要求	现有工业机器人操作与运维实训系统已调试完毕，安装了搬运码垛工作站，需要编写PLC程序，根据所学完成程序编写	

PLC程序编写		
序号	操作步骤	图片示例
1	打开TIA PortalV15软件，设置PLC的IP地址为：192.168.1.10，子关掩码为：255.255.255.0	
2	数据块调用： 双击程序块，然后双击main，打开程序块，拖拽FB100到主程序中，背景数据块为DB100，单击确定，完成调用	
3	编写I/O模块通信程序	

机器人 PN 通信与信号设置—PLC 端操作		
序号	操作步骤	图片示例
1	调试机器人与 PLC 的通信时先将驱动器网线拔下	
2	在示教器中插入 U 盘（建议 8GB 及以下），单击资源管理器，按照 hd0a→120-506909（此处为控制柜编号，会有不同）→Products→RobotWare_6.05.0129→utility→service→GSDML 的顺序找到 GSD 文件，将 GSDML 文件夹复制到 U 盘	 程序块编写与仿真测试
3	新建项目，以 test 命名为例，PLC 选择 1214CAC/DC/RLY 6ES7214-1BG40-0XB0。（根据 PLC 实际型号选择）	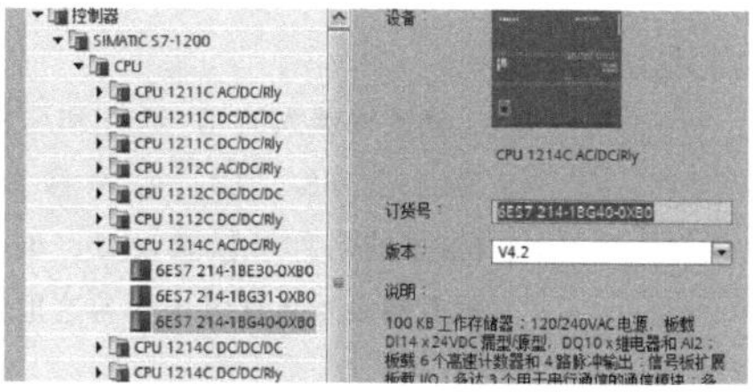
4	导入 GSD 文件。在选项下找到管理通用站描述文件，单击进入。单击源路径后面的符号，找到 GSD 文件所在路径。勾选文件前面的方框，点击安装，安装 GSD 文件	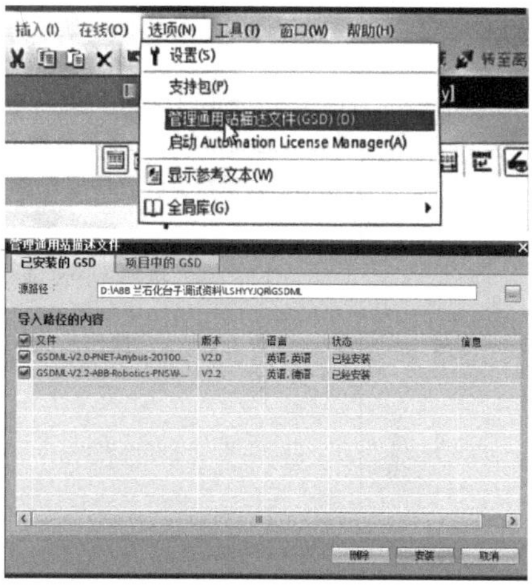
5	双击设备与网络，根据图示路径找到机器人文件，拖放到界面中。（注，原有机器人选择 1，新采购机器人选择 2）	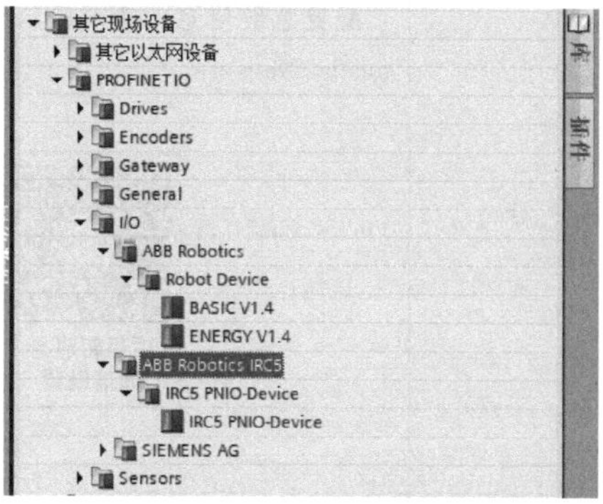
6	完成机器人与 PLC 的连接	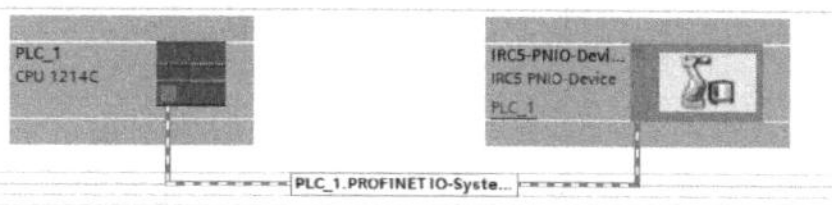

续表

序号	操作步骤	图片示例
7	修改 PLC 的 IP 地址（根据实际需要修改，本实训台修改为 192.168.1.10）	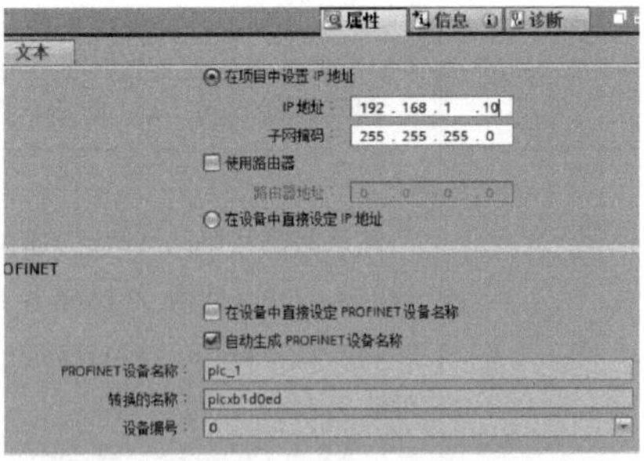
8	修改机器人的 IP 地址和名称，IP 地址修改为 192.168.1.12。名称修改为 robotbasicio（这里的名称可任意设置，也可默认，机器人示教器设置名称时中要与这里保持一致）	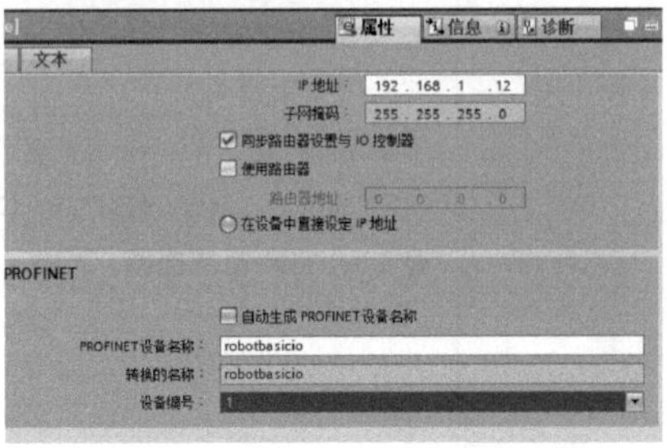
9	在设备视图中选择机器人，添加输入输出模块。（这里添加了 32 字节输入，32 字节输出，在机器人示教器设置中要保持一致）	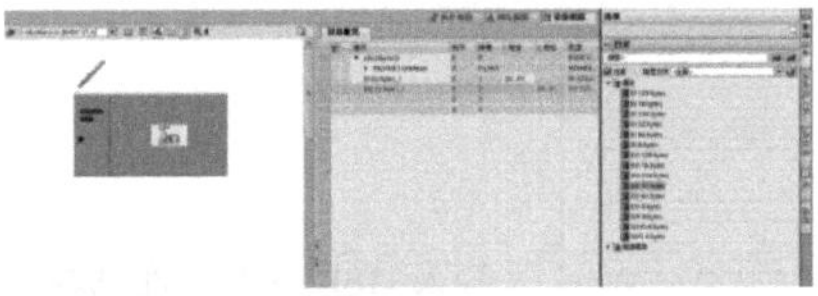

机器人 PN 通信与信号设置—机器人示教器端操作

序号	操作步骤	图片示例
1	配置总线信息：进入控制面板—配置—Industial Network 项目新建与通信设置	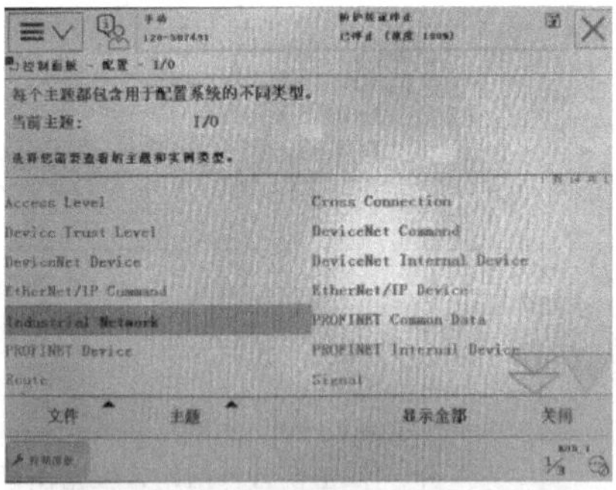 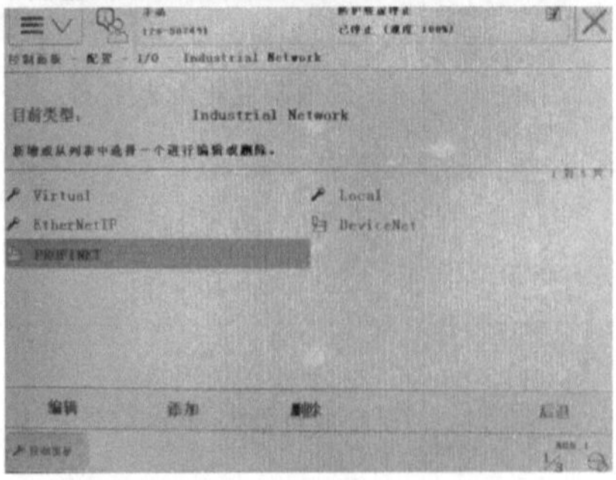

序号	操作步骤	图片示例
2	设置 PROFINET Station Name，名称与 PLC 端一致。设置完成，点击确认，不要重启	
3	配置从站设备信息，进入：PROFINET Internal Device	
4	打开后，这里有一个缺省的配置 PN_Internal_Device	
5	打开后需要在这里输入与 PLC 通信的参数，需要与 PLC 保持一致。最大到 256 字节。这里设置为 32 字节	
6	设置通信端口	

序号	操作步骤	图片示例
6	设置通信端口	
7	有三处需要设置： IP：与 PLC 端 IP 地址一致，设置为 192.168.1.12； Subnet：设置为 255.255.255.0； Interface：选择总线网线插入机器人控制柜上面的哪个端口，这里上设置为 LAN3	
8	设置完成，重启系统，即可测试通信	
9	机器人与 I/O 模块地址对应关系	

任务 3：触摸屏程序编写

知识基础	1. 程序编写知识； 2. 功能规划
任务要求	现有工业机器人操作与运维实训系统已调试完毕，安装了装配工作站，需要连接外部设备触摸屏来控制程序中的输入输出信号，跟据所学知识来完成触摸屏的程序编写

序号	操作步骤	图片示例			

序号	操作步骤	序号	类型	类型名称	地址
1	功能规划 画面制作与仿真测试	1		手自动运行	I0.4
		2		推料伸出到位	I10.0
		3	输入	推料缩回到位	I10.1
		4		料仓有料检测	I10.2
		5		传输带有料检测	I10.3
		6	输出	推料气缸电磁阀	Q10.0
		7		传输带电机	Q10.1

序号	操作步骤	图片示例
2	双击 UtilityManager，打开触摸屏编程软件	
3	选择开新文件，选择 MT8070iE，单击确定，完成项目的新建	
4	单击新建设备/服务器，新建通信，设置 PLC IP 地址为：192.168.1.10	
5	绘制画面	

任务 4：工作站联合调试

知识基础	1. 机器人点位示教； 2. 程序下载； 3. 手动与自动运行
任务要求	现有工业机器人操作与运维实训系统已调试完毕，安装搬运码垛工作站，程序已编写完成，需要总体调试

PLC 程序下载		
序号	操作步骤	图片示例
1	设置电脑 IP 地址	
2	使用网线，连接电脑与 PLC	
3	下载 PLC 程序	

配置 I/O 模块		
序号	操作步骤	图片示例
1	背面的开关拨到 Init，面板指示变为红色	

序号	操作步骤	图片示例
2	扫描通信端口	
3	扫描 I/O 模块	
4	设置 IP 地址，通信 ID	
5	单击更新。配置完之后，点击更新按键，然后将模块开关拨到 Normal 模式并重新上电	

序号	操作步骤	图片示例
6	设置触摸屏 IP 地址。 (1) 单击触摸屏的右下角； (2) 输入密码 6 个 1	
7	输入 IP 地址：192.168.1.15	
8	下载触摸屏程序	

手动运行		
序号	操作步骤	图片示例
1	在料筒中放置 9 块物料，检查二连件压力表的气压在 0.4～0.6MPa	

序号	操作步骤	图片示例
2	（1）按下示教器的使能开关。 （2）调整运行速度为 25%。 （3）按下单步运行键，运行程序	

自动运行		
序号	操作步骤	图片示例
1	在料筒中放置 9 块物料，检查二连件压力表的气压在 0.4～0.6MPa	
2	（1）在程序中将速度设置为 V100。控制控制柜面板旋钮旋到自动。 （2）按下控制柜面板电机启动按钮。 （3）选择 PP 移至 Main，按下示教器启动按钮，运行程序	

项目验收

姓名		实训日期	
项目名称		搬运码垛工作站编程与调试	

项目验收	验收内容		完成情况	
	1. 搬运码垛模块机械安装		□完成	□未完成
	2. 搬运码垛工作站 PLC 程序调用、触摸屏程序编写及联合调试		□完成	□未完成

小组成绩（30%）	考核内容	考核标准	分值	得分
	实操准备	工作服、鞋整洁穿戴	5	
		发型、指甲等符合工作要求	5	
		不佩戴首饰、钥匙、手表等	5	
		分工明确、合理分配时间	5	
		器材、耗材准备充分	5	
	任务安排	工具、零件不落地	5	
		操作过程注意不损坏零件	5	
		操作过程注意不损坏工具	5	
		注意人身安全	10	
	工作过程	正确编写焊接程序	5	
		正确恢复 PLC 程序	5	
		正确编写 PLC 程序	5	
		正确编写触摸屏程序	5	
		正确示教程序点位	5	
		正确下载 PLC 与触摸屏程序	5	
		正确手自动运行程序	10	
	实操清场	整理工位，保持整洁	5	
		清场时，会切断电源、气源，关闭门窗	5	
		合计	100	
	备注：如有人员受伤或设备损坏情况则为 0 分			

个人成绩（30%）	考核内容	考核标准	分值	得分
	考勤	按时出勤，无迟到、早退和旷课	10	
	实操能力	操作规范、有序	30	
	任务完成	工作记录填写正确	10	
	课堂表现	遵守课堂纪律，积极回答课堂问题	10	
	课后作业	按时提交作业，态度认真，准确率高	10	
	自我管理	服从安排，能够按计划完成相应任务	10	
	团队合作	能与小组成员分工协作，完成任务实施与清场工作	10	
	创新能力	任务实施具有探索性和前景价值	10	
		合计	100	

延伸思考 （10%）	1. 搬运码垛工作站编程与调试包括几方面的内容？	
	2. 简述搬运码垛工作站编程的过程	
实训总结 （30%）	实训 过程	
	遇到 问题	
	解决 办法	
	心得 体会	
总体评价	教师评价：	
	总分	

项目名称	装配工作站的安装与连接	班级		姓名	
隶属组		组长		指导教师	
伙伴成员			岗位分工		
能力目标	1. 能正确识读机械图纸，电气原理图并识别安装位置； 2. 能正确识读气动原理图； 3. 能根据机械装配图及工艺卡，使用正确工具安装				
重点、难点	重点：图纸的识读。 难点：安装操作				
材料准备	钢直尺，内六角扳手，铅笔，内六角螺栓，T形螺母，平垫，螺丝刀，数字万用表，扎带，气管，扎带扣，斜口钳				
设备准备	1. 检查机器人是否能够正常上电； 2. 工具是否齐全				
任务1：工业机器人装配模块机械安装					
知识基础	1. 认识原料台、装配台； 2. 认识翻转机构； 3. 认识装配模块； 4. 识读机械图纸				
任务要求	现有工业机器人操作与运维系统添加装配工作站模块，已调试完毕，要求根据机械图纸，电气图纸，气动原理图，安装工艺图纸来完成装配工作站模块的安装				

工业机器人装配模块认知

序号	操作步骤	图片示例
1	原料台：由支撑板以及固定座组成。工件靠自身重力下滑至原料区，机器人在原料区抓取工件	
2	翻转机构：由旋转气缸、夹紧气缸、翻转台等部分组成； 动作时：夹紧气缸动作，将共件夹紧，夹紧到位后旋转气缸动作，将工件翻转180°	

序号	操作步骤	图片示例
3	装配台：由气缸、定位块组成动作时；气缸伸出带动定位块将工件固定在装配台上	
装配模块机械安装		

序号	操作步骤	图片示例
1	装配模块安装部件包括：装配模块、电源、气路安装	
2	根据安装尺寸，依照基准对安装板安装尺寸进行画线，以左侧线槽内侧为基准线，在720mm处画线	
3	根据安装尺寸，依照基准对安装板安装尺寸进行画线，以正面线槽内侧为基准线，在120mm处画第二条线	

序号	操作步骤	图片示例
4	根据画线位置，进行装配模块固定；使用 M6×16 螺栓对装配模块进行固定；首先将 M6×16 带有平垫螺栓插入装配模块安装孔内，将 T 形螺母放入型材中	
5	使用内六角扳手旋转螺栓，进行紧固，固定螺栓时，注意 T 形螺母垂直于基板铝型材线槽，装配模块安装完毕	

任务 2：工业机器人装配模块电气连接

知识基础	1. 识读电气原理图； 2. 电气连接安装工艺
任务要求	现有工业机器人操作与运维系统已添加装配模块，根据课堂所学电气图纸知识，完成模块的电气连接

序号	操作步骤	图片示例
1	装配模块内部电气连接已连接完毕，现只需要将网线与台体上的交换机连接；电源连接线和台体上的电源模块连接	
2	装配模块电气连接所需耗材有：模块连接电缆、模块连接网线	

序号	操作步骤	图片示例
3	将连接电缆的航空插头的母头插入装配模块航空插头连接器的公头	
4	将连接电缆的航空插头的另一头（公头）插入电源模块航空插头连接器的母头	
5	将网线水晶头一端插入装配模块网线口处	

序号	操作步骤	图片示例
6	将网线水晶头另一端插入工交换机网线口中，装配模块电气连接完毕	

任务3：工业机器人装配模块气路连接

知识基础	1. 识读气动原理图； 2. 气路连接安装工艺
任务要求	现有工业机器人操作与运维系统已添加装配模块，根据课堂所学气动知识，完成模块的气路连接

序号	操作步骤	图片示例
1	装配模块内部气路连接已连接完毕，现只需要将气管与台体上的气路模块连接	
2	将Φ6的蓝色气管一端插入装配气管接口中	

序号	操作步骤	图片示例
2	将Φ6的蓝色气管一端插入装配气管接口中	
3	将Φ6的蓝色气管另一端插入气源模块气管接中，装配模块气路连接完毕	

任务4：工业机器人装配系统上电

知识基础	1. 装配工作站上电准备； 2. 系统上电
任务要求	现有工业机器人操作与运维系统添加装配模块，根据课堂所学电气知识，对装配工作站成功上电

序号	操作步骤	图片示例
1	检查装配模块是否安装牢固，固定螺栓有无松动现象	
2	检查装配模块控制电缆连接是否正确，有无错接、松动现象；使用万用表检查控制系统电气连接是否存在断路、短路、错接现象	
3	打开气源，调整气压，手动控制电磁阀，检测气管搭建的正确性	

序号	操作步骤	图片示例
3	打开气源，调整气压，手动控制电磁阀，检测气管搭建的正确性	
4	按下工作站急停按钮，顺时针旋转工作站控制柜开关为垂直于地面方向	
5	将控制盘断路器依次全部闭合，观察装配工作站上电是否正常，装配工作站上电完成	

项目验收

姓名		实训日期			
项目名称		装配工作站的安装与连接			
项目验收	验收内容			完成情况	
	1. 装配工作站机械安装、电气与气路连接			□完成　　　□未完成	
	2. 装配工作站上电操作			□完成　　　□未完成	

	考核内容	考核标准	分值	得分
小组成绩 **（30%）**	实操准备	工作服、鞋整洁穿戴	5	
		发型、指甲等符合工作要求	5	
		不佩戴首饰、钥匙、手表等	5	
		分工明确、合理分配时间	5	
		器材、耗材准备充分	5	
	任务安排	工具、零件不落地	5	
		操作过程注意不损坏零件	5	
		操作过程注意不损坏工具	5	
		注意人身安全	10	
	工作过程	根据图纸正确画出模块安装位置	5	
		正确安装模块且牢固	5	
		模块正常通电	5	
		模块电源线与网线插头安装牢固	5	
		手动按电磁阀按钮气缸正确工作	5	
		无漏气现象	5	
		工作站正确上电	10	
	实操清场	整理工位，保持整洁	5	
		清场时，会切断电源、气源，关闭门窗	5	
	合计		100	
	备注：如有人员受伤或设备损坏情况则为 0 分			
	考核内容	考核标准	分值	得分
个人成绩 **（30%）**	考勤	按时出勤，无迟到、早退和旷课	10	
	实操能力	操作规范、有序	30	
	任务完成	工作记录填写正确	10	
	课堂表现	遵守课堂纪律，积极回答课堂问题	10	
	课后作业	按时提交作业，态度认真，准确率高	10	
	自我管理	服从安排，能够按计划完成相应任务	10	
	团队合作	能与小组成员分工协作，完成任务实施与清场工作	10	
	创新能力	任务实施具有探索性和前景价值	10	
	合计		100	

续表

<table>
<tr><td rowspan="2">延伸思考
（10%）</td><td colspan="2">1. 装配工作站安装包括几方面的内容？</td></tr>
<tr><td colspan="2">2. 简述装配工作站气路连接的过程</td></tr>
<tr><td rowspan="4">实训总结
（30%）</td><td>实训
过程</td><td></td></tr>
<tr><td>遇到
问题</td><td></td></tr>
<tr><td>解决
办法</td><td></td></tr>
<tr><td>心得
体会</td><td></td></tr>
<tr><td rowspan="2">总体评价</td><td colspan="2">教师评价：</td></tr>
<tr><td>总分</td><td></td></tr>
</table>

技能训练工单 8

项目名称	装配工作站的编程与调试		班级		姓名	
隶属组			组长		指导教师	
伙伴成员				岗位分工		
能力目标	1. 能梳理程序的编写流程; 2. 能应对调试出现的各项问题; 3. 对示教器的熟练操作能力					
重点、难点	重点为:程序编写。 难点为:调试设备					
材料准备	无					
设备准备	检查机器人是否能够正常上电。					
任务 1:装配程序编写						
知识基础	1. 程序的编写; 2. 坐标系的使用					
任务要求	现有工业机器人操作与运维实训系统已调试完毕,需要对机器人进行编程使其实现物料的装配程序					

<table>
<tr><td colspan="3" align="center">机器人程序编写</td></tr>
<tr><td>序号</td><td align="center">操作步骤</td><td align="center">图片示例</td></tr>
<tr>
<td>1</td>
<td>程序框架</td>
<td>

取吸盘夹具 QXPJJ   FXPJJ 放吸盘夹具
装配取大料 ZPQDL   ZPMAIN   ZPFDL 装配放大料
装配夹紧取料 ZPJJQL   ZPJJPL 装配夹紧放料
装配取小料 ZPQXL   ZPFXL 装配放小料

</td>
</tr>
<tr>
<td>2</td>
<td>示教取吸盘位置点
(1) 安装吸盘夹具到机器人末端;
(2) 移动机器人到达夹具库位置点;
(3) 示教当前点位</td>
<td>p10 p20 p72 p70 p71</td>
</tr>
<tr>
<td>3</td>
<td>示教取料位置点
(1) 安装吸盘夹具到机器人末端;
(2) 移动机器人到达取料位置点;
(3) 示教当前点位</td>
<td>P[1] P[2] PR[50] PR[51]</td>
</tr>
</table>

序号	操作步骤	图片示例
4	放大料位置点 （1）移动机器人到达取料位置点； （2）控制输出，翻转夹紧电磁阀夹紧； （3）示教当前点位； （4）控制输出，翻转气缸翻转	
5	夹紧取料位置点 （1）移动机器人到达夹紧取料位置点； （2）示教当前点位； （3）复位输出，夹紧放松； （4）复位输出，翻转气缸复位	
6	夹紧放料位置点 （1）移动机器人到达夹紧放料位置点； （2）示教当前点位； （3）控制输出，装配夹紧电磁阀夹紧	
7	取小料位置点 （1）移动机器人到达取取小料位置点； （2）示教当前点位； （3）Z 正方向移动 30mm，示教当前点位	

序号	操作步骤	图片示例
8	放小料位置点 （1）移动机器人到达放小料位置点； （2）示教当前点位	

9	取吸盘夹具 I/O 分配	类型	I/O 名称	状态	功能
		输出	DO00	0	初始状态
		输出	DO01	1	
		输出	DO00	1	夹紧状态
		输出	DO01	0	

10	放吸盘夹具 I/O 分配	类型	I/O 名称	状态	功能
		输出	DO00	0	初始状态
		输出	DO01	1	

11	装配取大料程序 I/O 分配	类型	I/O 名称	功能
		输出	DO03	吸盘

12	装配放大料程序 I/O 分配	类型	I/O 名称	功能
		输出	DO03	吸盘

13	装配取小料程序 I/O 分配	类型	I/O 名称	功能
		输出	DO03	吸盘

14	装配放小料程序 I/O 分配	类型	I/O 名称	功能
		输出	DO03	吸盘

15	装配主程序框架	

任务 2：PLC 程序编写

知识基础	1. 程序编写知识； 2. I/O 地址分配知识
任务要求	现有工业机器人操作与运维实训系统已调试完毕，安装了装配工作站，需要编写 PLC 程序，根据所学完成程序编写

序号	操作步骤	图片示例
1	I/O 输入设置	
2	I/O 输出设置	
3	双击 TIA PortalV15，打开 PLC 编程软件	
4	单击左下角的项目视图，打开项目视图	
5	单击菜单栏中的项目，选择恢复，查找归档项目所在的路径，单击打开	
6	选择目标目录为桌面，选择确定，等待程序恢复	

序号	操作步骤	图片示例
7	设置 PLC 的 IP 地址为：192.168.1.10，子关掩码为：255.255.255.0	
8	双击程序块，然后双击 main，打开程序块	
9	拖拽 FB100，到主程序中，背景数据块为 DB101，单击确定，完成调用	
10	编写 I/O 模块通信程序	
11	编写机器人与 I/O 模块地址对应程序	

任务 3：触摸屏程序编写	
知识基础	1. 程序编写知识； 2. 功能规划
任务要求	现有工业机器人操作与运维实训系统已调试完毕，安装了装配工作站，需要连接外部设备触摸屏来控制程序中的输入输出信号，跟据所学知识来完成触摸屏的程序编写

序号	操作步骤	图片示例			
		序号	类型	类型名称	地址
1	功能规划	1	输入	旋转气缸左限位	I11.0
		2		旋转气缸右限位	I11.1
		3		装配夹紧到位	I11.2
		4		旋转夹紧到位	I11.3
		5	输出	旋转电磁阀	Q11.0
		6		旋转夹紧电磁阀	Q11.1
		7		装配夹紧电磁阀	Q11.2
2	双击 UtilityManager，打开触摸屏编程软件				
3	选择简单工程，打开新建工程界面				
4	选择开新文件，选择 MT8070IE，单击确认，完成项目的新建				
5	单击新建设备/服务器，新建通信，设置 PLC IP 地址为：192.168.1.10				

序号	操作步骤	图片示例
6	绘制画面	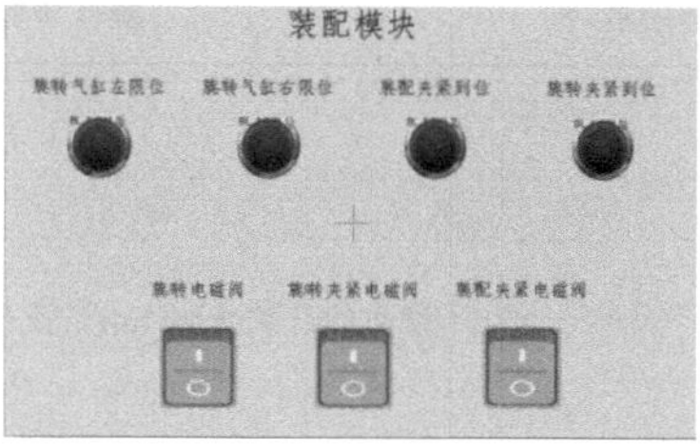

任务4：工作站联合调试

知识基础	1. 机器人点位示教； 2. 程序下载； 3. 手动与自动运行
任务要求	现有工业机器人操作与运维实训系统已调试完毕，安装装配工作站，程序已编写完成，需要总体调试

PLC 程序下载

序号	操作步骤	图片示例
1	设置电脑 IP 地址	
2	使用网线，连接电脑与 PLC	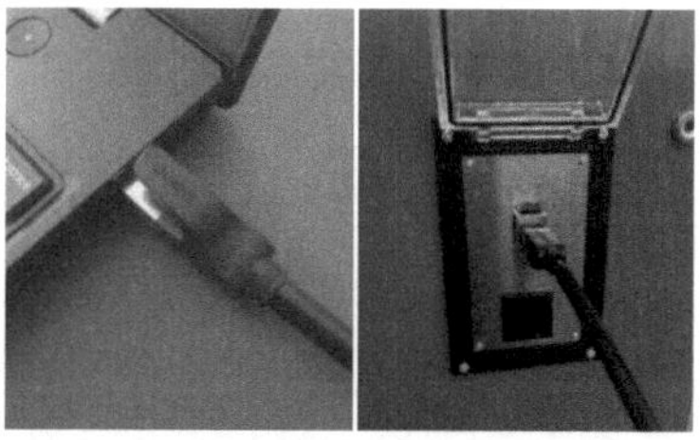
3	下载 PLC 程序	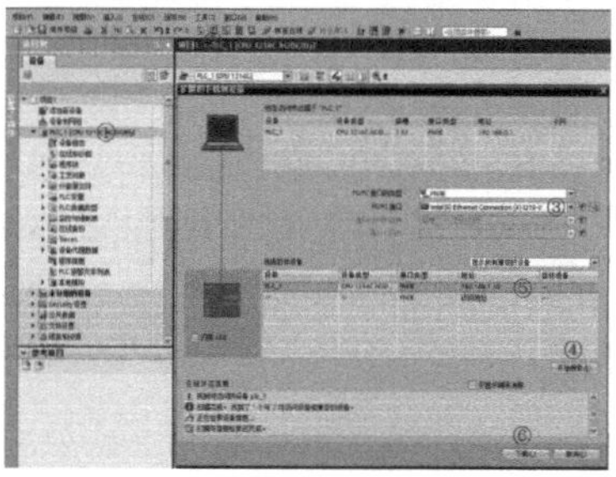

序号	操作步骤	图片示例
	配置 I/O 模块	
1	背面的开关拨到 Init，面板指示变为红色	
2	扫描通信端口	
3	扫描 I/O 模块	
4	设置 IP 地址，通信 ID	
5	单击更新。配置完之后，点击更新按键，然后将模块开关拨到 Normal 模式并重新上电	

序号	操作步骤	图片示例
6	设置触摸屏 IP 地址 （1）单击触摸屏的右下角； （2）输入密码 6 个 1	
7	输入 IP 地址：192.168.1.15	
8	下载触摸屏程序	

	手动运行	
序号	操作步骤	图片示例
1	（1）在夹具库 1 层 1 列放置一块大物料。 （2）在对中台处放置一块小物料。 （3）检查二连件压力表的气压在 0.4～0.6MPa	
2	（1）按下示教器的使能开关。 （2）调整运行速度为 25%。 （3）按下单步运行键，运行程序	

自动运行		
序号	操作步骤	图片示例
1	(1) 在夹具库 1 层 1 列放置一块大物料。 (2) 在对中台处放置一块小物料。 (3) 检查二连件压力表的气压在 0.4～0.6MPa	
2	(1) 在程序中将速度设置为 V100。控制控制柜面板旋钮旋到自动。 (2) 按下控制柜面板电机启动按钮。 (3) 选择 PP 移至 Main，按下示教器启动按钮，运行程序	

项目验收

姓名		实训日期			
项目名称		装配工作站的编程与调试			
项目验收	验收内容		完成情况		
	1. 装配工作站机械安装、电气与气路连接		□完成	□未完成	
	2. 装配工作站上电操作		□完成	□未完成	

	考核内容	考核标准	分值	得分
小组成绩（30%）	实操准备	工作服、鞋整洁穿戴	5	
		发型、指甲等符合工作要求	5	
		不佩戴首饰、钥匙、手表等	5	
		分工明确、合理分配时间	5	
		器材、耗材准备充分	5	
	任务安排	工具、零件不落地	5	
		操作过程注意不损坏零件	5	
		操作过程注意不损坏工具	5	
		注意人身安全	10	
	工作过程	正确编写焊接程序	5	
		正确恢复 PLC 程序	5	
		正确编写 PLC 程序	5	
		正确编写触摸屏程序	5	
		正确示教程序点位	5	
		正确下载 PLC 与触摸屏程序	5	
		正确手自动运行程序	10	
	实操清场	整理工位，保持整洁	5	
		清场时，会切断电源、气源，关闭门窗	5	
	合计		100	
	备注：如有人员受伤或设备损坏情况则为 0 分			

	考核内容	考核标准	分值	得分
个人成绩（30%）	考勤	按时出勤，无迟到、早退和旷课	10	
	实操能力	操作规范、有序	30	
	任务完成	工作记录填写正确	10	
	课堂表现	遵守课堂纪律，积极回答课堂问题	10	
	课后作业	按时提交作业，态度认真，准确率高	10	
	自我管理	服从安排，能够按计划完成相应任务	10	
	团队合作	能与小组成员分工协作，完成任务实施与清场工作	10	
	创新能力	任务实施具有探索性和前景价值	10	
	合计		100	

延伸思考 （10%）	1. 装配工作站编程与调试包括几方面的内容？	
	2. 简述装配工作站编程的注意事项	
实训总结 （30%）	实训 过程	
	遇到 问题	
	解决 办法	
	心得 体会	
总体评价	教师评价：	
	总分	

技能训练工单 9

项目名称	焊接工作站的安装与连接		班级		姓名	
隶属组			组长		指导教师	
伙伴成员				岗位分工		
能力目标	1. 能正确识读机械图纸，电气原理图并识别安装位置； 2. 能正确识读气动原理图； 3. 能根据机械装配图及工艺卡，使用正确工具安装					
重点、难点	重点：图纸的识读。 难点：安装操作					
材料准备	钢直尺，内六角扳手，铅笔，内六角螺栓，T形螺母，平垫，螺丝刀，数字万用表，扎带，气管，扎带扣，斜口钳					
设备准备	1. 检查机器人是否能够正常上电； 2. 工具是否齐全					
任务1：工业机器人焊接模块机械安装						
知识基础	1. 焊接模块认知； 2. 识读机械图纸					
任务要求	现有工业机器人操作与运维实训系统已调试完毕，需要安装焊接模块的机械部分，根据所学正确完成焊接模块机械安装					
工业机器人焊接模块						

序号	操作步骤	图片示例
1	焊接模块	
2	变位机由伺服电机、传动机构、焊接定位装置组成。 　动作时：伺服电机转动，带动焊接定位装置做旋转运动，完成机器人模拟焊接等实训任务	

序号	操作步骤	图片示例
3	焊枪由快速夹具底座、喷嘴等部分组成。 动作时：机器人抓取焊枪夹具，与变位机成焊接模拟动作，动作时激光灯得电，模拟焊接起始点、焊接轨迹、焊接结束点	快速夹具底座 喷嘴

焊接模块机械安装		
序号	操作步骤	图片示例
1	焊接模块安装部件包括：焊接模块、电源/气路模块安装	
2	根据安装尺寸，依照基准对安装板安装尺寸进行画线，以正面线槽内侧为基准线，在325mm处画线	
3	根据安装尺寸，依照基准对安装板安装尺寸进行画线，以右侧线槽内侧为基准线，在120mm处画第二条线	
4	将M6×16带有平垫螺栓插入焊接模块安装内，将T形螺母拧M6×16螺栓中；根据画线位置，使用M6×16螺栓对焊接模块进行固定	

序号	操作步骤	图片示例
5	使用内六角扳手旋转螺栓，进行紧固，固定螺栓时，注意 T 形螺母垂直于基板铝型材线槽，焊接模块安装完毕	

任务 2：工业机器人焊接模块电气连接

知识基础	1. 识读电气原理图； 2. 电气连接安装工艺
任务要求	现有工业机器人操作与运维系统焊接模块已添加，根据课堂所学电气图纸知识，能够完成焊接模块电气连接

序号	操作步骤	图片示例
1	焊接模块内部电气连接已连接完毕，现只需要将网线与台体上的交换机连接；电源连接线和台体上的电源模块连接	
2	焊接模块电气连接所需耗材有：模块连接电缆、模块连接网线	
3	将连接电缆的航空插头的母头插入搬运码垛模块航空插头连接器的公头	
4	将网线水晶头另一端插入工交换机网线口中；焊接模块电气连接完毕	

序号	操作步骤	图片示例
4	将网线水晶头另一端插入工交换机网线口中；焊接模块电气连接完毕	

任务 3：工业机器人焊接模块气路连接

知识基础	1. 识读气动原理图； 2. 气路连接安装工艺
任务要求	现有工业机器人操作与运维系统焊接模块已添加，根据课堂所学气动知识，完成模块的气路连接

焊接模块气路连接

序号	操作步骤	图片示例
1	焊接模块内部气路连接已连接完毕，现只需要将气管与台体上的气路模块连接	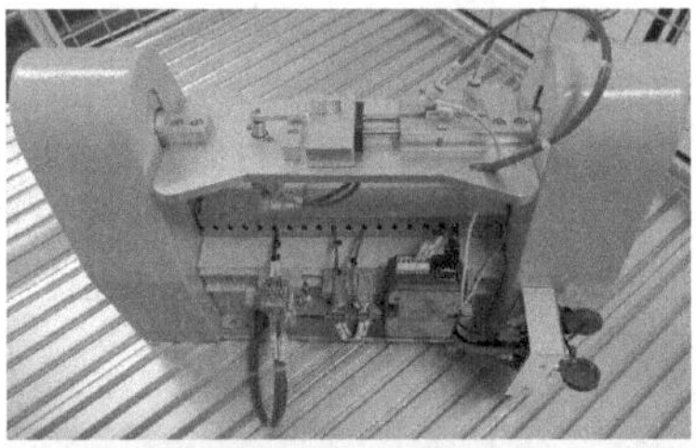
2	将 Φ6 的蓝色气管一端插入焊接气管接口中	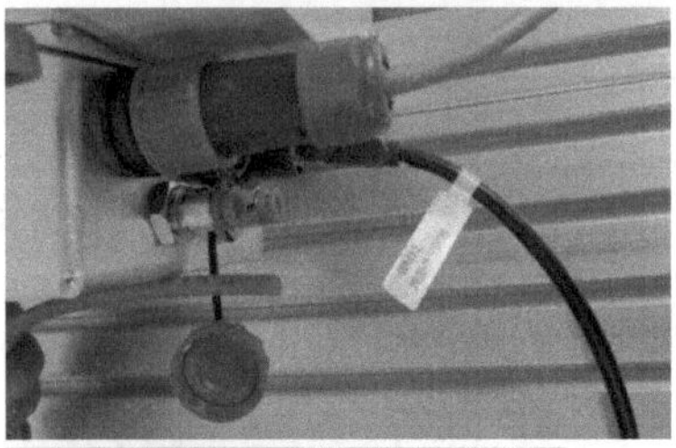 
3	将 Φ6 的蓝色气管另一端插入气源模块气管接中，焊接模块气路连接完毕	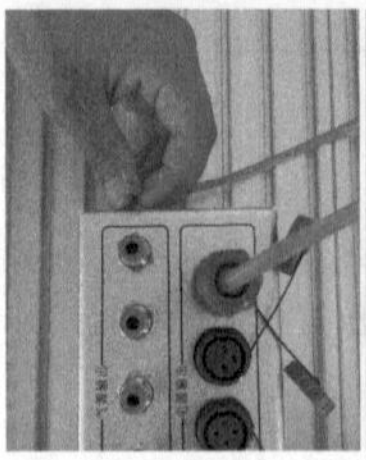 

任务 4：工业机器人焊接系统上电	

知识基础	1. 焊接工作站上电准备； 2. 系统上电
任务要求	现有工业机器人操作与运维系统焊接模块已添加，根据课堂所学上电准备知识，能够完成焊接模块系统上电

系统上电		
序号	操作步骤	图片示例
1	检查焊接模块是否安装牢固，固定螺栓有无松动现象	
2	检查焊接模块控制电缆连接是否正确，有无错接、松动现象；使用万用表检查控制系统电气连接是否存在断路、短路、错接现象	
3	打开气源，调整气压，手动控制电磁阀，检测气管搭建的正确性	
4	按下工作站急停按钮，顺时针旋转工作站控制柜开关为垂直于地面方向	
5	将控制盘断路器依次全部闭合，观察焊接工作站上电是否正常，焊接工作站上电完成	

项目验收

姓名		实训日期	
项目名称		焊接工作站的安装与连接	

任务验收	验收内容		完成情况	
	1. 焊接工作站机械安装、电气与气路连接		□完成	□未完成
	2. 焊接工作站上电操作		□完成	□未完成

小组成绩（30%）	考核内容	考核标准	分值	得分
	实操准备	工作服、鞋整洁穿戴	5	
		发型、指甲等符合工作要求	5	
		不佩戴首饰、钥匙、手表等	5	
		分工明确、合理分配时间	5	
		器材、耗材准备充分	5	
	任务安排	工具、零件不落地	5	
		操作过程注意不损坏零件	5	
		操作过程注意不损坏工具	5	
		注意人身安全	10	
	工作过程	根据图纸正确画出模块安装位置	5	
		正确安装模块且牢固	5	
		模块正常通电	5	
		模块电源线与网线插头安装牢固	5	
		手动按电磁阀按钮气缸正确工作	5	
		无漏气现象	5	
		工作站正确上电	10	
	实操清场	整理工位，保持整洁	5	
		清场时，会切断电源、气源、关闭门窗	5	
	合计		100	
	备注：如有人员受伤或设备损坏情况则为0分			

个人成绩（30%）	考核内容	考核标准	分值	得分
	考勤	按时出勤，无迟到、早退和旷课	10	
	实操能力	操作规范、有序	30	
	任务完成	工作记录填写正确	10	
	课堂表现	遵守课堂纪律，积极回答课堂问题	10	
	课后作业	按时提交作业，态度认真，准确率高	10	
	自我管理	服从安排，能够按计划完成相应任务	10	
	团队合作	能与小组成员分工协作，完成任务实施与清场工作	10	
	创新能力	任务实施具有探索性和前景价值	10	
	合计		100	

延伸思考 （10%）	1. 焊接工作站安装包括几方面的内容？	
	2. 简述焊接工作站机械安装的过程	
实训总结 （30%）	实训 过程	
	遇到 问题	
	解决 办法	
	心得 体会	
总体评价	教师评价：	
	总分	

技能训练工单 10

项目名称	焊接工作站编程与调试		班级		姓名	
隶属组			组长		指导教师	
伙伴成员				岗位分工		
能力目标	1. 程序的编写； 2. 工作站的调试					
重点、难点	重点：程序的编写。 难点：工作站的调试					
材料准备	无					
设备准备	检查机器人是否能够正常上电					
任务1：焊接程序编写						
知识基础	1. 程序编写知识； 2. 程序编写过程中出现的问题及调试出现的问题					
任务要求	现有工业机器人操作与运维实训系统已调试完毕，安装了焊接工作站，需要编写工作站程序，根据所学完成程序编写					

序号	操作步骤	图片示例
1	程序框架	
2	示教取吸盘位置点 (1) 安装吸盘夹具到机器人末端； (2) 移动机器人到达夹具库位置点； (3) 示教当前点位	
3	示教取焊接工具位置点 (1) 安装焊枪到机器人末端； (2) 移动机器人到达夹具库位点； (3) 示教当前点位	

序号	操作步骤	图片示例
4	示教取料位置点 （1）安装吸盘夹具到机器人末端； （2）移动机器人到达取料位置点； （3）示教当前点位	
5	示教放料位置点 （1）携带料块，移动机器人到达放料位置点； （2）示教当前点位	
6	示教焊接位置 （1）移动机器人到达相应焊接位置点； （2）示教焊接位置点	
7	（1）控制变位机到达30°位置； （2）移动机器人到达相应焊接位置点； （3）示教当前点位	

序号	操作步骤	图片示例			
8	取吸盘夹具 I/O 分配	类型	I/O 名称	状态	功能
		输出	DO00	0	初始状态
		输出	DO01	1	
		输出	DO00	1	夹紧状态
		输出	DO01	0	
9	放吸盘夹具 I/O 分配	类型	I/O 名称	状态	功能
		输出	DO00	0	初始状态
		输出	DO01	1	
10	取焊接夹具 I/O 分配	类型	I/O 名称	状态	功能
		输出	DO00	0	初始状态
		输出	DO01	1	
		输出	DO00	1	夹紧状态
		输出	DO01	0	
11	放焊接夹具 I/O 分配	类型	I/O 名称	状态	功能
		输出	DO00	0	初始状态
		输出	DO01	1	
12	焊接取料 I/O 分配	类型	I/O 名称	状态	功能
		输出	DO03	0	放料
		输出	DO03	1	取料
13	焊接放料 I/O 分配	类型	I/O 名称	状态	功能
		输出	DO03	0	放料
		输出	DO03	1	取料
14	焊接动作（0°）I/O 分配	类型	I/O 名称		功能
		输出	DO04		焊枪
15	焊接动作（30°）I/O 分配	类型	I/O 名称		功能
		输出	DO04		焊枪
16	焊接主程序框架				

任务2：PLC程序编写		
知识基础	1. 程序编写； 2.I/O 地址分配	
任务要求	现有工业机器人操作与运维实训系统已调试完毕，安装了焊接工作站，需要编写 PLC 程序，根据所学完成程序编写	
序号	操作步骤	图片示例
1	I/O 输入装置	
2	I/O 输出装置	
3	双击 TIA PortalV15，打开 PLC 编程软件	
4	单击左下角的项目视图，打开项目视图	
5	单击菜单栏中的项目，选择恢复，查找归档项目所在的路径，单击打开	

序号	操作步骤	图片示例
6	选择目标目录为桌面，选择确定，等待程序恢复	
7	设置 PLC 的 IP 地址为：192.168.1.10，子关掩码为：255.255.255.0	
8	双击程序块，然后双击 main，打开程序块	
9	拖拽 FB100，到主程序中，背景数据块为 DB102，单击确定，完成调用	
10	编写 I/O 模块通信程序	

序号	操作步骤	图片示例
11	编写伺服控制程序	
12	编写机器人与 I/O 模块地址对应程序	

任务 3：触摸屏程序编写		
知识基础	1. 程序编写知识； 2. 功能规划	
任务要求	现有工业机器人操作与运维实训系统已安装焊接工作站，需连接外部设备触摸屏来控制程序中的输入输出信号，根据所学知识来完成触摸屏的程序编写	

序号	操作步骤	图片示例
1	功能规划	
2	双击 UtilityManager，打开触摸屏编程软件	
3	选择简单工程，打开新建工程界面	

序号	操作步骤	图片示例
4	选择开新文件，选择 MT8070IE，单击确认，完成项目的新建	
5	单击新建设备/服务器，新建通信，设置 PLC IP 地址为：192.168.1.10	
6	功能规划表	<table>
7	绘制画面	

表格示例（序号6）：

序号	类型	功能名称	地址
1	输出	夹紧电磁阀	Q12.0
2		压紧电磁阀	Q12.1

任务 4：工作站联合调试

知识基础	1. 机器人点位示教； 2. 程序下载； 3. 手动与自动运行的方法
任务要求	现有工业机器人操作与运维实训系统已调试完毕，安装焊接工作站，程序已编写完成，需要总体调试

PLC 程序下载

序号	操作步骤	图片示例
1	设置电脑 IP 地址	

序号	操作步骤	图片示例
2	使用网线，连接电脑与 PLC	
3	下载 PLC 程序	

配置 I/O 模块

序号	操作步骤	图片示例
1	背面的开关拨到 Init，面板指示变为红色	
2	扫描通信端口	
3	扫描 I/O 模块	

序号	操作步骤	图片示例
4	设置 IP 地址，通信 ID	
5	单击更新。配置完之后，点击更新按键，然后将模块开关拨到 Normal 模式并重新上电	
6	设置触摸屏 IP 地址。 (1) 单击触摸屏的右下角； (2) 输入密码 6 个 1	
7	输入 IP 地址：192.168.1.15	
8	下载触摸屏程序	

手动运行

序号	操作步骤	图片示例
1	(1) 在夹具库 2 层 1 列放置一块大物料； (2) 检查二连件压力表的气压在 0.4～0.6MPa	

序号	操作步骤	图片示例
2	（1）按下示教器的使能开关； （2）调整运行速度为 25％； （3）按下单步运行键，运行程序	
自动运行		
序号	操作步骤	图片示例
1	（1）在夹具库 2 层 1 列放置一块大物料； （2）检查二连件压力表的气压在 0.4～0.6MPa	
2	（1）在程序中将速度设置为 V100。控制控制柜面板旋钮旋到自动； （2）按下控制柜面板电机启动按钮； （3）选择 PP 移至 Main，按下示教器启动按钮，运行程序	

项目验收

姓名		实训日期		
项目名称		工业机器人操作与运维焊接工作站编程与调试		
任务验收	验收内容		完成情况	
	1. 焊接程序编写		□完成	□未完成
	2. 焊接工作站PLC程序调用、触摸屏程序编写及联合调试		□完成	□未完成

小组成绩（30%）	考核内容	考核标准	分值	得分
	实操准备	工作服、鞋整洁穿戴	5	
		发型、指甲等符合工作要求	5	
		不佩戴首饰、钥匙、手表等	5	
		分工明确、合理分配时间	5	
		器材、耗材准备充分	5	
	任务安排	工具、零件不落地	5	
		操作过程注意不损坏零件	5	
		操作过程注意不损坏工具	5	
		注意人身安全	10	
	工作过程	正确编写焊接程序	5	
		正确恢复PLC程序	5	
		正确编写PLC程序	5	
		正确编写触摸屏程序	5	
		正确示教程序点位	5	
		正确下载PLC与触摸屏程序	5	
		正确手自动运行程序	10	
	实操清场	整理工位，保持整洁	5	
		清场时，会切断电源、气源，关闭门窗	5	
	合计		100	
	备注：如有人员受伤或设备损坏情况则为0分			

个人成绩（30%）	考核内容	考核标准	分值	得分
	考勤	按时出勤，无迟到、早退和旷课	10	
	实操能力	操作规范、有序	30	
	任务完成	工作记录填写正确	10	
	课堂表现	遵守课堂纪律，积极回答课堂问题	10	
	课后作业	按时提交作业，态度认真，准确率高	10	
	自我管理	服从安排，能够按计划完成相应任务	10	
	团队合作	能与小组成员分工协作，完成任务实施与清场工作	10	
	创新能力	任务实施具有探索性和前景价值	10	
	合计		100	

延伸思考 （10%）	1. 焊接工作站编程与调试包括几方面的内容？	
	2. 简述焊接工作站编程的注意事项	
实训总结 （30%）	实训 过程	
	遇到 问题	
	解决 办法	
	心得 体会	
总体评价	教师评价：	
	总分	

技能训练工单 11

项目名称	抛光打磨工作站的安装与连接		班级		姓名	
隶属组			组长		指导教师	
伙伴成员				岗位分工		
能力目标	1. 能正确识读机械图纸，电气原理图并识别安装位置； 2. 能正确识读气动原理图； 3. 能根据机械装配图及工艺卡，使用正确工具安装					
重点、难点	重点：图纸的识读。 难点：安装操作					
材料准备	钢直尺，内六角扳手，铅笔，内六角螺栓，T形螺母，平垫，螺丝刀，数字万用表，扎带，气管，扎带扣，水口钳					
设备准备	1. 检查机器人是否能够正常上电； 2. 工具是否齐全					
任务 1：工业机器人抛光打磨模块机械安装						
知识基础	1. 抛光打磨模块认知； 2. 识读机械图纸					
任务要求	现有工业机器人操作与运维实训系统已调试完毕，需要安装抛光打磨模块的机械部分，根据所学完成安装					
工业机器人抛光打磨模块认知						
序号	操作步骤		图片示例			
1	抛光打磨台抛光打磨台有压力传感器、抛光打磨基板组成；动作时：压力传感器根据抛光片按压力度，实时显示抛光力矩					
2	抛光片更换装置由抛光片顶出气缸、夹紧气缸、传感器组成；动作时：机器人夹具抓取抛光片，顶出气缸伸出，将抛光片顶起，机器人夹具更换抛光片时，夹紧气缸伸出，将抛光片夹紧					

抛光打磨模块机械安装		
序号	操作步骤	图片示例
1	抛光打磨模块安装部件包括：装配模块、电源、气路安装	
2	根据安装尺寸，依照基准对安装板安装尺寸进行画线，以右侧线槽内侧为基准线，在290mm处画线	
3	根据安装尺寸，依照基准对安装板安装尺寸进行画线，以正面线槽内侧为基准线，在130mm处画第二条线	
4	根据安装尺寸，依照基准对安装板安装尺寸进行画线，以右侧线槽内侧为基准线，在430mm处画线	
5	根据安装尺寸，依照基准对安装板安装尺寸进行画线，以正面线槽内侧为基准线，在270mm处画第二条线	
6	首先将M6×16带有平垫螺栓插入抛光打磨模块安装孔内，将T形螺母拧入M6×16螺栓中	

序号	操作步骤	图片示例
7	分别将抛光片更换装置与抛光打磨台在画线位置安装	
8	使用 M6×16 螺栓对抛光打磨模块进行固定	
9	使用内六角扳手旋转螺栓，进行紧固，固定螺栓时，注意 T 形螺母垂直于基板铝型材线槽，抛光打磨模块安装完毕	

	任务 2：工业机器人抛光打磨模块电气连接
知识基础	1. 识读电气原理图； 2. 电气连接安装工艺
任务要求	根据课堂所学电气图纸知识，完成模块的电气连接

序号	操作步骤	图片示例
1	抛光打磨模块内部电气连接已连接完毕，现只需要将网线与台体上的交换机连接；电源连接线和台体上的电源模块连接	
2	抛光打磨模块电气连接所需耗材，模块连接电缆、模块连接网线	
3	将连接电缆的航空插头的母头插入抛光打磨模块航空插头连接器的公头	

序号	操作步骤	图片示例
4	将连接电缆的航空插头的另一头（公头）插入电源模块航空插头连接器的母头	
5	将网线水晶头一端插入抛光打磨更换装置网线处	
6	将网线水晶头另一端插入工交换机网线口中，抛光打磨模块电气连接完毕	

任务3：工业机器人抛光打磨模块气路连接

知识基础	1. 识读气动原理图； 2. 气路连接安装工艺
任务要求	现有工业机器人操作与运维添加抛光打磨模块，根据课堂所学气动知识，完成模块的气路连接

序号	操作步骤	图片示例
1	抛光打磨模块内部气路连接已连接完毕，现只需要将气管与台体上的气路模块连接	

序号	操作步骤	图片示例
1	抛光打磨模块内部气路连接已连接完毕，现只需要将气管与台体上的气路模块连接	
2	将Φ6的蓝色气管一端插入抛光打磨气管接口中	
3	将Φ6的蓝色气管另一端插入气源模块气管接口中，抛光打磨模块气路连接完毕	

任务4：工业机器人抛光打磨系统上电

知识基础	1. 抛光打磨工作站上电准备； 2. 系统上电
任务要求	现有工业机器人操作与运维添加抛光打磨模块，根据课堂所学电气知识，对抛光打磨工作站上电

系统上电

序号	操作步骤
1	检查抛光打磨模块是否安装牢固，固定螺栓有无松动现象
2	检查抛光打磨模块控制电缆连接是否正确，有无错接、松动现象；使用万用表检查控制系统电气连接是否存在断路、短路、错接现象
3	打开气源，调整气压，手动控制电磁阀，检测气管搭建的正确性
4	按下工作站急停按钮，顺时针旋转工作站控制柜开关为垂直于地面方向
5	将控制盘断路器依次全部闭合，观察抛光打磨工作站上电是否正常，抛光打磨工作站上电完成

项目验收

姓名		实训日期	
项目名称		抛光打磨工作站的安装与连接	

任务验收	验收内容		完成情况	
	1. 抛光打磨工作站机械安装、电气与气路连接		□完成 □未完成	
	2. 抛光打磨工作站上电操作		□完成 □未完成	

小组成绩（30%）	考核内容	考核标准	分值	得分
	实操准备	工作服、鞋整洁穿戴	5	
		发型、指甲等符合工作要求	5	
		不佩戴首饰、钥匙、手表等	5	
		分工明确、合理分配时间	5	
		器材、耗材准备充分	5	
	任务安排	工具、零件不落地	5	
		操作过程注意不损坏零件	5	
		操作过程注意不损坏工具	5	
		注意人身安全	10	
	工作过程	根据图纸正确画出模块安装位置	5	
		正确安装模块且牢固	5	
		模块正常通电	5	
		模块电源线与网线插头安装牢固	5	
		手动按电磁阀按钮气缸正确工作	5	
		无漏气现象	5	
		工作站正确上电	10	
	实操清场	整理工位，保持整洁	5	
		清场时，会切断电源、气源，关闭门窗	5	
	合计		100	
	备注：如有人员受伤或设备损坏情况则为0分			

个人成绩（30%）	考核内容	考核标准	分值	得分
	考勤	按时出勤，无迟到、早退和旷课	10	
	实操能力	操作规范、有序	30	
	任务完成	工作记录填写正确	10	
	课堂表现	遵守课堂纪律，积极回答课堂问题	10	
	课后作业	按时提交作业，态度认真，准确率高	10	
	自我管理	服从安排，能够按计划完成相应任务	10	
	团队合作	能与小组成员分工协作，完成任务实施与清场工作	10	
	创新能力	任务实施具有探索性和前景价值	10	
	合计		100	

延伸思考 （10%）	1. 抛光打磨工作站安装包括几方面的内容？	
	2. 简述抛光打磨工作站气路连接的过程	
实训总结 （30%）	实训 过程	
	遇到 问题	
	解决 办法	
	心得 体会	
总体评价	教师评价：	
	总分	

技能训练工单 12

任务名称	抛光打磨工作站编程与调试		班级		姓名	
隶属组			组长		指导教师	
伙伴成员				岗位分工		
能力目标	1. 程序编写梳理； 2. 工作站的调试能力； 3. 手自动运行程序操作能力					
重点、难点	重点：抛光打磨程序的编写。 难点：工作站的调试					
材料准备	无					
设备准备	检查机器人是否能够正常上电					
任务1：抛光打磨程序编写						
知识基础	1. 编写程序能力； 2. 坐标系的运用能力					
任务要求	现有工业机器人操作与运维实训系统已调试完毕，安装了抛光打磨工作站，需要编写工作站程序，根据所学完成程序编写					

序号	操作步骤	图片示例
1	程序框架	
2	示教取吸盘位置点： (1) 安装吸盘夹具到机器人末端 (2) 移动机器人到达夹具库位置点。 (3) 示教当前点位	
3	示教取打磨工具位置点： (1) 安装抛光夹具到机器人末端； (2) 移动机器人到达夹具库位置点； (3) 示教当前点位	

序号	操作步骤	图片示例
4	示教取料位置点： （1）安装吸盘夹具到机器人末端； （2）移动机器人到达取料位置点； （3）示教当前点位	
5	示教放料位置点： （1）携带料块，移动机器人到达放料位置点； （2）示教当前点位	
6	示教取片位置点： （1）移动机器人到达取片位置点； （2）示教当前点位	
7	示教放片位置： （1）移动机器人到达夹紧放料位置点； （2）示教当前点位	
8	示教打磨位置： （1）移动机器人到达打磨位置点； （2）示教当前点位	

序号	操作步骤	类型	I/O 名称	状态	功能
9	取吸盘夹具 I/O 分配	输出	DO00	0	初始状态
		输出	DO01	1	
		输出	DO00	1	夹紧状态
		输出	DO01	0	

序号	操作步骤	图片示例			
10	放吸盘夹具 I/O 分配	类型	I/O 名称	状态	功能
		输出	DO00	0	初始状态
		输出	DO01	1	
11	取抛光夹具 I/O 分配	类型	I/O 名称	状态	功能
		输出	DO00	0	初始状态
		输出	DO01	1	
		输出	DO00	1	夹紧状态
		输出	DO01	0	
12	放抛光夹具 I/O 分配	类型	I/O 名称	状态	功能
		输出	DO00	0	初始状态
		输出	DO01	1	
13	抛光取料 I/O 分配	类型	I/O 名称	状态	功能
		输出	DO03	0	放料
		输出	DO03	1	取料
14	抛光放料 I/O 分配	类型	I/O 名称	状态	功能
		输出	DO03	0	放料
		输出	DO03	1	取料
15	抛光取片 I/O 分配	类型	I/O 名称		功能
		输出	PN-DO44		换片顶出电磁阀
16	抛光放片 I/O 分配	类型	I/O 名称		功能
		输出	PN-DI45		换片夹紧到位
		输出	PN-DO45		换片夹紧电磁阀
17	抛光打磨 I/O 分配	类型	I/O 名称	状态	功能
		输出	DO02	1	打磨
		输出	DO02	0	停止
18	抛光打磨主程序框架				

任务2：PLC程序编写	
知识基础	1. 程序编写认识； 2. PLC与I/O分配地址认识
任务要求	现有工业机器人操作与运维实训系统已调试完毕，安装了抛光打磨工作站，需要编写程序，根据所学完成程序编写

序号	操作步骤	图片示例
1	输入设置	
2	输出设置	
3	双击 TIA PortalV15，打开 PLC 编程软件	
4	单击左下角的项目视图，打开项目视图	
5	单击菜单栏中的项目，选择恢复，查找归档项目所在的路径，单击打开	

序号	操作步骤	图片示例
6	选择目标目录为面，选择确定，等待程序恢复	
7	设置 PLC 的 IP 地址为：192.168.1.10，子关掩码为：255.255.255.0	
8	双击程序块，然后双击 main，打开程序块	
9	拖拽 FB100，到主程序中，背景数据块为 DB104，单击确定，完成调用	

序号	操作步骤	图片示例
10	编写 I/O 模块通信程序	
11	编写机器人与 I/O 模块地址对应程序	

任务 3：触摸屏程序编写

知识基础	1. 程序编写知识； 2. 功能规划
任务要求	现有工业机器人操作与运维实训系统已调试完毕，安装了抛光打磨工作站，需要连接外部设备触摸屏来控制程序中的输入输出信号，跟据所学知识来完成触摸屏的程序编写

序号	操作步骤	图片示例
1	功能规划	
2	双击 UtilityManager，打开触摸屏编程软件	

功能规划表格内容：

序号	类型	类型名称	地址
1	输入	换片顶出到位	I14.0
2		换片夹紧到位	I14.1
3		压力传感器	IW60
4	输出	换片顶出电磁阀	Q14.0
5		换片夹紧电磁阀	Q14.1

序号	操作步骤	图片示例
3	选择简单工程，打开新建工程界面	
4	选择开新文件，选择 MT8070IE，单击确认，完成项目的新建	
5	单击新建设备/服务器，新建通信，设置 PLC IP 地址为：192.168.1.10	
6	绘制画面	

任务 4：工作站联合调试		
知识基础	1. 机器人点位示教； 2. 程序下载； 3. 手动与自动运行的方法	
任务要求	现有工业机器人操作与运维实训系统已调试完毕，安装抛光打磨工作站，程序已编写完成，需要总体调试	

下载 PLC 程序		
序号	操作步骤	图片示例
1	设置电脑 IP 地址	
2	使用网线，连接电脑与 PLC	
3	下载 PLC 程序	

配置 I/O 模块		
序号	操作步骤	图片示例
1	背面的开关拨到 Init，面板指示变为红色	
2	扫描通信端口	

序号	操作步骤	图片示例
3	扫描 I/O 模块	
4	设置 IP 地址，通信 ID	
5	单击更新。配置完之后，点击更新按键，然后将模块开关拨到 Normal 模式并重新上电	
6	设置触摸屏 IP 地址。 (1) 单击触摸屏的右下角； (2) 输入密码 6 个 1	
7	输入 IP 地址：192.168.1.15	
8	下载触摸屏程序	

手动运行		
序号	操作步骤	图片示例
1	(1) 在夹具库 1 层 1 列放置一块大物料； (2) 在打磨抛光台放置一块抛光片； (3) 检查二连件压力表的气压在 0.4～0.6MPa	
2	(1) 按下示教器的使能开关； (2) 调整运行速度为 25%； (3) 按下单步运行键，运行程序	

自动运行		
序号	操作步骤	图片示例
1	(1) 在夹具库 1 层 1 列放置一块大物料； (2) 在打磨抛光台放置一块抛光片； (3) 检查二连件压力表的气压在 0.4～0.6MPa	
2	(1) 在程序中将速度设置为 V100。控制控制柜面板旋钮旋到自动； (2) 按下控制柜面板电机启动按钮； (3) 选择 PP 移至 Main，按下示教器启动按钮，运行程序	

项目验收

姓名		实训日期	
项目名称		抛光打磨工作站编程与调试	

任务验收	验收内容		完成情况	
	1. 抛光打磨程序编写		□完成	□未完成
	2. 抛光打磨工作站 PLC 程序调用、触摸屏程序编写及联合调试		□完成	□未完成

	考核内容	考核标准	分值	得分
小组成绩（30%）	实操准备	工作服、鞋整洁穿戴	5	
		发型、指甲等符合工作要求	5	
		不佩戴首饰、钥匙、手表等	5	
		分工明确、合理分配时间	5	
		器材、耗材准备充分	5	
	任务安排	工具、零件不落地	5	
		操作过程注意不损坏零件	5	
		操作过程注意不损坏工具	5	
		注意人身安全	10	
	工作过程	正确编写焊接程序	5	
		正确恢复 PLC 程序	5	
		正确编写 PLC 程序	5	
		正确编写触摸屏程序	5	
		正确示教程序点位	5	
		正确下载 PLC 与触摸屏程序	5	
		正确手自动运行程序	10	
	实操清场	整理工位，保持整洁	5	
		清场时，会切断电源、气源，关闭门窗	5	
		合计	100	
	备注：如有人员受伤或设备损坏情况则为 0 分			

	考核内容	考核标准	分值	得分
个人成绩（30%）	考勤	按时出勤，无迟到、早退和旷课	10	
	实操能力	操作规范、有序	30	
	任务完成	工作记录填写正确	10	
	课堂表现	遵守课堂纪律，积极回答课堂问题	10	
	课后作业	按时提交作业，态度认真，准确率高	10	
	自我管理	服从安排，能够按计划完成相应任务	10	
	团队合作	能与小组成员分工协作，完成任务实施与清场工作	10	
	创新能力	任务实施具有探索性和前景价值	10	
		合计	100	

延伸思考 （10%）	1. 抛光打磨工作站编程与调试包括几方面的内容？	
	2. 简述抛光打磨工作站的程序规划	
实训总结 （30%）	实训 过程	
	遇到 问题	
	解决 办法	
	心得 体会	
总体评价	教师评价：	
	总分	

技能训练工单 13

项目名称	视觉分拣工作站的安装与连接	班级		姓名	
隶属组		组长		指导教师	
伙伴成员			岗位分工		
能力目标	1. 能正确识读机械图纸，电气原理图并识别安装位置； 2. 能正确识读气动原理图； 3. 能根据机械装配图及工艺卡，使用正确工具安装				
重点、难点	重点：图纸的识读。 难点：安装工艺				
材料准备	钢直尺，内六角扳手，铅笔，内六角螺栓，T形螺母，平垫，螺丝刀，数字万用表，扎带，气管，扎带扣，斜口钳				
设备准备	1. 检查机器人是否能够正常上电； 2. 工具是否齐全				
任务1：工业机器人视觉分拣模块机械安装					
知识基础	1. 视觉分拣模块认知； 2. 识读机械图纸				
任务要求	现有工业机器人操作与运维实训系统已调试完毕，需要安装视觉分拣模块的机械部分，根据所学完成安装				

工业机器人视觉分拣模块认知

序号	操作步骤	图片示例
1	视觉分拣模块	
2	智能工业相机：由镜头、镜头保护罩、相机处理单元组成；动作时：智能工业相机拍照，识别工件坐标位置，引导机器人抓取工件	相机处理单元 镜头

序号	操作步骤	图片示例
3	视觉分拣台：由扇形铝板、U形固定座等部分组成。 动作时：工件随机放于扇形铝板上面，配合智能工业相机，完成工件位置识别、与机器人完成工件分拣装配任务	扇形铝板 U形固定座

视觉分拣模块机械安装

序号	操作步骤	图片示例
1	视觉分拣模块安装部件包括：视觉分拣模块、电源安装	
2	根据安装尺寸，依照基准对安装板安装尺寸进行画线，以左侧线槽内侧为基准线，在325mm处画线	
3	根据安装尺寸，依照基准对安装板安装尺寸进行画线，以正面线槽内侧为基准线，在260mm处画第二条线	
4	根据安装尺寸，依照基准对安装板安装尺寸进行画线，以正面线槽内侧为基准线，在170mm处画线	
5	根据安装尺寸，依照基准对安装板安装尺寸进行画线，以正面线槽内侧为基准线，在433mm处画第二条线	
6	首先将M6×16带有平垫螺栓插入视觉分拣模块安装孔内，将T形螺母拧入M6×16螺栓中；根据画线位置，进行视觉分拣模块固定；使用M6×16螺栓对视觉分拣模块进行固定	

任务2：工业机器人视觉分拣模块电气连接		
知识基础	1. 识读电气原理图； 2. 电气连接安装工艺	
任务要求	根据课堂所学电气图纸知识，完成模块的电气连接	
视觉分拣模块电气连接		
序号	操作步骤	图片示例
1	视觉分拣模块内部电气连接已连接完毕，现只需要将网线与台体上的交换机连接；电源连接线和台体上的电源模块连接	
2	视觉分拣模块电气连接所需耗材有：模块连接电缆、模块连接网线	
3	将连接电缆的航空插头的母头插入搬运码垛模块航空插头连接器的公头	
4	将连接电缆的航空插头的另一头（公头）插入电源模块航空插头连接器的母头	

序号	操作步骤	图片示例
5	将视觉单元模块网线水晶头一端插入视觉分拣模块网线接口处	
6	将视觉单元网线水晶头另一端插入工交换机网线口中；视觉分拣模块电气连接完毕	

任务 3：工业机器人视觉分拣系统上电

知识基础	1. 视觉分拣工作站上电准备； 2. 系统上电
任务要求	现有工业机器人操作与运维添加视觉分拣模块，根据课堂所学电气知识，对视觉分拣工作站成功上电

序号	操作步骤	图片示例
1	检查视觉分拣模块是否安装牢固，固定螺栓有无松动现象	
2	使用万用表检查视觉分拣模块控制系统电气连接是否存在断路、短路、错接现象	

序号	操作步骤	图片示例
3	打开气源，调整气压，手动控制电磁阀，检测气管搭建的正确性	
4	按下工作站急停按钮顺时针旋转工作站控制柜开关为垂直于地面方向	
5	将控制盘断路器依次全部闭合，观察视觉分拣工作站上电是否正常，视觉分拣工作站上电完成	

项目验收

姓名		实训日期			
项目名称		视觉分拣工作站的安装与连接			

任务验收	验收内容		完成情况		
	1. 视觉分拣工作站机械安装、电气连接		□完成	□未完成	
	2. 视觉分拣工作站上电操作		□完成	□未完成	

小组成绩 （30%）	考核内容	考核标准	分值	得分
	实操准备	工作服、鞋整洁穿戴	5	
		发型、指甲等符合工作要求	5	
		不佩戴首饰、钥匙、手表等	5	
		分工明确、合理分配时间	5	
		器材、耗材准备充分	5	
	任务安排	工具、零件不落地	5	
		操作过程注意不损坏零件	5	
		操作过程注意不损坏工具	5	
		注意人身安全	10	
	工作过程	根据图纸正确画出模块安装位置	5	
		正确安装模块且牢固	10	
		模块正常通电	10	
		模块电源线与网线插头安装牢固	5	
		工作站正确上电	10	
	实操清场	整理工位，保持整洁	5	
		清场时，会切断电源、气源，关闭门窗	5	
	合计		100	
	备注：如有人员受伤或设备损坏情况则为0分			

个人成绩 （30%）	考核内容	考核标准	分值	得分
	考勤	按时出勤，无迟到、早退和旷课	10	
	实操能力	操作规范、有序	30	
	任务完成	工作记录填写正确	10	
	课堂表现	遵守课堂纪律，积极回答课堂问题	10	
	课后作业	按时提交作业，态度认真，准确率高	10	
	自我管理	服从安排，能够按计划完成相应任务	10	
	团队合作	能与小组成员分工协作，完成任务实施与清场工作	10	
	创新能力	任务实施具有探索性和前景价值	10	
	合计		100	

延伸思考 （10%）	1. 视觉分拣工作站安装包括几方面的内容？	
	2. 简述视觉分拣工作站上电的过程	
实训总结 （30%）	实训 过程	
	遇到 问题	
	解决 办法	
	心得 体会	
总体评价	教师评价：	
	总分	

技能训练工单 14

任务名称	视觉分拣工作站编程与调试		班级		姓名	
隶属组			组长		指导教师	
伙伴成员				岗位分工		
能力目标	1. 视觉相机配置； 2. 工作站的调试； 3. 机器人 TCP 设定					
重点、难点	重点：程序的编写。 难点：工作站的调试					
材料准备	无					
设备准备	检查机器人是否能够正常上电					
任务 1：视觉相机与 PC 通信						
知识基础	1. 视觉相机与 PC 通信； 2. 机器人 TCP 设定					
任务要求	现有工业机器人操作与运维实训系统已调试完毕，安装了视觉分拣工作站，需要完成相机与机器人设定					
序号	操作步骤			图片示例		
1	打开 MVS 软件，设置相机的 IP 地址为 192.168.1.30					
2	在电脑同时按下"win"和"r"键，输入 mstsc，进行 PC 远程桌面连接。密码为 Operation666					
3	视觉标定工具安装					

序号	操作步骤	图片示例
4	吸盘工具坐标系建立	

任务 2：视觉分拣程序编写		
知识基础	1. 视觉分拣程序编写知识； 2. 视觉调试	
任务要求	现有工业机器人操作与运维实训系统已调试完毕，安装了视觉分拣工作站，需要编写程序	

序号	操作步骤	图片示例
1	在电脑同时按下"win"和"r"键，输入 mstsc，进行 PC 远程桌面连接，打开相机软件，在"文件"下选择"打开方案"，找到名为"视觉.sol"的文件打开	
2	设置相机参数，相机选择连接的相机型号。为方便相机标定触发类型选择 software	

序号	操作步骤	图片示例
3	标定点快速特征，双击快速特征 5，选择"特征模板"，原模板不合适则创建一个新模板	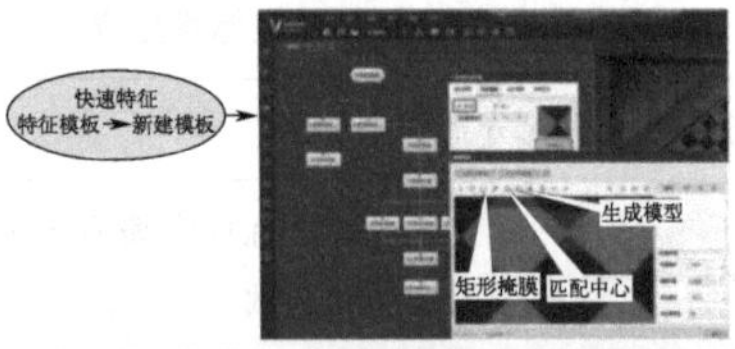
4	N 点标定：在标定纸中如图设置 9 个标定点编号，双击快速特征 5，将蓝色方框移动到 1 标定点，点击"执行"、"确定"，然后单击"4N 点标定"，单击拍照，1 标定点完成。其余标定点按此步骤作	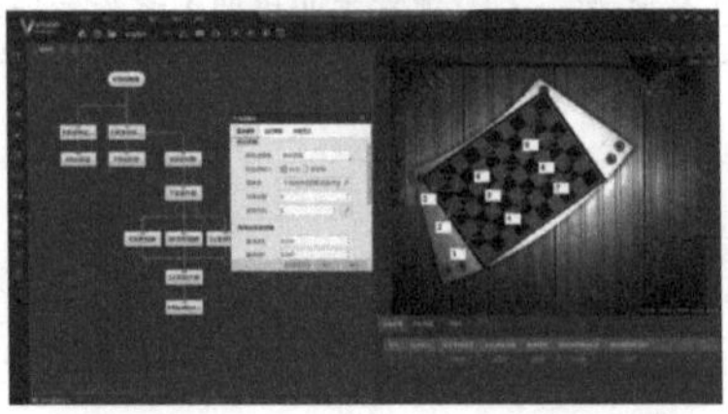
5	完成 9 个点的标定后双击"4N 点标定"，点击旋转次数后面的铅笔符号，移动机器人到每一个标定点，根据序号将机器人的实际坐标值填到物理坐标 X，坐标 Y 中，完成后点击确定生成标定文件	
6	物料快速特征，双击"1 快速特征"，编辑物料快的特征模板	 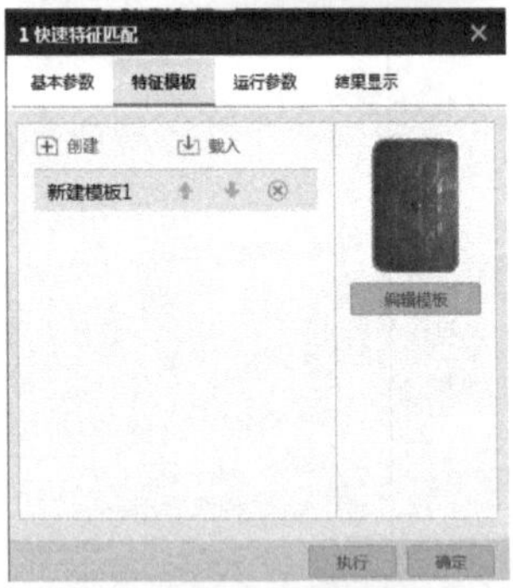 

序号	操作步骤	图片示例
6	物料快速特征，双击"1 快速特征"，编辑物料快的特征模板	
7	双击"3 标定转换"，单击加载标定文件后面的文件夹符号，把第 5 步生成的标定文件加载进来	
8	双击"0 相机图像"，把触发设置设置为"LINE0"，相机设置完成	

ABB 机器人程序编写		
序号	操作步骤	图片示例
1	新建一名称为 shijue 的程序	**shijue()** **MainModule**
2	在轨迹模块上放置要抓取的物块	
| 3 | 程序示例。图片 1 中的 sjjzd 为吸盘工具吸取物块的位置点，相机会将物块的 $X$、$Y$ 方向的坐标值及绕 $Z$ 轴旋转的角度值通过 PLC 发给机器人，$Z$ 方向的高度值默认一开始的示教值。这条语句不需要执行，给它备注掉。图片 2 和图片 3 程序的作用是将相机值赋给机器人。pick：= sjjzd 的作用是将点 sjjzd 的值赋值给 pick，pick 为新建的变量，可以对其进行数值操作，sjjzd 为常量，不能更改数值。PN_DI68 判断 $X$ 方向正负，PN_DI69 判断 $Y$ 方向正负，PN_DI70 判断角度正负 | ```
PROC shijue()
  MoveAbsJ home\NoEOffs, v300, fine, tool0;
  Set PN_DO52;
  WaitDI PN_DI53, 1;
  Reset PN_DO52;
  !MoveJ sjjzd, v300, fine, tool0;

  pick := sjjzd;
  IF PN_DI68 = 1 THEN
    x := GI01 - 13;
  ELSE
    x := 0 - (GI01 - 13);
  ENDIF
  IF PN_DI69 = 1 THEN
    y := GI02;
  ELSE
    y := 0 - GI02;
  ENDIF
``` ① ② |
```

序号	操作步骤	图片示例
3	程序示例。图片 1 中的 sjjzd 为吸盘工具吸取物块的位置点，相机会将物块的 X、Y 方向的坐标值及绕 Z 轴旋转的角度值通过 PLC 发给机器人，Z 方向的高度值默认一开始的示教值。这条语句不需要执行，给它备注掉。图片 2 和图片 3 程序的作用是将相机值赋给机器人。pick：= sjjzd 的作用是将点 sjjzd 的值赋值给 pick，pick 为新建的变量，可以对其进行数值操作，sjjzd 为常量，不能更改数值。PN _ DI68 判断 X 方向正负，PN _ DI69 判断 Y 方向正负，PN _ DI70 判断角度正负	
4	pick. trans. x＝x 语句的作用为将相机发过来的 X 坐标的值赋值到 pick 点的 X 方向的值。该语句的添加步骤：单击添加指令，找到赋值语句，单击更改数据类型，找到 robotarget 单击确定，选择 pick；单击编辑，单击添加记录组件，添加 trans；单击 trans，单击编辑，添加记录组件，添加 X；赋值号右边为一数值变量，更改数据类型为 num，找到 X 添加即可	

序号	操作步骤	图片示例
4	pick.trans.x＝x 语句的作用为将相机发过来的 X 坐标的值赋值到 pick 点的 X 方向的值。该语句的添加步骤：单击添加指令，找到赋值语句，单击更改数据类型，找到 robotarget 单击确定，选择 pick；单击编辑，单击添加记录组件，添加 trans；单击 trans，单击编辑，添加记录组件，添加 X；赋值号右边为一数值变量，更改数据类型为 num，找到 X 添加即可	
5	R _ X：＝EulerZYX（\ X，pick.rot）语句的作用为提取绕 X 轴的旋转角度。添加步骤：R _ X 为提前建立的 num 变量。首先添加赋值指令，赋值号左边为 num 变量 R _ X，重点讲解赋值号右边。在功能中找到 EulerZYX，更改数据类型，选择 robotarget，选择 pick，单击确定；选中 EulerZYX（pick），单击编辑，单击 Optional Arguments，单击 \ X，单击使用，语句添加完成。R _ Z 为绕 Z 轴旋转的角度值，这里不需要	

序号	操作步骤	图片示例
6	pick.rot：= OrinetZYX（RZ，R_Y，R_X）语句的作用为将欧拉角转化为 ABB 机器人可以识读的四元素。添加步骤：添加赋值语句；赋值号左边：更改数据类型为 robotarget，找到 pick 并确定，通过添加记录组件添加 rot；赋值号右边：单击功能，添加 OrientZYX，按照 Z、Y、X 的顺序依次添加 RZ、R_Y、R_X，如果找不到数据单击更改数据类型，更改为 num。语句添加完成	

任务 3：PLC 程序编写

知识基础	1. 程序编写认识； 2.PLC 与 I/O 分配地址认识
任务要求	现有工业机器人操作与运维实训系统已调试完毕，安装了视觉分拣工作站，需要编写程序，根据所学完成程序编写

序号	操作步骤	图片示例
1	双击 TIA PortalV15，打开 PLC 编程软件	
2	单击左下角的项目视图，打开项目视图	
3	单击菜单栏中的项目，选择恢复，查找归档项目所在的路径，单击打开	

序号	操作步骤	图片示例
4	选择目标目录为桌面，选择确定，等待程序恢复	
5	设置 PLC 的 IP 地址为：192.168.1.10，子关掩码为：255.255.255.0	
6	双击程序块，然后双击 main，打开程序块	
7	拖拽 FB100，到主程序中，背景数据块为 DB105，单击确定，完成调用	
8	编写 I/O 模块通信程序	

序号	操作步骤	图片示例
9	编写机器人与 I/O 模块地址对应程序	 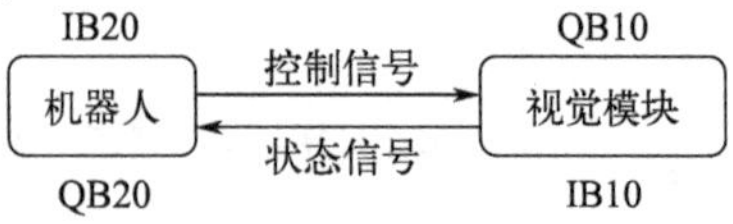 IB20　　　　　QB10 机器人　←控制信号→　视觉模块 QB20　　　　　IB10

任务 4：触摸屏程序编写

知识基础	1. 程序编写知识； 2. 功能规划
任务要求	现有工业机器人操作与运维实训系统已调试完毕，安装了视觉分拣工作站，需要连接外部设备触摸屏来控制程序中的输入输出信号，根据所学知识来完成触摸屏的程序编写

序号	操作步骤	图片示例
1	步骤参考其他技能训练工单，最终绘制画面如图所示	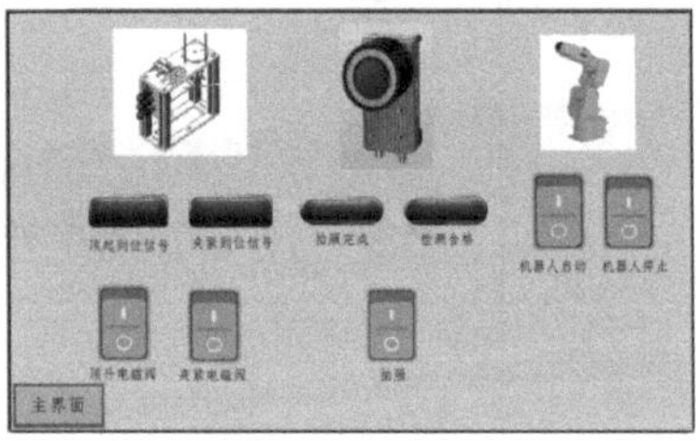

项目验收

姓名		实训日期		
项目名称		工业机器人操作与运维视觉分拣工作站编程与调试		
任务验收	验收内容		完成情况	
	1. 视觉分拣程序编写		□完成　　□未完成	
	2. 视觉分拣工作站 PLC 程序调用、触摸屏程序编写		□完成　　□未完成	

小组成绩（30%）	考核内容	考核标准	分值	得分
	实操准备	工作服、鞋整洁穿戴	5	
		发型、指甲等符合工作要求	5	
		不佩戴首饰、钥匙、手表等	5	
		分工明确、合理分配时间	5	
		器材、耗材准备充分	5	
	任务安排	工具、零件不落地	5	
		操作过程注意不损坏零件	5	
		操作过程注意不损坏工具	5	
		注意人身安全	10	
	工作过程	正确编写视觉分拣程序	20	
		正确恢复与编写 PLC 程序	10	
		正确编写触摸屏程序	10	
	实操清场	整理工位，保持整洁	5	
		清场时，会切断电源、气源，关闭门窗	5	
	合计		100	
	备注：如有人员受伤或设备损坏情况则为 0 分			

个人成绩（30%）	考核内容	考核标准	分值	得分
	考勤	按时出勤，无迟到、早退和旷课	10	
	实操能力	操作规范、有序	30	
	任务完成	工作记录填写正确	10	
	课堂表现	遵守课堂纪律，积极回答课堂问题	10	
	课后作业	按时提交作业，态度认真，准确率高	10	
	自我管理	服从安排，能够按计划完成相应任务	10	
	团队合作	能与小组成员分工协作，完成任务实施与清场工作	10	
	创新能力	任务实施具有探索性和前景价值	10	
	合计		100	

延伸思考 （10%）	1. 视觉分拣工作站编程与调试包括几方面的内容？	
	2. 简述机器人程序的编写思路	
实训总结 （30%）	实训 过程	
	遇到 问题	
	解决 办法	
	心得 体会	
总体评价	教师评价：	
	总分	